普通高等教育"十三五"规划教材·油气储运工程专业

2017年中国石油和化学工业优秀出版物奖·教材奖二等奖

油气计量原理与技术

主　编　吴玉国

副主编　李小玲　王国付

主　审　王卫强

中国石化出版社

内 容 提 要

本书共 6 章，包括概述、计量基础、油气基础知识、油品计量方法、天然气计量方法与技术、天然气流量计量标准装置及流量计检定。力求通过学习本书，掌握法制计量管理和科学计量管理的基本知识，了解和掌握先进的计量方法；掌握基本的误差理论和统计方法，熟知相关测量技术文件，掌握测量技术、量值溯源方法等知识。

本书可作为高等院校油气储运工程、城市燃气输配等相关专业教材，也可作为从事计量检定/校准和原油、天然气及石油化工产品计量操作人员、管理人员的培训教材和参考用书。

图书在版编目（CIP）数据

油气计量原理与技术 / 吴玉国主编 . —北京：中国石化出版社，2016.5（2023.9 重印）
普通高等教育"十三五"规划教材
ISBN 978-7-5114-4022-8

Ⅰ.①油… Ⅱ.①吴… Ⅲ.①油气–计量–高等学校–教材 Ⅳ.①TE863.1

中国版本图书馆 CIP 数据核字（2016）第 093922 号

中国石化出版社出版发行
地址：北京市东城区安定门外大街 58 号
邮编：100011　电话：(010)57512500
发行部电话：(010)57512575
http://www.sinopec-press.com
E-mail：press@sinopec.com
北京科信印刷有限公司印刷
全国各地新华书店经销

＊

787×1092 毫米 16 开本 13.5 印张 387 千字
2016 年 5 月第 1 版　2023 年 9 月第 4 次印刷
定价：32.00 元

前　言
PREFACE

　　计量学是研究测量原理和方法、保证测量单位统一和量值准确的科学。现代计量学已发展为以量子物理学和测量误差为基础，以国际单位制确定计量单位，利用激光、超导、传感和转换技术以及现代信息技术等成就的新型测量科学。油气计量是石油石化企业计量管理工作中最重要的组成部分。原油进厂的准确计量、成品油销售的准确计量等，都是直接影响企业的经济效益和企业信誉的关键环节。本书结合油气储运工程、城市燃气输配等相关专业的教学要求而编写，在结构和内容上，突出了石油石化工程类院校工程技术、应用技术教育生源的特点，力求通过学习本书，掌握法制计量管理和科学计量管理的基本知识，了解和掌握先进的计量方法；掌握基本的误差理论和统计方法，熟知相关测量技术文件，掌握测量新技术、量值溯源新方法等知识；也同时满足从事计量检定/校准和原油、天然气及石油化工产品计量操作人员、管理人员的使用要求。在编写原则上，以高级工程技术应用型人才为培养目标，以培养学生工程技术应用能力为指导思想，以基本知识、基本理论和基本技能为主要内容；贯彻少而精、理论推导从简的原则；内容既考虑到其自身的科学性和系统性，又强调针对性和应用性。在叙述上力求深入浅出、条理清晰，内容尽量结合石油石化工业的实际，以适应专业特色，使文字通俗易懂。

　　全书由辽宁石油化工大学吴玉国主编，李小玲、王国付副主编，王卫强教授主审。参与本书编写工作的还有辽宁石油化工大学王金岩、刘胜利等。

　　本书经过多年的教学实践，也经过专家组的几番审核，尽量找出书中的错误、疏漏等，多次对其进行了修改、完善。但由于编者水平有限，在内容选择、文字等方面难免存在不当或错误之处，恳请读者给予批评指正。

目 录
CONTENTS

第1章 概 述

1.1 计量工作简介

1.1.1 概述

计量是"实现单位统一、量值准确可靠的活动",此定义的"单位"指计量单位。《中华人民共和国计量法》规定:"国家采用国际单位制。国际单位制计量单位和国家选定的其他计量单位,为国家法定计量单位。"此定义的"活动",包括科学技术上的、法律法规上的和行政管理上的活动。

人类为了生存和发展,必须认识自然、利用自然和改造自然。而自然界的一切现象、物体和物质,是通过一定的"量"来描述和体现的。也就是说,"量是现象、物体或物质可定性区别和定量确定的一种属性"。这里的"量",是指可测的量,它必须借助于计量器具测得,区别于可数的量。因此,要认识大千世界和造福人类社会,就必须对各种"量"进行分析和确认,既要区分量的性质,又要确定其量值。计量正是达到这种目的的重要手段之一。在这个意义上可以广义地认为,计量是对"量"的定性分析和定量确认的过程。

随着科技、经济和社会的发展,计量的内容也在不断地扩展和充实,通常可概括为6个方面:计量单位和单位制;计量器具(或测量仪器),包括实现或复现计量单位和计量基准、标准与工作的计量器具;量值传递与量值溯源,包括检定、校准、测试、检验与检测;物理常量、材料与物质特性的测定;不确定度、数据处理与测量理论及其方法;计量管理,包括计量保证与计量监督等。

测量是"以确定量值为目的的一组操作"。其含义包括:① 测量是操作;② 这里强调的是一组操作,意指操作全过程直到给出测量结果;③ 该组操作的"目的",在于确定量值。它是人类从客观事物中取得定量信息,以获得物质或物体某些特性的数字表征。它是用同类已知量与待测的未知量进行直接或间接比较,最终给出被测量与计量单位的比值的过程。

由于整个测量活动的不完善以及测量误差的必然性,通常,测量结果只是对被测量的真值作出的估计。所以,在给出测量结果时应同时说明本结果是如何获得的,是示值❶,还是平均值;已作修正,还是未作修正;不确定度是如何评定的;置信概率和自由度为多少等。

测量的方法有替代测量法、微差测量法、零位测量法、直接测量法、间接测量法、定位测量法等。此外还有按被测对象的状态分类的,如静态测量、动态测量、瞬态测量以及工业现场的在线测量、接触测量、非接触测量等。

注❶:①由显示器读出的值可称为直接示值,将它乘以仪器常数即为示值;

②这个量可以是被测量、测量信号或用于计算被测量之值的其他量;

③对于实物量具,示值就是它所标出的值。

计量究其科学技术是属于测量的范畴，但又严于一般的测量，在这个意义上可以狭义地认为，计量是与测量结果置信度有关的、与不确定度联系在一起的规范化的测量。计量是一门科学。

1.1.2 计量的特点与作用

（1）计量的特点

计量的特点取决于计量所从事的工作，即为实现单位统一、量值准确可靠而进行的科技、法制和管理活动。概括地说，可归纳为准确性、一致性、溯源性及法制性四个方面。

准确性是指测量的结果与被测量真值的一致程度。由于实际上不存在完全准确无误的测量，因此在给出量值的同时，必须给出适应于应用目的或实际需要的不确定度或误差范围。否则，所进行测量的质量（品质）就无从判断，量值也就不具备充分的使用价值。所谓量值的准确，是在一定的不确定度、误差极限或允许误差范围内的准确。

一致性是指在同一计量单位的基础上，无论何时、何地，采用何种方法，使用何种计量器具，以及由何人测量，只要符合有关的要求，其测量结果就应在给定的区间内一致。也就是说，测量结果应是可重复、可再现（复现）、可比较的。换言之，量值是确实可靠的，计量的核心实质是对测量结果及其有效性、可靠性的确认，否则，计量就失去其社会意义。计量的一致性不仅限于国内，也适用于国际。例如，国际关键比对和辅助比对结果应在等效区间或协议区间内一致。

溯源性是指任何一个测量结果或计量标准的值，都能通过一条具有规定不确定度的连续比较链，与计量基准联系起来。这种特性使所有的同种量值，都可以按这条比较链通过校准向测量的源头溯源，也就是溯源到同一个计量基准（国家基准或国际基准），从而使准确性和一致性得到技术保证。否则，量值处于多源或多头，必然会在技术上和管理上造成混乱。所谓"量值溯源"，是指自下而上通过不间断的校准而构成溯源体系；而"量值传递"，则是自上而下通过逐级检定而构成检定系统。

法制性来自于计量的社会性，因为量值的准确可靠不仅依赖于科学技术手段，还要有相应的法律、法规和行政管理。特别是对国计民生有明显影响、涉及公众利益和可持续发展或需要特殊信任的领域，必须由政府主导建立起法制保障。否则，量值的准确性、一致性及溯源性就不可能实现，计量的作用也难以发挥。

（2）计量的作用

随着社会生产力的提高，市场经济的不断发展和科学技术的进步，计量的范畴与概念也随之发生了变化。如果说早期的计量仅限于度量衡的概念，局限在商业贸易范围内，那么，现代计量则是渗透到国民经济的各个领域，无论是工农业生产、国防建设、科学实验和国内外贸易乃至人们日常生活都离不开计量，它已经成为科学研究、经济管理、社会管理的重要基础和手段。计量水平的高低已成为衡量一个国家的科技、经济和社会发展程度的重要标志之一。

计量在学科方面具有双重性。从科学技术角度来说，它属于自然科学，从经济与管理学、社会学的概念方面理解，它又属于社会科学范畴。因此，计量具有自然科学与社会科学双重性。这一性质，客观上决定了它在国民经济中所具有的重要地位及所起的重要作用。

① 计量与人民生活

计量与人民生活密切相关，商品生产和交换是当代社会的一个特点。人们日常买卖中的计量器具是否准确，家用电表、水表和煤气表是否合格，公共交通的时刻是否准确，都直接关系到人们的切身利益。

粮食是人们生活的必需品，它直接关系到人们的生存和健康。所以粮食及粮食制品的生产、贮存和加工过程中都离不开计量。

在医疗卫生方面，计量的作用更显出重要性。计量和化验的数据不准，将会产生严重的后果。

所以计量与人民的生活无时无刻地相联。

② 计量与工农业生产

计量在工农业生产中的作用和意义是很明显的，计量是科学生产的技术基础。从原材料的筛选到定额投料，从工艺流程到产品质量的检验，都离不开计量。优质的原材料、先进的工艺设备和现代化的计量检测手段，是现代化生产的三大支柱。

农业生产，特别是现代化的农业生产，也必须有计量来保证。事实证明，科学生产和新技术开发应用都离不开计量测试。

③ 计量与国防科学

计量在国防建设中具有非常重要的作用，国防尖端系统庞大复杂，涉及到许多科学技术领域，技术难度高，要求计量的参数多、精度高、量程大、频带宽，所以计量在国防尖端技术领域更显得尤为重要。

对国防尖端技术系统来说，工作环境比较特殊，往往要在现场进行有效的计量测试且难度较大。例如，飞行器在运输、发射、运行、回收等过程中，要经历一系列的振动、冲击、高温、低温、强辐射等恶劣环境的考验。原子弹、氢弹等核武器的研制与爆炸威力的实验，对计量都有特殊的要求。在 2016 年 4 月，美国太空探索技术公司在发射"猎鹰 9 号"运载火箭中，成功实现一级火箭在海上平台的软着陆，精确的计量测试是重要的技术保证。

在国防建设中，计量测试是极其重要的技术基础，具有明显的技术保障作用，它为指挥员判断与决策提供了可靠的依据。

④ 计量与贸易

计量在贸易中起着很重要的作用，从历史上简单的商品交换，到今天发达的国际贸易，每一步都离不开计量，在不同国家与不同民族之间的交易，都要有公正的、统一的计量器具来保证双方交易的公平合理性。按照国际惯例和合同条款要求，货物一般均按上岸后的计量结果来作为结账的依据。过去，我国在出口原油时，缺乏精确可靠的计量手段，为了避免索赔罚款，往往采取多装多运的办法，使大量的原油白白浪费掉，甚至遭到船主以超重为由提出索赔的憾事。如果将计量精度提高到接近国际计量水平，可避免不应有的经济损失，同时也能提高我国在国际上的计量声誉。计量是保证产品质量、提高商品市场竞争能力的重要技术保障。对于国际贸易计量更是重要手段之一。计量水平的高低已成为衡量一个国家科技、经济和社会发展进步程度的重要标志。世界贸易组织（WTO）协议签订后，随着我国对外贸易的不断扩展，对计量准确度的要求也将越来越高。

⑤ 计量与科学技术

科学技术是人类生存与发展的重要基础，没有科学技术就不可能有人类的今天，计量本身就是科学技术的一个组成部分。近些年科技成果的涌现，如原子对撞机、深水探测机器人、地球资源卫星及卫星测控技术、载人航天工程"神州"系列飞船、储氢纳米碳管的研制成功、三峡水利枢纽工程的成功建设，标志着我国现代科技发展的先进水平。这些先进成果的涌现标志着我国的测量技术也进入了一个新的发展阶段，也将我国的测量技术水平带入新的进程。

60多年来，计量机构经历了由国家计量局、国家技术监督局、国家质量技术监督局、国家质量监督检验检疫总局的变迁，每一次变迁，计量工作都得到了逐步强化和发展，计量领域越来越宽广，计量工作的地位和作用进一步加强。

1.1.3 计量学

（1）计量学及其特点

计量学是关于测的科学。计量学是研究测量原理和方法、保证测量单位统一和量值准确的科学。它包括测量理论与实践的各个方面，是现代科学的一个重要组成部分。计量学研究的是与测量有关的一切理论和实际问题。从计量学的发展进程来看，它由科学计量学，发展到法治计量学，进而扩展至工业计量学。

所谓科学计量学，包括：研究计量单位、计量单位制及计量基准、标准的建立、复现、保存和使用；计量与测量器具的特性和各种测量方法；测量不确定度的理论和数理统计方法的实际应用；根据预定目的进行测量操作的测量设备以及进行测量的观测人员及其影响；基本物理常数有关理论和标准物质特性的测量。

所谓法制计量，是指为了保证公众安全和测量的准确、可靠，从技术要求和法律要求方面研究计量单位、测量设备和测量方法的国家监督管理。

所谓工业计量（也称为工程计量）是指：各种工程及工业企业中的应用计量。即为工业提供的校准和测试服务，并利用测量设备，按生产工艺控制要求检测产品特性和功能所进行的技术测量。所以工业计量学也称作技术计量学。

现代计量学已发展为以量子物理学和测量误差为基础，以国际单位制确定计量单位，利用激光、超导、传感和转换技术以及现代信息技术等成就的新型测量科学。随着生产和科学技术的发展，现代计量学的内容还会更加丰富。

现代计量学作为一门独立的学科，它的主要特点大致如下：

① 要求建立通用于各行各业的单位制，以避免各种单位制之间的换算。

② 利用现代科技理论方法，在重新确立基本单位定义时，以客观自然现象为基础建立单位的新定义，代替以实物或宏观自然现象定义单位。使基本单位基准建立为"自然基准"，从而使得可以在不同国家独立地复现单位量值以及大幅度提高计量基准的准确度，使量值传递链有可能大大缩短。

③ 充分采用和吸取了自然科学的新发现和科学技术的新成就，如约瑟夫森效应、量子化霍尔效应、核磁共振及激光、低温超导和计算机技术等，使计量科学面目一新，进入了蓬勃发展的阶段。

④ 现代计量学不仅在理论基础、技术手段和量值传递方式等方面取得很大发展，而且在应用服务领域也获得了极大的扩展。计量学得到了世界各国政府、自然科学界、经济管理界以及工业企业的普遍重视。

（2）计量学的分类

① 计量学包括的专业很多，涉及物理量、工程量、物质成分量、物理化学特性量等。按被测量量来分，我国目前大体上将其分为十大类（俗称十大计量）：几何量（长度）计量、温度计量、力学计量、电磁学计量、无线电（电子）计量、时间频率计量、电离辐射计量、光学计量、声学计量、化学（标准物质）计量。每一类中又可分若干项。

几何量是人类认识客观物体存在的重要的组成部分之一，用以描述物体大小、长短、形状和位置。它的基本参量是长度和角度。长度单位名称是米，单位符号是 m。角度分为平面角和立体角，其单位名称分别是弧度和球面度，对应的单位符号分别是 rad 和 sr。长度单位米在国际单位制中被列为第一个基本单位，许多物理量单位都含有长度单位因子。因此，不但几何量本身，而且大量导出单位的计量基准的不确定度在很大程度上都取决于长度和角度量值的准确度。在几何计量中除了使用两个基本参量外，还引入许多工程参量，如直线度、圆度、圆柱度、粗糙度、端面跳动、渐开线、螺旋线等，这些参量都是多维复合参量。

温度是表征物体冷热程度的物理量，它的单位名称是开[尔文]，单位符号是 K，它是国际单位制中七个基本单位之一。从能量角度来看，温度是描述系统不同自由度间能量分布状况的物理量；从热平衡的观点来看，温度是描述热平衡系统冷热程度的物理量，它标志着系统内部分子无规律运动的激烈程度。

力学计量研究的对象是物理力学量的计量与测试。与其他计量专业相比，力学计量涵盖的内容更广泛，通常分为质量、密度、容量、黏度、重力、力值、硬度、转速、振动、冲击、压力、流量、真空等 13 个计量项目。质量是国际单位制中七个基本单位之一，单位名称为千克，单位符号为 kg。其他力学计量单位均为导出单位。

时间频率计量包括时间与频率的计量。时间是国际单位制中七个基本单位之一，单位名称是秒，单位符号是 s。频率是单位时间内周期性过程重复、循环或振动的次数，可用相应周期的倒数表示，它的单位名称是赫[兹]，单位符号是 Hz。

② 从学科发展来看，计量学原本是物理学的一部分，或者说是物理学的一个分支。随着科技、经济和社会的发展，计量的概念和内容也在不断地扩展和充实，以致逐渐形成了一门研究测量理论与实践的综合性学科。就学科而论，计量学又可分为以下 7 个分支：

● 通用计量学是研究计量的一切共性问题，而不针对具体被测量的计量学部分。例如，关于计量单位的一般知识（诸如单位制的结构、计量单位的换算等）、测量误差与数据处理、测量不确定度、计量器具的基本特性等。

● 应用计量学是研究特定计量的计量学部分，是关于特定的具体量的计量，如长度计量、频率计量、天文计量、海洋计量、医疗计量等。

● 技术计量学是研究计量技术，包括工艺上的计量问题的计量学部分。例如，几何量的自动测量、在线测量等。

● 理论计量学是研究计量理论的计量学部分。例如，关于量和计量单位的理论、测量误差理论和计量信息理论等。

● 品质计量学是研究质量管理的计量学部分。例如，关于原材料、设备以及生产中用来检查和保证有关品质要求的计量器具、计量方法、计量结果的质量管理等。

● 法制计量学是研究法制管理的计量学部分。例如，为了保证公众安全、国民经济和社会的发展，依据法律、技术和行政管理的需要而对计量单位、计量器具、计量方法和计量精确度（不确定度）以及专业人员的技能等所进行的法制强制管理。

● 经济计量学是研究计量的经济效益的计量学部分。这是近年来人们相当关注的一门边缘学科，涉及面甚广。例如，生产率的增长、产品质量的提高、物质资源的节约、国民经济的管理、医疗保健以及环境保护。

③ 国际法制计量组织还根据计量学的应用领域，将其分为工业计量学、商业计量学、天文计量学、医用计量学等。

1.1.4 计量技术

计量技术是指研究建立基标准、计量单位制、计量检定和测量方法等方面的科学技术；也是通过实现单位统一和量值准确可靠的测量，发展研究精密测量，以保证生产和交换的进行，保证科学研究可靠性的一门应用科学技术。

计量技术贯穿于各行各业，是面向社会服务的横向技术基础，以实验技术为主要特色直接为国民经济与社会服务，是人类认识自然改造世界的重要手段。随着现代科学技术的发展，计量技术水平也不断提高。目前按计量技术专业分类的十大计量涉猎于现代科学的各个领域，也完全适应于广大人民群众生产和生活的需要。计量比度量衡更确切、更概括、更科学。

1.2 计量机构

1.2.1 国际计量机构与组织

（1）米制公约组织

① 米制公约

米制公约最初是 1875 年 5 月 20 日由 17 个国家的代表于法国巴黎签署的，并于 1927 年作了修改，我国 1977 年 5 月 20 日加入米制公约组织。

② 米制公约的组织机构

a. 国际计量大会（CGPM）

国际计量大会是由米制公约组织成员国的代表组成，是米制公约组织的最高权力机构，它由国际计量委员会召集，每 4 年在法国巴黎召开一次，其任务是：讨论和采取保证国际单位制推广和发展的必要措施，批准新的基本的测试结果，通过具有国际意义的科学技术决议，通过有关国际计量局的组织和发展的重要决议。

b. 国际计量委员会（CIPM）

国际计量委员会是米制公约组织的领导机构，受国际计量大会的领导，并完成大会休会期间的工作，至少每 2 年集会一次。

c. 国际计量局（BIPM）

国际计量局是米制公约组织的常设机构，在国际计量委员会的领导和监督下工作，是计量科学研究工作的国际中心。国际计量局设在法国巴黎近郊的色弗尔。

d. 咨询委员会（CC）

咨询委员会是国际计量委员会下属的国际机构，负责研究与协调所属专业范围内的国际计量工作，提出关于修改计量单位值和定义的建议，使国际计量委员会直接做出决定或提出议案交国际计量大会批准，以保证计量单位在世界范围内的同意，以及解答所提出的有关问题等。目前共设有 9 个咨询委员会。

（2）国际法制计量组织（OIML）

① 国际法制计量组织（OIML）简述

它是 1955 年 10 月 12 日根据美国、前联邦德国等 24 国在巴黎签署的《国际法制计量组织公约》成立的，总部设在巴黎。中国政府于 1985 年 2 月 11 日批准参加该组织，同年 4 月 25 日起成为该组织的正式成员国。

② 国际法制计量组织机构

a. 国际法制计量大会

国际法制计量大会是国际法制计量组织的最高组织形式，每 4 年召开一次。

b. 国际法制计量委员会（CIML）

国际法制计量委员会是国际法制计量组织的领导机构，由各成员国政府任命的 1 名代表组成，代表必须是从事计量工作的职员，或法制计量部门的现职官员。

c. 国际法制计量局（BIML）

国际法制计量局是国际法制计量组织的常设执行机构，设于法国巴黎，由固定的工作人员组成。该局的职责主要是保证国际法制计量大会及委员会决议的贯彻执行，协助有关组织机构、成员国之间建立联系，指导与帮助国际法制计量组织秘书处的工作。下设国际法制计量组织秘书处（指导秘书处、报告秘书处）和 18 个技术委员会（TC）。

1.2.2　国内计量管理体系

（1）计量行政管理部门

根据《中华人民共和国计量法》（以下简称《计量法》）及《中华人民共和国计量法实施细则》规定，我国按行政区域建立各级政府计量行政管理部门，即国务院计量行政管理部门、省（直辖市、自治区）政府计量行政管理部门、市（盟、州）计量行政部门、县（区、旗）政府计量行政部门。

① 国家质量监督检验检疫总局计量司

统一管理国家计量工作，推行法定计量单位和国家计量制度；管理国家计量基准、标准和标准物质；组织制定国家计量检定系统表、检定规程和技术规范；管理计量器具，组织量值传递和比对工作；监督管理商品质量、市场计量行为和计量仲裁检定；监督管理能源计量工作；监督管理计量检定机构、社会公正计量机构及计量检定人员的资质资格。

② 省（直辖市、自治区）政府计量行政部门

省、自治区、直辖市质量技术监督局，为同级人民政府的工作部门，接受国家计量行政部门的直接领导。

③ 地级市政府计量行政部门

市、地、州、盟质量监督局，为省级质量技术监督局的直属机构，接受省级计量行政部门的直接领导。

④ 县（旗）、县级市计量行政主管部门

县（旗）、县级市根据工作需要，可设质量技术监督局，为上一级质量技术监督局的直属机构，并接受其直接领导。

⑤ 企业计量组织

企业为加强自身的计量管理而组成的计量管理部门。

例如，中国石油化工股份有限公司科技部负责计量管理工作。销售企业的计量管理工作，由油品销售事业部实行统一归口领导。油品销售事业部和各省(区、市)石油分公司进行分级管理。其职责为：

a. 宣传、贯彻、执行国家计量法律、法规和规定；

b. 负责与国家计量主管部门的联系，协调相关部门的关系；

c. 组织制定中国石化计量管理各项管理制度；

d. 负责石油工程管理部、油田勘探开发事业部、炼油事业部、化工事业部、油品销售事业部计量管理工作的协调与监督；

e. 负责中国石化企业间重大计量纠纷的仲裁，并监督执行；

f. 负责中国石化对外重大计量纠纷的协调；

g. 指导中国石化计量技术机构的业务工作；

h. 组织中国石化计量标准的建立和审查；

i. 跟踪计量技术发展动态，组织国内外先进计量技术的交流、研究与推广应用；

j. 负责中国石化计量人员培训的管理与监督。

⑥ 企业计量员

计量人员主要指计量管理人员、计量技术人员、计量检定/校准人员、计量器具维修人员和计量操作人员等。各级计量人员的配备数量及素质要满足本单位计量管理、量值传递等工作需要。要具备如下技能：

a. 计量管理人员应掌握法制计量管理和科学计量管理的基本知识，了解和掌握先进的计量方法，具有一定的管理水平；

b. 计量技术人员应掌握基本的误差理论和统计方法，熟知相关测量技术文件，掌握测量新技术、量值溯源新方法等知识；

c. 从事计量检定/校准和原油、天然气及石油化工产品计量操作的计量人员，应经考试合格后持证上岗，公正、公平开展计量工作。

油品计量是石化企业计量管理工作中最重要的组成部分。原油进厂的准确计量、成品油销售的准确计量，都是直接影响企业的经济效益和企业信誉的关键环节，油品计量员是国家计量法的直接执行者，是按照国家标准进行计量的直接操作者，它既要求计量员有较高的文化素质，要熟悉国家法律、法规和有关的计量交接规程，又要求计量员有准确的操作技能，更要求计量人员热爱本职工作，思想作风正派，有良好的职业道德和风范，才能做到诚实、公正、准确。计量员是企业利益的监督保证者，保证减少和避免不必要的经济损失，同时也是消费者利益的保护者，是一个企业形象的集中体现者。因此，计量员的岗位是一个重要而光荣的岗位，每个计量员都要争取成为执行计量法的模范。

(2) 计量技术机构

为了保证我国计量单位制的统一和量值的准确可靠，并与国际惯例接轨，国家本着一切从实际出发，既考虑原来按行政区域建立起来的各级计量技术机构，又要符合国家计量检定系统表的要求，依法设置了相应的计量机构，为实施《计量法》提供技术保证。

目前，我国建立两个国家级计量技术机构：中国计量科学研究院和中国测试技术研究院。中国计量科学研究院主要负责建立国家最高计量基准、标准，保存国家计量基准和最高标准器，并进行量值传递工作；中国测试技术研究院主要从事精密仪器设备的研究及开展测试技术的研究，直接为生产、建设、科研服务。

县级以上人民政府计量行政部门根据需要也都设置了计量检定机构，执行强制检定和其他检定测试任务。对于各自专业领域的单一计量参数项目，我国陆续授权有关行业、部门建立了专业计量站，负责各自专业领域的量值传递任务。例如：国家轨道衡计量站(北京)、国家原油大流量计量站(大庆)、国家大容器计量抚顺检定站(抚顺)、国家铁路罐车容积检定站(北京)。

依据《计量法》的有关规定，各级政府计量行政部门也相继授权一些在本行政区域内的专业计量站、厂矿计量室，对社会开展部分项目的计量检定工作，为社会提供公证数据。

例如，中国石化销售公司下设计量管理站，是销售公司计量技术与管理的执行机构。

计量管理站的职责：

① 负责提出有关销售企业计量管理制度、工作计划和发展规划的建议，受销售公司委托定期监督销售企业计量工作执行情况。

② 调查销售企业计量管理概况，指导、推动销售企业采用现代科学计量管理模式；负责销售企业计量的统计汇总；开展计量工作交流和评比工作。

③ 负责组织编写销售企业计量培训教材，负责销售企业计量检定人员和通槽(航)点计量员(工)的培训、考核、发证等具体工作。

④ 开展计量测试技术研究，进口计量器具的选型，计量新技术的推广应用。

⑤ 开展国家计量部门授权项目的检定，对销售企业计量器具量值溯源进行技术指导。

⑥ 参与调解、处理销售企业计量纠纷等事宜。

⑦ 集团公司、销售公司委托或授权的其他事宜。

除此之外，随市场经济的不断发展，各部门和企事业单位为了适应生产，提高产品质量，保障生产安全，满足工业需要，也建立了统一管理本单位工作的计量检定机构。

上述机构为我国计量法制监督提供了技术保证，同时也对社会提供了各种计量技术服务。

(3)其他计量组织

① 国家专业计量技术委员会(MTC)

简称"技术委员会"，是由国家质量监督检验检疫总局组织建立的技术工作组织，它根据国家计量法律、法规、规章和政策，积极采用国际法制计量组织(OIML)"国际建议"、"国际文件"的原则，结合我国具体情况在本专业领域内，负责制定、修订和宣贯国家计量技术法规以及开展其他有关计量技术工作。

② 中国计量测试学会

它是中国科学技术学会所属的全国性学会之一，是计量技术和计量管理工作者按专业组织起来的群众性学术团体，是计量行政部门在计量管理上的助手，也是计量管理机关与管理对象联系的桥梁。该学会于 1961 年 2 月 28 日成立，现已成为国际计量技术联合会中较有影响的成员。

中国计量测试学会的主要任务：

a. 开展国内外学术交流活动。组织国内计量领域重点学术课题的交流与研讨。

b. 受国家质检总局的委托，设立"国家计量技术法规审查部"，负责全国计量规程、规范的审查工作。

c. 受国家质检总局的委托，设立"全国标准物质管理委员会办公室"，负责全国标准物质定级和许可证的申请、复查、评审及考核工作。

d. 受国家质检总局和国家人社部的委托，管理"质量技术监督行业职业技能鉴定工作"，在全国开展多行业的人才培训、考证工作。

e. 受国家质检总局和国家人社部委托，开展"全国注册计量师的教材、考试大纲及命题的编写，组织考试、判卷等工作"。

f. 经国家质检总局、国家认监委批准组建的"中启计量体系认证中心"是学会的下属单位，开展测量管理体系认证工作。

g. 编辑出版《计量学报》学术期刊。

1.3　法制计量管理

1.3.1　计量立法

我国实行的《中华人民共和国计量法》(以下简称《计量法》)是 1985 年 9 月 6 日经第六届全国人民代表大会常务委员会第十二次会议审议通过，并以第 28 号主席令正式公布的。于 2015 年 4 月 24 日第三次修正颁布。

《计量法》的颁布，标志着我国计量事业的发展进入了一个新的阶段。它以法律的形式确定了我国计量管理工作中应遵循的基本准则，也是我国计量执法的最高依据，对加强我国计量工作管理，完善计量法制具有根本的意义。

《计量法》的颁布，把整个计量管理工作纳入法制的轨道，为确保国家计量单位制的统一和全国量值传递的统一准确，促进生产、科技和贸易的发展，保护国家和消费者的利益，都起到了法律保障作用。

计量管理与其他一切管理一样必须讲究科学的管理方式。依据计量工作的性质和特点，为了保证量值的准确、可靠，我国现行计量管理方式大致可归纳为以下 7 种类型，即：法制管理方式、行政管理方式、技术管理方式、经济管理方式、标准化管理方式、宣传教育管理方式、现代科学管理方式等。

其中法制管理方式和行政管理方式如下：

（1）行政管理方式

行政管理方式主要是指按行政管理体系，对所管理的对象发出命令、指示、规定和指令性计划以及组织协调、请示汇报等。

（2）法制管理方式

法制管理方式主要包括：制定计量法律、法规；制定贯彻计量法律的具体实施细则、办法和规章制度，或以政府名义发布通告、公告，建立计量执法机构和队伍，开展计量监督管理，依法执行处罚、仲裁、协调等。

1.3.2　法制计量管理的对象

（1）法制计量管理的对象与范围

　　法制计量管理属于上层建筑范畴，是国家和政府管理部门的任务，具有国家强制力。在不同的国家，由于社会制度、经济管理体制的不同，决定了法制计量管理的对象也不同。例如：美国的法制计量管理范畴比较窄，主要是对商业，特别是对零售商业使用的计量器具进行管理，用于安全防护、医疗卫生和环境监测用的计量器具未列入强制管理范围，贸易结算用的电度表也不由计量管理部门管理，而是由其他政府部门负责。我国的法制计量管理的对象主要就是"县级以上人民政府计量行政部门对社会公用计量标准器具，部门和企业、事业单位使用的计量标准器具，以及用于贸易结算、安全防护、医疗卫生、环境检测方面的列入强制检定目录的工作计量器具"。我国的法制计量管理的范围主要是对可能影响生产建设和经济秩序的有关计量工作，其中包括计量基、标准的建立，计量检定、社会公用计量器具的生产、进口、销售、修理、使用，计量认证及监督管理等实行法制管理。

　　（2）量值传递

　　将国家计量基准所复现的计量单位量值通过（或其他传递方式）各单位计量标准传递到工作计量器具，以保证被计量的对象量值的准确一致的全部过程称之为量值传递。

　　量值准确一致是指，对同一量值，运用可测量它的不同计量器具进行计量，其计量结果在所要求的准确度范围内达到统一。

　　量值准确一致的前提是被计量的量值必须具有能与国家基准直至国际计量基准相联系的特征，亦即被计量的量值具有溯源性。

　　为使新制造的、使用中的、修理后的及各种形式的，分布于不同地区，在不同环境下测量同一种量值的计量器具都能在允许的误差范围内工作，必须逐级进行量值传递。

　　量值传递的目的就是为了确定计量对象的量值，为工农业生产、国防建设、科学实验、贸易结算、环境保护以及人民生活、健康、安全等方面提供计量保证。

　　量值传递在技术上需要严密的科学性和坚实的理论依据，并要有较完善的国家计量基准体系、计量标准体系；在组织上需要有一整套的计量行政机构、计量技术机构及其他有关机构；还要有一大批从事计量业务工作的专门人才。

　　（3）计量机构的计量授权及管理

　　贯彻实施《计量法》，加强计量监督管理，涉及大量的执法技术保障工作。这些工作除依靠政府计量行政部门所属的法定计量检定机构承担外，还可以充分发挥社会上的技术力量，打破部门和地区管辖的限制，按着经济合理、就地就近和方便生产、利于管理的原则，选择有条件的单位，由政府计量行政部门考核合格后，授权他们承担上述的一部分工作。这种由政府计量行政部门授权有关单位承担一部分计量执法技术保障任务和对外开展非强制检定技术服务形式，统称为计量授权。

　　（4）基、标准器及其他设备的考核

　　按申报项目所配置计量标准器的各项指标，必须符合国家计量检定系统表和检定规程的要求，并由法定或授权计量检定机构的检定合格证书，其配套设备应齐全，属于计量器具的要具有计量检定机构的检定合格证书，其他设备必须满足技术要求。

　　（5）检定人员的考核

　　国家法定计量检定机构的计量检定人员，必须经县级以上人民政府计量行政部门考核合格，并取得计量检定证件。其他单位的计量检定人员，由其主管部门考核发证。无计量检定证件的，不得从事计量检定工作。必须考核的内容有：是否具有称职的计量标准的管理、维护和使用人员，使用人员是否取得所从事的检定项目的计量检定证件(每个检定项目应有两人以上持证)；计量标准的负责人员是否具有良好的技术素质和计量法规意识；是否能认真执行《计量检定人员管理办法》，按照国家、部门、地方规程准确地进行工作，并能独立解决检定工作中出现的问题，正确进行数据处理和误差分析。

(6) 环境条件

检定环境条件必须达到检定规程的技术要求，以满足计量标准正常工作所需的环境条件，其内容包括：温度、湿度、防震、防磁、防尘等必须符合有关技术要求；室内设备布置合理、整洁、便于操作，无灰尘；室内人员按规定着装；应有对环境进行监测、控制的记录，并有相应的监测控制设备。

(7) 技术法规

计量检定规程是计量器具检定工作的指导性文件，是计量检定人员在检定工作中必须共同遵守的技术依据，也是法制性的技术文件。它是在检定计量器具时，对计量器具的计量性能、检定条件、检定项目、检定方法、检定结果的处理、检定周期等内容所做的技术规定。检定规程分为：国家计量检定规程、部门计量检定规程和地方计量检定规程等三种。当采用计量检定规程作为处理计量纠纷和索赔等方面的技术依据时，国家计量检定规程的效力高于部门的或地方的计量检定规程。地方计量检定规程是区域内处理跨部门的计量纠纷的主要依据。部门计量检定规程是处理部门纠纷的主要依据。

(8) 计量器具管理

"单独地或连同辅助设备一起用以进行测量的器具"为计量器具，它也可称为测量仪器。计量器具实行强制检定及非强制检定。

关于计量器具的检定，是指"查明和确认计量器具是否符合要求的程序，它包括检查、加标记和(或)出具检定证书"。

检定具有法制性，其对象是法制管理范围内的计量器具。检定的依据是按法定程序审批公布的计量检定规程。《中华人民共和国计量法》规定："计量检定必须按照国家计量检定系统表进行。国家计量检定系统表由国务院计量行政部门制定。计量检定必须执行计量检定规程。国家计量检定规程由国务院计量行政部门制定。没有国家计量检定规程的国务院有关主管部门和省、自治区、直辖市人民政府计量行政部门分别制定部门计量检定规程和地方计量检定规程，并向国务院计量行政部门备案。"

检定分为首次检定和后续检定。

对不同的计量器具采取"统一立法，区别管理"，即社会公用计量标准器具，部门和企业、事业单位使用的最高计量标准器具，以及用于贸易结算、安全防护、医疗卫生、环境检测方面被列入强制检定计量器具目录的工作计量器具实行强制计量检定。强制检定是指政府计量行政部门所属的法定计量检定机构或授权的计量检定机构，对列入国家强检目录的工作计量器具，实行定点定期的一种检定。强制检定的特点主要表现在：强制检定由政府计量行政部门实行管理，持有这些计量器具的个人或单位，不管其是否愿意，都必须按规定申请检定。强制检定由政府计量行政部门制定的法定计量检定机构或政府计量行政部门授权的其他有关机构执行检定。检定关系是固定的，被检定单位和个人都要定点、定期送检。这是一种强制性的明确的规定。列入国家强制检定目录的石油计量器具见表1-1。

表 1-1　石油计量器具

器 具 名 称	检 定 周 期	规 程 编 号
钢卷尺(测深钢卷尺、普通钢卷尺、钢围尺)	一般为半年，最长不得超过一年	JJG 4—2015
工作用玻璃液体温度计	最长不超过一年	JJG 130—2011
工作玻璃浮计(密度计)	1 年，但根据其使用及稳定性等情况可为两年	JJG 42—2011
立式金属罐	首次检定不超过 2 年，后续检定 4 年	JJG 168—2005
卧式金属罐	最长不超过 4 年	JJG 266—1996
球形金属罐	5 年	JJG 642—2007
汽车油罐车	初检 1 年，复检 2 年	JJG 133—2005
质量流量计	2 年(贸易结算的为 1 年)	JJG 1038—2008
液体容积式流量计(腰轮流量计、椭圆齿轮流量计等)	1 年(贸易结算及优于 0.5 级的为半年)	JJG 667—2010
速度式流量计(涡轮流量计、电磁流量计旋进旋涡流量计等)	半年(0.5 级及以上)；2 年(低于 0.5 级)	JJG 1037—2008 JJG 1033—2007
燃油加油机	以加油机使用情况而定，一般不超过半年	JJG 443—2015 JJG 1121—2015
非自行指示轨道衡	半年	JJG 142—2002
自动轨道衡	1 年	JJG 234—2012
固定式杠杆称	1 年	JJG 14—2016
移动式杠杆称	1 年	JJG 14—2016
套管尺	1 年	JJG 473—2009
液位计	一般不超过 1 年	JJG 971—2002
船舶液货计量舱	一般不超过 3 年，对于载质量≥3000t 的油船可延长至 6 年	JJG 702—2005

对除以上范围之外的检定为非强制检定。非强制检定是指对强制检定范围以外的计量器具所进行的一种依法检定。今后大量的非强制的计量器具为达到统一量值的目的可以采用校准的方式。校准是"在规定条件下，为确定测量仪器或测量系统所指示的量值，或实物量或参考物质所代表的量值，与对应的由标准所复现的量值之间关系的一组操作。"校准结果既可给出被测量的示值又可确定示值的修正值；也可确定其他计量特性；其结果可以记录在校准证书或校准报告中。

校准的依据是校准规范和校准方法，可以统一规定也可以自行制定。

校准和检定的主要区别如下：

① 校准不具法制性，是企业自愿溯源的行为。检定具有法制性，是属法制计量管理范畴的执法行为。

② 校准主要用以确定测量器具的示值误差。检定是对测量器具的计量特性及技术要求的全面评定。

③ 校准的依据是校准规范、校准方法，可作统一规定，也可自行制定。检定的依据必

须是检定规程。

④ 校准不判断测量器具合格与否，但当需要时，可确定测量器具的某一性能是否符合预期的要求。检定要对所检的测量器具做出合格与否的结论。

⑤ 校准结果通常是发校准证书或校准报告。检定结果合格的发检定证书，不合格的发不合格通知书。

因为检定是属于法制计量范畴，其对象应该是强制检定的计量器具。所以，为实现量值溯源，大量的采用校准。实际上"校准"是大量存在着，在我国，一直没有把它作为是实现量值统一和准确可靠的主要方式，却用检定来代替它。这一观念正在转变，而且越来越多地为人们所接受，它在量值溯源中的地位将被确立。

第2章 计量基础

2.1 法定计量单位

2.1.1 量、量制和量纲

（1）[可测量的]量

① 量

"现象、物体或物质可定性区别和定量确定的属性"定义为量。其具体意义是指大小、轻重、长短等概念，如导线长度、物体质量等。量的广义含义是指现象、物体和物质的定性区别，即可以把量区分为长度、质量、时间、温度、硬度、电流、电阻等量。

量可以用数学式表示，如：$A = \{A\} \cdot [A]$

式中 $[A]$——量 A 所选用的计量单位；

$\{A\}$——用计量 $[A]$ 表示时，量 A 数值。

量的表示都必须在其数值后面注明所用的计量单位。量的大小并不随所用的计量单位而变，即可变的只有单位和数值，这是各种单位制单位互相换算的基础，也是量的一种基本特性。

可计量的量不仅包括物理量、化学量，还包括一些非物理量，如硬度、表面粗糙度、感光度等。这些非物理量是约定可计量的量，这类量的定义和量值与计量方法有关，相互之间不存在确定的换算关系。在计量学中，有一些量具有两重含义，如时间可以是时刻的概念，也可以是时间间隔的概念。物理量一般具有可作数学运算的特性，能用数学公式表示。同一种物理量可以相加减，几种物理量又可以相乘除。用如下数学式表示：

a. 同一种物理量可以相加 $A_1 + A_2 = \{A_1 + A_2\} \cdot [A]$

b. 同一种量可以相减 $A_1 - A_2 = \{A_1 - A_2\} \cdot [A]$

c. 几种量可以相乘 $AB = \{A\}\{B\} \cdot [A][B]$

d. 几种量可以相除 $A/B = \{A/B\} \cdot [A/B]$

② 量值

量值是"一般由一个数乘以测量单位所表示的特定量的大小"。

[量的]真值是与给定的特定值的定义一致的值。

[量的]约定真值是"对于给定目的具有适当不确定度的、赋予特定量的值，有时该值是约定采用的"。

[量的]数值是"在量值表示中与单位相乘的数"。

③ 量的分类

根据量在计量学中所处的地位和作用，存在不同的分类方式。既可分为"基本量和导出量"，也可分为"被测量和影响量"以及"有源量和无源量"等。

a. 基本量和导出量

基本量是"在给定量值中约定的认为在函数关系上彼此独立的量"。

导出量是"在给定量值中由基本量的函数所定义的量"。

基本量和相应导出量的特定组合构成整个科学领域或某个专业领域的"量制"。基本量的数目不可能很多。而导出量是根据它的物理公式，由几个基本量推导出来，因而数目比较多。

b. 被测量和影响量

按量在计量中所处的地位，又可分为"被测量"和"影响量"。

被测量是"作为测量对象的特定量"。它可以理解为已经计量所获得的量，也可指待计量的量。

影响量是"不是被测量但对测量结果有影响的量"。影响量来源于环境条件和计量器具本身，它虽然不直接反映被计量对象的量值，但对计量结果有重大影响。

c. 有源量和无源量

有源量是计量对象本身具有一定的能量，观察者无需为计量中的信号提供外加能量的量，如电流、电压、功率等。

无源量是计量对象本身没有能量，为了能够进行计量，必须从外界获取能量的量，如电阻、电容、电感等电路元件的参量。

（2）量制与量纲

量制是"彼此间存在确定关系的一组量"。

量纲是"以给定量制中基本量的幂的乘积表示某量的表达式"。

由于导出量的量纲形式可表示为基本量量纲之积，故也称为"量纲积"。量纲的一般表达式：

$$\dim Q = A^{\alpha} B^{\beta} C^{\gamma}$$

式中　　$\dim Q$ ——量 Q 的量纲符号，亦可以用正体大写字母 Q 表示；

A、B、C ——基本量 A、B、C 的量纲；

α、β、γ ——量纲指数。

在国际单位制中，规定长度、质量、时间、电流、热力学温度、物质的量和发光强度七个量为基本量，它们的量纲分别用正体大写字母表示为 L、M、T、I、Θ、N 和 J。因此，包括基本量在内的任何量的量纲一般表达式为：

$$\dim Q = L^{\alpha} M^{\beta} T^{\gamma} I^{\delta} \Theta^{\varepsilon} N^{\zeta} J^{\eta}$$

具体的量的量纲式表示，如长度为 $\dim L = L$、质量为 $\dim M = M$、时间为 $\dim T = T$。

无量纲量是量纲表达式中，基本量量纲的全部指数均为零的量，如摩擦系数、相对密度等都是无量纲量。

量纲的实际意义在于定性地确定量之间的关系，在这里数值并不主要。任何量的表达式，其等号两边必须具有相同的量纲式，这一规则称为"量纲法则"。应用这个法则可以检查物理公式的正确性，尤其是过去多种量制并存的时候，量纲法则更是检验量的表达式的有力工具。

量纲在确定一贯制单位中有重要作用。如果量制中基本量的单位已经确定，导出量的量纲式已经列出，那么只要将基本单位的符号取代导出量量纲式中的基本量量纲的符号，即可得出该量的导出单位。导出量量纲式只能给出导出量和基本量之间的定性关系，而导出量单位表达式却用以表明导出单位与基本单位之间的定量关系，它将随着所选取的基本单位的大小而变。

2.1.2 单位和单位制

（1）［计量］单位概念

① 单位

"为定量表示同种量的大小而约定的定义和采用的特定量"称为单位。或定义计量单位制为习惯上公认数值为 1 的一个量值。

单位的含义包括：首先计量单位是数值等于 1 的特定量，在计量过程中起已知其值的比较标准之用；其次单位是用来定量表示具有相同量纲的量，这就可以比较同量纲量的大小。

按科学的、严密的定义，计量单位应具有如下条件：

a. 单位本身是一个固定的量，即具有可以比较的"量"，不是一个"量"值。

b. 命这个固定量的数值为 1。

c. 这个命其数值为 1 的固定量应有具体的名称符号和定义，如千克、米、秒等。

d. 单位量的测量必须建立在科学、准确的基础上，要能定量的表示并可以复现，且具备现代科学技术所能达到的最高准确度和稳定性。

② 基本［计量］单位

基本［计量］单位是"给定量制中基本量的测量单位"。在国际单位制中，基本单位有七个。计量科学技术的基础建立在基本单位定义的确定及其基准准确度的提高上。

③ 导出［计量］单位

导出［计量］单位是"给定量制中导出量的测量单位"。

在单位制中，导出单位可以用基本单位和比例因数表示，而且对有些导出单位，为了表示方便，给以专门的名词和符号，如牛顿（N）、赫兹（Hz）、帕斯卡（Pa）等。

④ 倍数［计量］单位与分数［计量］单位

在长期的计量实践中，人们往往从同一种量的许多单位中选用某个单位为基础，并赋予独立的定义，这个计量单位即为主单位。一个主单位不能适应各种需要，为了使用方便而设立了倍数单位和分数单位。

倍数［计量］单位是"按约定的比率由给定单位构成的更大的测量单位"。

分数［计量］单位是"按约定的比率由给定单位构成的更小的测量单位"。

实际选用单位时，一般应遵循如下原则，即应使量的数值处于 0.1～1000 范围之内。但有时也有例外，如为了表示计量结果的准确度，必须采用小单位、多数值表示法。

（2）［计量］单位制

［计量］单位制是"为给定量制按给定规则确定的一组基本单位和导出单位"。

在某种单位制中，往往包括一组选定的基本单位和由定义方程式给出的导出单位。同一个量在不同的单位制中，可以有大小不等的计量单位。每个计量单位都有相应的名称和符号。建立计量单位制的意义在于：一是，对同一个量选用了许多不同的计量单位；二是，对每个单位的倍数和分数单位，采用不同进制等；三是，很少考虑由于量与量之间的联系所决定的单位与单位之间的联系。因此为了消除以上混乱状况所带来的不良后果，而研究建立了计量单位制。

［计量］单位符号是表示计量单位的约定符号。

一贯［导出］［计量］单位是"由比例因数为1的基本单位幂的乘积表示的导出测量单位"。

一贯［计量］单位制是"全部导出单位均为一贯单位的测量单位制"。

同一个量在不同的单位制中，每个计量单位都有相应的名称和符号，如在(SI)国际单位制中，长度单位名称为"米"，其单位符号为"m"。

同一个量可以用不同的单位表示，得到不同的数值，单位与数值形成反比。即同一个量的两种计量单位之比，称为"单位换算系数"。

2.1.3 国际单位制

（1）国际单位制(SI)的构成

① 国际单位制(SI)的概念

国际单位制(SI)是"由国际计量大会(CGPM)采纳和推荐的一种一贯单位制"。1960年第十一届国际计量大会决定将以米、千克、秒、安培、开尔文和坎德拉这六个单位为基本单位的实际计量单位制命名为"国际单位制"。而1974年的第十四届国际计量大会又决定增加将物质的量的单位摩尔作为基本单位，使目前国际单位制共有七个基本单位。

② 国际单位制(SI)特点

- 通用性

广泛适用于整个科技领域、商品流通领域及人们日常生活中。

- 简明性

采用国际单位制可以取消其他单位制的一些单位，明显地简化了量的表示式，省略了各个单位制之间的换算。它规定每个单位只有一个名称和一个国际符号，并执行一个量只有一个SI单位的原则，从而避免了多种单位制和单位的并用，消除了很多混乱现象。如能量的单位是焦耳，用它可以代替过去沿用的表示功、能、热量等的多种单位。

- 实用性

它的基本单位和大多数导出单位的主单位量值都比较实用，而且保持历史的连续性。它包括了数值范围很广的词头，可方便地构成10进倍数和分数单位，适应各类计量需要。

- 准确性

国际单位制的七个基本单位，都有严格的科学定义，复现方法有重大改进，其相应的计量基准代表当代科学技术所能达到的最高计量准确度。

③ 国际单位制的构成

国际单位制是由SI单位(包括SI基本单位和SI导出单位)和SI单位的倍数单位构成。这里SI单位是指国际单位制中由基本单位和导出单位构成一贯单位制的那些单位，除质量外，均不带SI词头。国际单位制的构成及其相互关系如下：

$$
\text{国际单位制(SI)}
\begin{cases}
\text{SI单位}
\begin{cases}
\text{SI基本单位} \\
\text{SI导出单位}
\begin{cases}
\text{包括SI辅助单位在内的具有专门名称的SI导出单位} \\
\text{组合形式的SI导出单位}
\end{cases}
\end{cases} \\
\text{SI单位的倍数单位}
\end{cases}
$$

- 基本单位的选择和定义

基本单位是"给定量制中基本量的单位"，其选择原则如下：

a. 一个基本量只有一个基本单位。

b. 基本单位应能按它的定义原则进行定义。

c. 基本单位应该容易实现和具有极高的准确度。

d. 复现基本单位的基准量制应可保持长久不变。

e. 基本单位的大小应该便于使用。

f. 基本单位应能满足一贯性的要求。

基本单位的定义原则如下：

a. 基本单位的定义应该明确规定单位的量值。

b. 基本单位的定义应该是科学的、严密的和简单明了的，它应能为本专业人员所接受和非本专业科技人员所理解。

c. 基本单位的定义本身应与它的实现方法分开，从而允许实现方法的不断改进以提高实现的准确度，但又能保证定义较长时间内不变。

d. 当必须更改基本单位的定义时，要保持单位名称和单位量值的不变，以保证它的延续性和统一性。

• SI 基本单位

国际单位制的 SI 基本单位为米、千克、秒、安培、开尔文、摩尔和坎德拉，其对应量的名称、单位符号和定义见表 2-1。

表 2-1　SI 基本单位

量的名称	单位名称	单位符号	定 义
长度	米	m	米是光在真空中于(1/299 792 458)s 时间间隔内所经路径的长度
质量	千克(公斤)	kg	千克是质量单位，等于国际千克原器的质量
时间	秒	s	秒是铯-133 原子基态的两个超精细能级间跃迁相对应辐射的 9 192 631 770 个周期的持续时间
电流	安[培]	A	安培是电流单位，在真空中截面积可忽略的两根相距 1m 的无限长平行圆直导线内通以等量恒定电流时，若导线间相互作用力在每米长度上为 2×10^{-7} N，则每根导线中的电流为 1A
热力学温度	开[尔文]	K	开尔文是热力学温度单位，等于水的三相点热力学温度的 1/273.16
物质的量	摩[尔]	mol	摩尔是一系统的物质的量，该系统中所包含的基本单元数与 0.012kg 碳-12 的原子数目相等。使用摩尔时，基本单元应予指明
发光强度	坎[德拉]	cd	坎德拉是一光源在给定方向上的发光强度，该光源发出频率为 540×10^{12} Hz 的单色辐射，且在此方向上的辐射强度为 $1/683W(sr)^{-1}$

注：1. 圆括号中的名称，是它前面的名称的同义词，下同。

2. 无方括号的量的名称与单位名称均为全称。方括号中的字，在不致引起混淆、误解的情况下，可以省略。去掉方括号中的字，即为其名称的简称。下同。

3. 本标准所称的符号，除特殊指明外，均指我国法定计量单位中所规定的符号以及国际符号，下同。

4. 人民生活和贸易中，质量习惯称为重量。

• SI 导出单位

导出单位是用基本单位以代数形式表示的单位。这种单位符号中的乘和除采用数学符号。例如速度的 SI 单位为米每秒(m/s)。属于这种形式的单位称为组合单位。

　　某些 SI 导出单位具有国际计量大会通过的专门名称和符号,见表 2-2 和表 2-3。使用这些专门名称并用它们表示其他导出单位,往往更为方便、准确。如热和能量的单位通常用焦耳(J)代替牛顿米(N·m),电阻率的单位通常用欧姆米(Ω·m)代替伏特米每安培(V·m/A)。

　　SI 单位弧度和球面度称为 SI 辅助单位,它们是具有专门名称和符号的量纲为 1 的量的导出单位。在许多实际情况中,用专门名称弧度(rad)和球面度(sr)分别代替数字 1 是方便的。例如角速度的 SI 单位可写成弧度每秒(rad/s)。

表 2-2　SI 导出单位

量 的 名 称	SI 导出单位		
	名称	符号	用 SI 基本单位和 SI 导出单位表示
[平面]角	弧度	rad	$1rad = 1m/m = 1$
立体角	球面度	sr	$1sr = 1m^2/m^2 = 1$
频率	赫[兹]	Hz	$1Hz = 1s^{-1}$
力	牛[顿]	N	$1N = 1kg \cdot m/s^2$
压力、压强、应力	帕[斯卡]	Pa	$1Pa = 1N/m^2$
能[量]、功、热量	焦[耳]	J	$1J = 1N \cdot m$
功率、辐[射能]通量	瓦[特]	W	$1W = 1J/s$
电荷[量]	库[仑]	C	$1C = 1A \cdot s$
电压、电动势、电位、(电势)	伏[特]	V	$1V = 1W/A$
电容	法[拉]	F	$1F = 1C/A$
电阻	欧[姆]	Ω	$1\Omega = 1V/A$
电导	西[门子]	S	$1S = 1\Omega^{-1}$
磁通[量]	韦[伯]	Wb	$1Wb = 1V \cdot s$
磁通[量]密度、磁感应强度	特[斯拉]	T	$1T = 1Wb/m^2$
电感	亨[利]	H	$1H = 1Wb/A$
摄氏温度	摄氏度	℃	$1℃ = 1K$
光通量	流[明]	lm	$1lm = 1cd \cdot sr$
[光]照度	勒[克斯]	lx	$1lx = 1lm/m^2$

表 2-3　由于人类健康安全防护上的需要而确定的具有专门名称的 SI 导出单位

量的名称	SI 导出单位		
	名称	符号	用 SI 基本单位和 SI 导出单位表示
[放射性]活度	贝可[勒尔]	Bq	$1Bq = 1s^{-1}$
吸收剂量 比授[予]能 比释动能	戈[瑞]	Gy	$1Gy = 1J/kg$
剂量当量	希[沃特]	Sv	$1Sv = 1J/kg$

　　用 SI 基本单位和具有专门名称的 SI 导出单位或(和)SI 辅助单位以代数形式表示的单位称为组合形式的 SI 导出单位。

● SI 词头

SI 词头的功能是与 SI 单位组合在一起，构成倍数单位（十进倍数单位与分数单位），但不得单独使用。在国际单位制中，共有 20 个 SI 词头，这 20 个词头所代表的因数，是由国际计量大会通过决议规定，它们本身不是数，也不是词，其原文来自希腊、拉丁、西班牙、丹麦等语中的偏僻名词，无精确的含义，见表 2-4。SI 词头与所紧接的 SI 单位构成一个新单位，应将它视作为整体。

表 2-4　SI 词头

因数	词头名称		符号	因数	词头名称		符号
	英文	中文			英文	中文	
10^{24}	Yotta	尧[它]	Y	10^{-1}	Deci	分	d
10^{21}	Zeta	泽[它]	Z	10^{-2}	Centi	厘	c
10^{18}	Exa	艾[可萨]	E	10^{-3}	Milli	毫	m
10^{15}	Peta	拍[它]	P	10^{-6}	Micro	微	μ
10^{12}	Tera	太[拉]	T	10^{-9}	Nano	纳[诺]	n
10^{9}	Giga	吉[咖]	G	10^{-12}	Pico	皮[可]	p
10^{6}	Mega	兆	M	10^{-15}	Femto	飞[母托]	f
10^{3}	Kilo	千	k	10^{-18}	Atto	阿[托]	a
10^{2}	Hecto	百	h	10^{-21}	Zepto	仄[普托]	z
10^{1}	Deca	十	da	10^{-24}	Yocto	幺[科托]	y

（2）SI 单位及其倍数单位的应用

① SI 单位的倍数单位根据使用方便的原则选取。通过适当的选择，可使数值处于实用范围内。

② 倍数单位的选取，一般应使量的数值处于 0.1～1000 之间。

例 1：$1.2×10^4$N 可写成 12kN

例 2：0.003 94 m 可写成 3.94mm

例 3：1 401 Pa 可写成 1.401 kPa

例 4：$3.1×10^{-8}$s 可写成 31ns

在某些情况下，习惯使用的单位可以不受上述限制。

如大部分机械制图使用的单位用毫米，导线截面积单位用平方毫米，领土面积用平方千米。

在同一量的数值表中，或叙述同一量的文章里，为对照方便，使用相同的单位时，数值范围不受限制。

词头 h（百）、da（十）、d（分）、c（厘）一般用于某些长度、面积和体积单位。

③ 组合单位的倍数单位一般只用一个词头，并尽量用于组合单位中的第一个单位。

通过相乘构成的组合单位的词头通常加在第一个单位之前。

例如：力矩的单位 kN·m，不宜写成 N·km。

通过相除构成的组合单位，或通过乘和除构成的组合单位，其词头一般都应加在分子的第一个单位之前，分母中一般不用词头，但质量单位 kg 在分母中时例外。

例1：摩尔热力学能的单位 kJ/mol，不宜写成 J/mmol。

例2：质量能单位可以是 kJ/kg。

当组合单位分母是长度、面积和体积单位时，分母中可以选用某些词头构成倍数单位。

例如：体积质量的单位可以选用 g/cm^3。

一般不在组合单位的分子分母中同时采用词头。

④ 在计算中，为了方便，建议所有量均用 SI 单位表示，将词头用 10 的幂代替。

⑤ 有些国际单位制以外的单位，可以按习惯用 SI 词头构成倍数单位，如 MeV，mCi，mL 等，但它们不属于国际单位制。

摄氏温度单位摄氏度，角度单位度、分、秒与时间单位日、时、分等不得用 SI 词头构成倍数单位。

（3）单位名称

① 表2-1~表2-3 规定了单位的名称及其简称。它们用于口述，也可用于叙述性文字中。

② 组合单位的名称与其符号表示的顺序一致，符号中的乘号没有对应的名称，除号的对应名称为"每"字，无论分母中有几个单位，"每"字只出现一次。

例如：质量热容的单位符号为 $J/(kg \cdot K)$，其名称为"焦耳每千克开尔文"，而不是"每千克开尔文焦耳"或"焦耳每千克每开尔文"。

③ 乘方形式的单位名称，其顺序应为指数名称在前，单位名称在后，指数名称由相应的数字加"次方"二字构成。

例如：截面二次矩的单位符号为 m^4，其名称为"四次方米"。

④ 当长度的二次和三次幂分别表示面积和体积时，则相应的指数名称分别为"平方"和"立方"，其他情况均应分别为"二次方"和"三次方"。

例如：体积的单位符号为 m^3，其名称为"立方米"，而截面系数的单位符号虽同是 m^3，但其名称为"三次方米"。

⑤ 书写组合单位的名称时，不加乘或（和）除的符号或（和）其他符号。

例如：电阻率单位符号为 $\Omega \cdot m$，其名称为"欧姆米"，而不是"欧姆·米"、"欧姆-米"、"［欧姆］［米］"等

（4）单位符号

① 单位符号和单位的中文符号的使用规则

a. 单位和词头的符号用于公式、数据表、曲线图、刻度盘和产品铭牌等需要明了的地方，也用于叙述性文字中。

b. 本标准各表中所给出的单位名称的简称可用作该单位的中文符号（简称"中文符号"）。中文符号只在小学、初中教科书和普通书刊中在有必要时使用。

c. 单位符号没有复数形式，符号上不得附加任何其他标记或符号（参阅 GB 3101 的 3.2.1）。

d. 摄氏度的符号℃可以作为中文符号使用。

e. 不应在组合单位中同时使用单位符号和中文符号。例如：速度单位不得写作 km/小时。

② 单位符号和中文符号的书写规则

a. 单位符号一律用正体字母，除来源于人名的单位符号第一字母要大写外，其余均为小写字母(升的符号 L 例外)。

例：米(m)；秒(s)；坎[德拉](cd)；

安[培](A)；帕[斯卡](Pa)；韦[伯](Wb)等。

b. 当组合单位是由两个或两个以上的单位相乘而构成时，其组合单位的写法可采用下列形式之一：

N·m；N m

注：第二种形式，也可以在单位符号之间不留空隙。但应注意，当单位符号同时又是词头符号时，应尽量将它置于右侧，以免引起混淆。如 mN 表示毫牛顿而非指米牛顿。

当用单位相除的方法构成组合单位时，其符号可采用下列形式之一：

m/s；$m \cdot s^{-1}$；$\dfrac{m}{s}$

除加括号避免混淆外，单位符号中的斜线(/)不得超过一条。在复杂的情况下，也可以使用负指数。

c. 由两个或两个以上单位相乘所构成的组合单位，其中文符号形式为两个单位符号之间加居中圆点，例如：牛·米。

单位相除构成的组合单位，其中文符号可采用下列形式之一：

米/秒；米·秒$^{-1}$；$\dfrac{米}{秒}$

d. 单位符号应写在全部数值之后，并与数值间留适当的空隙。

e.SI 词头符号一律用正体字母，SI 词头符号与单位符号之间，不得留空隙。

f. 单位名称和单位符号都必须作为一个整体使用，不得拆开。如摄氏度的单位符号为℃。20 摄氏度不得写成或读成摄氏 20 度或 20 度，也不得写成20℃，只能写成20℃。

2.1.4　法定计量单位

(1) 我国的法定计量单位

法定计量单位是指"国家以法令的形式，明确规定并且允许在全国范围内统一实行的计量单位"。凡属于一个国家的一个法定计量单位，在这个国家的任何地区、任何区域及所有人员都应按规定要求严格加以采用。

1960 年第十一届国际计量大会决定采用以米制为基础发展起来的国际单位制(SI)，1984 年 2 月 27 日我国国务院发布"关于在我国统一实行法定计量单位的命令"，决定在采用先进的 SI 的基础上进一步统一我国的计量单位，并明确地把 SI 基本计量单位(以下简称基本单位)列为我国法定计量单位的第一项内容，命令还规定"我国的计量单位一律采用《中华人民共和国法定计量单位》"。这样，以法规的形式把我国的计量单位统一起来，并约束人们要正确地予以使用。

由于实用上的广泛性和重要性，可与国际单位制单位并用的我国法定计量单位列于表2-5中。

根据习惯，在某些情况下，表 2-5 中的单位可以与国际单位制的单位构成组合单位。例如，kg/h，km/h。

表 2-5　可与国际单位制单位并用的我国法定计量单位

量的名称	单位名称	单位符号	与 SI 单位的联系
时间	分 [小]时 日,(天)	min h d	1min = 60s 1h = 60min = 3600s 1d = 24h = 86400s
[平面]角	度 [角]分 [角]秒	(°) (′) (″)	$1° = (\pi/180)\,rad$ $1′ = (1/60)° = (\pi/10800)\,rad$ $1″ = (1/60)′ = (\pi/64800)\,rad$
体积	升	L(l)	$1L = 1dm^3 = 10^{-3}\,m^3$
质量	吨 原子质量单位	t u	$1t = 10^3\,kg$ $1u \approx 1.660540×10^{-27}\,kg$
旋转速度	转每分	r/min	$1r/min = (1/60)\,s^{-1}$
长度	海里	n mile	1n mile = 1852m(只限于航行)
速度	节	kn	$1kn = 1n\ mile/h = (1852/3600)\,ms^{-1}$(只用于航行)
能	电子伏	eV	$1eV \approx 1.602177×10^{-19}\,J$
级差	分贝	dB	
线密度	特[克斯]	tex	$1tex = 10^{-6}\,kg/m$
面积	公顷	hm^2	$1hm^2 = 10^4\,m^2$

注：1. 平面角单位度、分、秒的符号，在组合单位中应采用(°)、(′)、(″)的形式。例如，不用°/s 而用(°)/s。

2. 升的符号中，小写字母 l 为备用符号。

3. 公顷的国际通用符号为 ha。

（2）法定计量单位使用方法及规则

1984 年 6 月 9 日，国家计量局以(84)量局制字第 180 号文件颁布了《中华人民共和国法定计量单位使用方法》，详见附录一。

2.2　误差理论基础

2.2.1　误差定义及表示方法

（1）误差的定义

测量误差的定义是："测量结果减去被测量量的真值"。

以公式表示为

测量误差＝测量结果－真值　　　　　　　　(2-1)

测量结果是"由测量所得到的赋予被测量的值"，是客观存在的量的实验表现，仅是对测量所得被测量之值的近似或估计。显然它是人们认识的结果，不仅与量的本身有关，而且与测量程序、测量仪器、测量环境以及测量人员有关。确定测量结果时，应说明它是示值、未修正测量结果或已修正测量结果，还应表明它是否为几个值的平均，也即它是由单次观测所得，还是由多次观测所得。是单次，则观测值就是测量结果。是多次，则其算术平均值才是测量结果。在很多精密测量的情况下，测量结果是根据重复观测确定的。[测量仪器的]示值是指"测量仪器所给出的量值"。示值的概念既适用于测量仪器，也适用于实物量具。对于模拟式测量仪器而言，示值的概念也适用于相邻标尺标记间的内插估计值。对于记录式测量仪器而言，示值可理解为在给定的时刻，记录装置的记录元件(如笔头)的位置所对应的被测量值。未修正测量结果是指"系统误差修正前的测量结果"。已修正测量结果是指"系统误差修正后的测量结果"。

真值是量的定义的完整体现，是"与给定的特定量的定义完全一致的值"，它是通过完善的或完美无缺的测量，才能获得的值。所以，真值反映了人们力求接近的理想目标或客观真理。真值本质上是不能确定的。量子效应排除了唯一真值的存在，实际上用的是约定真值，必须以测量不确定度表征其所处的范围。因而，作为测量结果与真值之差的测量误差，也是无法准确得到或确切获知的。

约定真值是"对于给定目的具有适当不确定度的、赋予特定量的值，有时该值是约定采用的"。约定真值有时也称为指定值、最佳估计值、约定值或参考值。通常有：

① 由计量基准、标准复现而赋予该特定量的值。如用某二等标准石油密度计检定一支工作用石油密度计，在20℃条件下，标准密度计已修正测量结果为 $0.7300g/cm^3$，工作用密度计示值为 $0.7295g/cm^3$，该测量误差则为 $0.7295-0.7300=-0.0005(g/cm^3)$。

② 采用权威组织推荐的该量的值。如由常数委员会(CODATA)推荐的真空光速、阿伏伽德罗常数等特定量的最新值。当然还有平面三角形内角和恒定的180°等。

③ 用某量的多次测量结果来确定该量的约定真值。

(2) 误差的表示方法

① 绝对误差

误差当有必要与相对误差相区别时，误差有时称为测量的绝对误差。即：

$$绝对误差=测量结果-真值 \tag{2-2}$$

注意不要与误差的绝对值相混淆，后者为误差的模。

② 相对误差

相对误差是测量误差除以被测量的真值。即：

$$相对误差=绝对误差/被测量真值×100\% \tag{2-3}$$

例如：用工作用测深钢卷尺测量液位的高度，其测量结果为1000mm，真值为1001mm，则绝对误差为：$1000-1001=-1(mm)$；相对误差为$-1/1001×100\%=-0.0999\%$。用同一钢卷尺测量液位的高度其测量结果为10000mm，真值为10001mm，则绝对误差为$10000-10001=-1(mm)$；相对误差为$-1/10001×100\%=-0.009999\%$，从两个测量结果看，它们的绝对误差是相同的，但相对误差是不同的。显然，后者的测量准确度高于前者，所以，相对误差能更好地描述测量的准确程度。

③ 引用误差

引用误差是测量仪器的误差除以仪器的特定值。该特定值一般称为引用值，例如，可以是测量仪器的量程或标称范围的上限。

例如，一台标称范围为 0~150V 的电压表，当在示值为 100.0V 处，用标准电压表检定所得到的实际值(标准值)为 99.4V，则该处的引用误差为：

$$\frac{1000-99.4}{150} \times 100\% = 0.4\%$$

上式中 100.0-99.4＝+0.6(V) 为 100.0V 处的示值误差，而 150V 为该测量仪器的标称范围的上限，所以引用误差都是对满量程而言。上述例子所说的引用误差必须与相对误差的概念相区别，100V 处的相对误差为

$$\frac{100.0-99.4}{99.4} \times 100\% = 0.6\%$$

相对误差是相对于被检定点的示值而言，相对误差随示值而变化。

当测量范围的上限值作为引用误差时，也可称为满量程误差，通常可以在误差数字后附以 Full Scale 的缩写 FS，例如某测力传感器的满量程误差为 0.05%FS。

采用引用误差可以十分方便地表述测量仪器的准确度等级，例如液体容积式流量计分为 0.1、0.2、0.3、0.5、1.0、1.5、2.5 等 7 个准确度等级，它们都是仪表最大允许示值误差，是以量程的百分数(%)来表示的。如 0.5 级腰轮流量计其满量程最大允许误差的示值误差为 ±0.5%FS，实际上就是该仪器用引用误差表示的仪器允许误差。

④ 修正值

修正值是用代数方法与未修正测量结果相加，以补偿其系统误差的值。即：

$$修正值 = 真值 - 未修正测量结果 \tag{2-4}$$

$$真值 = 未修正测量结果 + 修正值 = 未修正测量结果 - 误差 \tag{2-5}$$

由上式可知，未修正测量结果加上修正值和未修正测量结果减去误差得到的是同一个值——真值，那么修正值与误差的关系是绝对值相同而符号相反。

含有误差的测量结果，加上修正值后就可能补偿或减少误差的影响。由于系统误差不能完全获知，因此这种补偿并不完全。修正值等于负的系统误差，这就是说加上某个修正值就像扣除某个系统误差，其效果是一样的，只是人们考虑问题的出发点不同而已。

在数值溯源和量值传递中，常常采用这种加修正值的直观方法。用高一个等级的计量标准或检定测量仪器，其主要内容之一就是获得准确的修正值。在油品计量中也常涉及修正值的使用，如温度计、密度计、测量钢卷尺等。

石油用温度计通常使用的是全浸式玻璃棒式水银温度计，分度值为 0.2℃。《工作用玻璃液体温度计》(JJG 130—2011)中规定 -30 ~ +100℃ 的温度计分度值为 0.2℃ 时最大允许误差为 ±0.5℃。受检合格温度计的计量器具合格证书上每隔 10℃ 给出一个修正值。当求取被测量的修正值时，采用比例内插法(线性插值法)计算求得，其计算公式为：

$$\Delta x = \Delta x_1 + \frac{\Delta x_2 - \Delta x_1}{x_2 - x_1}(x - x_1) \tag{2-6}$$

式中　x、Δx——测量示值和其对应的修正值；

　　　x_1、x_2——测量示值的上、下邻近被检分度值；

　　Δx_1、Δx_2——分度值 x_1、x_2 的修正值。

根据《钢卷尺》(JJG 4—2015)钢卷尺的计量性能要求如下：

a. 线纹宽度

普通钢卷尺和测深钢卷尺同类线纹宽度及其线纹宽度的误差应符合表 2-6 的规定。

表 2-6　同类线纹宽度及其线纹宽度误差

名称	线纹宽度/mm	线纹宽度误差/mm	
		Ⅰ级	Ⅱ级
钢卷尺	0.15~0.50	不超过线纹最大宽度的±20%	不超过线纹最大宽度的±30%
测深钢卷尺	不超过 0.50	不超过线纹最大宽度的±20%	

b. 零值误差

测深钢卷尺尺带和测深尺砣组合后零点基准面到 500mm 线纹处的最大允许误差为 ±0.5mm。

c. 示值误差

(a) 普通钢卷尺和测深钢卷尺毫米分度和厘米分度的示值误差不超过表 2-7 的要求。

表 2-7　毫米分度和厘米分度的示值最大允许误差　　　　　　　　　　　mm

分度值 i	普通钢卷尺		测深钢卷尺
	Ⅰ级	Ⅱ级	
$i \leqslant 1$	±0.1	±0.2	±0.1
$1 < i \leqslant 10$	±0.2	±0.4	±0.2

(b) 普通钢卷尺示值误差

首次检定的普通钢卷尺尺带标称长度和任意两个非连续刻度之间的示值最大允许误差 Δ 按不同准确度等级由下列公式求出：

$$Ⅰ 级：\Delta = ±0.1mm + 10^{-4}L$$

$$Ⅱ 级：\Delta = ±0.3mm + 2×10^{-4}L$$

式中　Δ——示值最大允许误差，mm；

　　　　L——四舍五入后的整数米(被测长度小于 1m 时为 1)。

对拉环或尺钩型普通钢卷尺(即零位在拉环或尺钩的端面上)，由该卷尺的一个端面至任一线纹间隔长度的允许误差的绝对值可在标称长度和任意两个非连续刻度之间的示值最大允许误差的基础上增加：

$$Ⅰ 级钢卷尺为 ±0.1mm$$

$$Ⅱ 级钢卷尺为 ±0.2mm$$

后续检定的普通钢卷尺尺带标称长度和任意两个非连续刻度之间示值最大允许误差，可以是上述首次检定示值最大允许误差值的两倍。

(c) 测深钢卷尺示值误差

首次检定、后续检定的测深钢卷尺尺带标称长度和任一长度的示值误差不应超过表 2-8 的要求。

表 2-8　测深钢卷尺示值最大允许误差

标称长度/m	最大允许误差/mm	
	首次检定	后续检定
0<L≤30	±1.50	±2.0
30<L≤60	±2.25	±3.0
60<L≤90	±3.00	±4.0

⑤ 偏差

偏差是"一个值减去其参考值"。参考值即标称值。标称值是测量仪器上表明其特性或指导其使用的量值，该值为圆整值或近似值。如一支标称值为 1m 的钢板尺，经检定其实际值为 1.003m，此尺的偏差为 +0.003m，即：

$$偏差 = 实际值 - 标称值 \tag{2-7}$$

由此可见，定义中的偏差值与修正值相等，或与误差等值而反向。应强调的是：偏差相对于实际值而言，修正值和误差则相对于标称值而言，它们所指的对象不同。所以在分析时，首先要分清所研究的对象是什么。还要提及的是，上述尺寸偏差也称实际偏差或简称偏差，而常见的概念还有"上偏差"（最大极限尺寸与应有参考尺寸之差）及"下偏差"（最小极限尺寸与应有参考尺寸之差），它们统称为"极限偏差"。由代表上、下偏差的两条直线所确定的区域，即限制尺寸变动量的区域，通称为尺寸公差带。

2.2.2　误差的来源

产生误差的原因是多方面的，了解和掌握误差的来源，对减少和消除误差，提高测量准确度，或者进行误差的计算，选择测量方法和评定测量准确度都有重要的意义。

误差主要来自以下几个方面：

（1）装置误差

测量装置是指为确定被测量值所必须的计量器具和辅助设备的总称。由于计量装置本身不完善和不稳定所引起的计量误差称为装置误差。分为：

① 标准器误差。标准器是提供标准量值的器具，它们的量值（标准值）与其自身体现出来的客观量值之间有差异，从而使标准器自身带来误差。

② 仪器、仪表误差。仪器、仪表是指将被测的量转换成可直接观测的指示值或等效信息的计量器具，如秒表、流量计等指示仪器，由于自身结构原理和性能的不完善，如复现性、长期稳定性、线性度、灵敏度、分辨力、重复性等原因均能引起测量误差，甚至测量仪器的安装状况（如垂直、水平），内部工作介质（如水、油）等也能引起测量误差。

③ 附件误差。为测量创造一些必要条件，或使测量方便地进行的各种辅助器具，均属测量附件，这类附件也能引起误差。

（2）测量方法的误差

采用近似的或不合理的测量方法和计算方法而引起的误差叫做方法误差，如在测量油罐内油品计量温度时，由于计量孔位置偏移，不能使温度计到达有代表性的指定点；在计算中，取 $\pi = 3.14$，以近似值代替圆周率；还有因为计算相当复杂而改为简单的经验公式计算，由此引起的误差都为方法误差。另外，一种物理量采用多种方法测量也存在误差。如测量油品密度有流量法、直接衡量法以及体积-重量法，三者最后的计算结果也不完全一致。

（3）操作者的误差

测量人员由于受分辨能力、反应速度、固有习惯、估读能力、视觉差异、操作熟练程度以及一时生理或心理的异态反应而造成的误差，如读数误差、照准误差等。

（4）测量环境引起的误差

由于客观环境偏离了规定的参比条件引起的误差，如温度、湿度、气压、振动、照明等。

2.2.3 误差分类及其性质

误差分为随机误差和系统误差。

（1）随机误差

随机误差是"测量结果与在重复性条件下，对同一被测量进行无限多次测量所得结果的平均值之差"。

随机误差等于误差减去系统误差。因为测量只能进行有限次数，故可能确定的只是随机误差的估计值。

随机误差因多种因素起伏变化或微小差异综合在一起，共同影响而致使每个测得值的误差以不可预定的方式变化。因为多次测量时的条件不可能绝对相同，测量也只能进行有限次数。就单个随机误差估计值而言，它没有确定的规律；但就整体而言，却服从一定的统计规律，故可用统计方法估计其界限或它对测量结果的影响。

在测量误差理论中，最重要的一种分布是正态分布，通常的测量误差是服从正态分布的。当然，在有些情况下，随机误差还有其他形式的分布，如均匀分布、三角形分布、偏心分布和反正弦分布等。

随机误差大多来源于影响量的变化，这种变化在时间上和空间上是不可预知的或随机的，它会引起被测量重复观测值的变化，故称之为"随机效应"。可以认为正是这种随机效应导致了重复观测中的分散性，用统计方法得到的实验标准[偏]差是分散性，确切地说是来源于测量过程中的随机效应，而不是来源于测量结果中的随机误差分量。

随机误差的统计规律性，主要归纳为对称性、有界性、单峰性。

① 对称性是指绝对值相等而符号相反的误差，出现的次数大致相等，也即测得值是以它们的算术平均值为中心而对称分布的。由于所有误差的代数和趋近于零，故随机误差又具有抵偿性，这个统计特性是最本质的。换句话说，凡具有抵偿性的误差，原则上均可按随机误差处理。

② 有界性是指测得值误差的绝对值不会超过一定的界限，也即不会出现绝对值很大的误差。

③ 单峰性是指绝对值小的误差比绝对值大的误差数目多，也即测得值是以它们的算术平均值为中心而相对集中分布的。

由于随机误差等于误差减去系统误差，那么误差按性质分类也就是随机误差和系统误差。由于随机误差有在时间上和空间上不可预知的或随机的变化，也就是随机效应，则过去我们分类的"粗大误差"应归于随机误差一类。粗大误差是人为的、过失性的或者疏忽性的，但不大可能是故意的误差，也就必然存在"不可预知"，只不过是在剔除这些值时，因为有明显异常而容易引起注意罢了。

（2）系统误差

系统误差是在重复性条件下，对同一被测量进行无限多次测量所得结果的平均值与被测量的真值之差。它是在测量过程中，在偏离测量规定条件或由于测量方法不当时，有可能会产生保持恒定不变或可预知方式变化的测量误差分量。

如同真值一样，系统误差及其原因不能完全获知。

由于只能进行有限次数的重复测量，真值也只能用约定真值代替，因此可能确定的系统误差只是其估计值，并具有一定的不确定度。这个不确定度也就是修正值的不确定度，它与其他来源的不确定度一样贡献给了测量不确定度。值得指出的是，不宜按过去的说法把系统误差分为已定系统误差和未定系统误差，也不宜说未定系统误差按随机误差处理。因为这里所谓的未定系统误差，其实并不是误差分量而是不确定度；而且所谓的按随机误差处理，其概念也是不容易说清楚的。

所谓测量不确定度，是指"表征合理地赋予被测量之值的分散性，与测量结果相联系的参数"。该参数可以是如标准偏差或其倍数，或说明了置信水平的区间半宽度，它可能由多个分量组成。其中一些分量可用测量列结果的统计分布估算，并用实验标准偏差表征。另一些分量则可用基于经验或其他信息的假定概率分布估算，也可用标准偏差表征。而其测量结果可理解为被测量之值的最佳估计。

以上定义中的"合理"，意指应考虑到各种因素对测量的影响所做的修正，特别是测量应处于统计控制的状态下，即处于随机控制过程中。也就是说，测量是在重复性条件或复现性条件下进行的，此时对同一被测量作多次测量，所得测量结果的分散性可按贝塞尔公式算出，并用重复性标准[偏]差 s_r 或复现性标准[偏]差 s_R 表示。

定义中的"相联系"，意指测量不确定度是一个与测量结果"在一起"的参数，在测量结果的完整表示中应包括测量不确定度。

测量不确定度从词义上理解，意味着对测量结果可信性、有效性的怀疑程度或不肯定程度，是定量说明测量结果的质量的一个参数。实际上由于测量不完善和人们的认识不足，所得的被测量值具有分散性，即每次测得的结果不是同一值，而是以一定的概率分散在某个区域内的许多个值。虽然客观存在的系统误差是一个不变值，但由于不能完全认知或掌握，只能诊断它是以某种概率分布存在于某个区域内，而这种概率分布本身也具有分散性。测量不确定度就是被测量之值分散性的参数，它不说明测量结果是否接近真值。

为了表征这种分散性，测量不确定度用标准偏差表示。在实际使用中，往往希望知道测量结果的置信区间，因此规定测量不确定度也可用标准偏差的倍数或说明了置信水平的区间的半宽度表示。为了区分这两种不同的表示方法，分别称它们为标准不确定度和扩展不确定度。

在实践中，测量不确定度可能来源于以下 10 个方面：

① 对被测量的定义不完整或不完善；

② 实现被测量的定义的方法不理想；

③ 取样的代表性不够，即被测量的样本不能代表所定义的被测量；

④ 对测量过程受环境影响的认识不周全，或对环境条件的测量与控制不完善；

⑤ 对模拟仪器的读数存在人为偏移；

⑥ 测量仪器的分辨力或鉴别力不够；

⑦ 赋予计量标准的值和标准物质的值不准；

⑧ 引用于数据计算的常量和其他参量不准；

⑨ 测量方法和测量程序的近似性和假定性；

⑩ 在表面上看来完全相同的条件下，被测量重复观测值的变化。

由此可见，测量不确定度一般来源于随机性和模糊性，前者归因于条件不充分，后者归因于事物本身概念不明确。不确定度当由方差得出时，取其正平方根。

确定测量结果的方法，通常采用算术平均值法、最小二乘法、标准误差法、加权平均值法、中位值法等进行。

系统误差大多来源于影响量，它对测量结果的影响若已识别并可定量表述，则称之为"系统效应"。该效应的大小是显著的，则可通过估计的修正值予以补偿。

系统误差一般不通过测量数据的概率统计来处理和抵偿，甚至未必能靠数据处理来发现，因此，如果存在有系统误差而未被发觉将影响到测量结果的准确度。

表 2-9 为测量误差与测量不确定度的主要区别。

表 2-9　测量误差与测量不确定度的主要区别

序号	内容	测量误差	测量不确定度
1	定义的要点	表明测量结果偏离真值是一个差值	表明赋予被测量之值的分散性，是一个区间
2	分量的分类	按出现于测量结果中的规律分为随机和系统，都是无限多次测量时的理想化概念	按是否用统计方法求得分为 A 类和 B 类，都是标准不确定度
3	可操作性	由于真值未知，只能通过约定真值求得其估计值	按实验、资料、经验评定，实验方差是总体方差的无偏估计
4	表示的符号	非正即负，不要用正负（±）号表示	为正值，当由方差求得时取其正平方根
5	合成的方法	为各误差分量的代数和	当各分量彼此独立时为方和根，必要时加入协方差
6	结果的修正	已知系统误差的估计值时，可以对测量结果进行修正，得到已修正的测量结果	不能用不确定对结果进行修正，在已修正结果的不确定度中应考虑修正不完善引入的分量
7	结果的说明	属于给定的测量结果，只有相同的结果才有相同的误差	合理赋予被测量的任意一个值，均具有相同的分散性
8	实验标准[偏]差	来源于给定的测量结果，不表示被测量估计值的随机误差	来源于合理赋予的被测量之值，表示同一观测列中任意一个估计值的标准不确定度
9	自由度	不存在	可作为不确定评定是否可靠的指标
10	置信概率	不存在	当了解分布时，可按置信概率给出置信区间

2.2.4 消除或减少误差的方法

研究误差最终是为了达到消除或减少误差的目的，以提高测量准确度。

（1）系统误差的消除或减少

消除或减小系统误差有两个基本方法。一是事先研究系统误差的性质和大小，以修正量的方式，从测量结果中予以修正；二是根据系统误差的性质，在测量时选择适当的测量方法，使系统误差相互抵消不带入测量结果。

① 采用修正值方法

对于定值系统误差可以采取修正措施。一般采用加修正值的方法，如对测深钢卷尺、温度计、密度计的修正。

对于间接测量结果的修正，可以在每个直接测量结果上修正后，根据函数关系式计算出测量结果。修正值可以逐一求出，也可以根据拟合曲线求出。

应该指出的是，修正值本身也有误差。所以测量结果经修正后并不是真值，只是比未修正的测得值更接近真值。它仍是被测量的一个估计值，所以仍需对测量结果的不确定度作出估计。

② 从产生根源消除

用排除误差源的办法来消除系统误差是比较好的办法。这就要求测量者对所用标准装置、测量环境条件、测量方法等进行仔细分析、研究，尽可能找出产生系统误差的根源，进而采取措施。如：使用后的测深钢卷尺其示值总比标准值长一些，这很可能是长期承受尺铊压力的影响。应注意这一因素，可在零位值部分进行调节。还有天平安装不正确(不水平)、支点刀承倾斜、横梁摆动中刀两侧摩擦阻力不等，造成天平向一侧倾斜，应重调，使之水平等。

③ 采用专门的方法

a. 交换法(又称高斯法)

在测量中将某些条件，如被测物的位置相互交换，使产生系统误差的原因对测量结果起相反作用，从而达到抵消系统误差的目的。如为消除由于天平不等臂而产生系统误差的影响，采取交换被测物与砝码的位置的方法。

b. 替代法(又称波尔达法)

替代法要求进行两次测量，第一次对被测量进行测量，达到平衡后，在不改变测量条件下，立即用一个已知标准值替代被测量，如果测量装置还能达到平衡，则被测量就等于已知标准值。如果不能达到平衡，调整使之平衡，这时可得到被测量与标准值的差值，即：被测量=标准值+差值。如天平称量时采用的替代等。

c. 补偿法(又称异号法)

补偿法要求进行两次测量，改变测量中某些条件(如测量方向)，使两次测量结果中，得到误差值大小相等，符号相反，取这两次测量的算术平均值作为测量结果，从而抵消系统误差。如计量检定中采用正反行程检定。

d. 对称测量法

即在对被测量器具进行测量的前后，对称地分别对同一已知量进行测量，将对已知量两次测得的平均值与被测得值进行比较，便可得到消除线性系统误差的测量结果。如：当用补偿法测量电阻时，被测电阻回路的电流和电位差计工作电流随着时间的变化会引起累进的系统误差。因为电流作线性变化，测量时间又是等间隔的，所以，采用对称观察法，线性累进的系统误差的影响得以消除。

e. 半周期偶数测量法

对于周期性的系统误差，可以采用半周期偶数法，即每经过半个周期进行偶数次观察的方法来消除。该法广泛用于测角仪器。

f. 组合测量法

由于按复杂规律变化的系统误差不易分析，采用组合测量法可使系统误差以尽可能多的方式出现在测量值中，从而将系统误差变成为随机误差处理。

由于对随机误差、系统误差等掌握或控制的程度受到需要和可能两方面的制约，当测量要求和观察范围不同时，掌握和控制的程度也不同，于是会出现一误差在不同场合下按不同的类别处理的情况。系统误差与随机误差没有一条不可逾越的明显界限，而且，二者在一定条件下可能相互转化。

（2）随机误差的消除或减少

随机误差是由很多暂时未能掌握或不便掌握的微小因素所构成，这些因素在测量过程中相互交错、随机变化，以不可预知的方式综合地影响测量结果。就个体而言是不确定的，但对其总体(大量个体的总和)而言服从一定的统计规律，因此可以用统计方法分析其对测量结果的影响。

事实表明，大多数的随机误差具有：单峰性(即绝对值小的误差出现的概率比绝对值大的误差出现概率大)、对称性(即绝对值相等的正误差和负误差出现的概率相等)、有界性(在一定测量条件下，误差的绝对值不会超过某一定界限)等特性。其他如三角分布、均匀分布等也有类似特性。

随机误差按统计方法来评定，如用算术平均值来评定测量结果的数值，实验标准偏差、算术平均值实验标准偏差来评定测量结果的分散性等。

关于粗大误差，这种明显超出规定条件下预期的误差会明显地歪曲测量结果，应给予剔除。

粗大误差产生的原因既有测量人员的主观因素，如读错、记错、写错、算错等；也有环境干扰的客观因素，如测量过程中突发的机械振动，温度的大幅度波动，电源电压的突变等，使测量仪器示值突变，产生粗大误差。此外，使用有缺陷的计量器具，或者计量器具使用不正确，也是产生粗大误差的原因之一。含有粗大误差的测量结果视为离群值，按数据统计处理准则来剔除。

在重复条件下的多次测得值中，有时会发现个别值明显偏离该数值算术平均值，对它的可靠性产生怀疑，这种可疑值不可随意取舍，因为它可能是粗大误差，也可能是误差较大的正常值，反映了正常的分散性。正确的处理办法是：首先进行直观分析，若确认某可疑值是由于写错、记错、误操作等，或者是外界条件的突变产生的，可以剔除，这就是直观判断或称为物理判别法。

测量数据的简单处理方法如下：

① 一般步骤

对一个量进行等精度独立测量后，如系统误差已采取措施消除，应按以下步骤进行测量数据的处理。

a. 求算术平均值

算术平均值是一个量的 n 次测量值的代数和再除以 n 而得的商，即：

$$\bar{x} = \frac{(x_1 + x_2 + x_3 + x)}{n} \qquad (2-8)$$

式中　$\bar{x}$——算术平均值；

　　　n——测量次数。

b. 求残余误差（ν_i）及其平方值和

残余误差是测量列中的一个测量值 x_i 和该列的算术平均值 $\bar{x}$ 之间的差 ν_i，即：

$$\nu_i = x_i - \bar{x} \qquad (2-9)$$

残差平方值和是将各残差平方值相加。

c. 求单次测量的标准偏差（均方差、均方根误差）

测量列中单次测量的标准偏差，是表征同一被测量值的多次测量所得结果的分散性参数。在实际测量中，测量次数虽然是充分的，但毕竟有限，因而往往用残余误差代替测得值与被测量的真值之差，并按公式（2-10）计算标准偏差 σ 的估计值 S（S 为试样总数有限时的标准偏差 σ 的估计值）。

$$S = \sqrt{\frac{\sum_{i=1}^{n} (x_i - \bar{x})^2}{n-1}} \qquad (2-10)$$

② 标准偏差 σ 的求取

标准偏差 σ 是在真值已知，且测量次数 $n \to \infty$ 的条件下定义的。实际上，测量次数总是有限的，真值也是无法知道的。因此，符合定义的标准偏差的精确值是无法得到的，只能求取其估计值。

利用贝塞尔法，可在有限次测量的条件下，借助算术平均值求出标准偏差的估计值 S。上面①中的 a、b、c 即为贝塞尔法。

除贝塞尔法外，还有佩特斯法、极差法、最大误差法、最大残差法求标准偏差。

③ 粗差的剔除

在一组测量数据中难免存在着粗大误差。因此，在估计随机误差时，必须事先剔除其中的粗大误差；否则，将显著影响测量结果。常见的剔除粗差方法有莱因达准则（3σ 准则）、肖维勒准则、格拉布斯准则、t 检验准则、狄克逊准则等。现主要介绍莱因达准则法：

当随机误差呈正态分布时，大于 3σ 的随机误差出现概率小于 0.27%，相当于测量 370 次才出现一次。由此可以认为，对于有限次测量，误差值大于 3σ 一般是不可能的。此时，若出现误差大于 3σ 的测值，则有理由认为它含有粗大误差，应予剔除，这就是莱因达准则剔除粗大误差的原理。莱因达准则以固定概率为基础建立，一律以置信概率 $P = 99.73\%$ 确定粗差界限。

设一组等精度测值 x_1、x_2、x_3、……、x_n，经计算得其算术平均值为 $\bar{x}$，残差 $\nu_i = x_i - \bar{x}$，按贝塞尔公式计算得出的标准偏差 σ。

若组中某个测值 x_i 的残差 ν_d（$1 \leq d \leq n$）满足式（2-11）：

$$|\nu_d| = |\nu_d - \bar{x}| > 3\sigma \tag{2-11}$$

则可认为 ν_d 是含有粗大误差的测值，应予剔除。应该注意的是，测量次数少于或等于 10 次时，残差永远小于 3σ。这时是无法剔除粗差的。因此，只有在测量次数多于 10 次时，莱因达准则才适用。

2.3　计量数据处理

由于测量结果含有测量误差，测量结果的位数，应保留适宜，不能太多，也不能太少，太多易使人认为测量准确度很高，太少则会损失测量准确度。测量结果的数据处理和结果表达是测量过程的最后环节，因此，有效位数的确定和数据修约对测量数据的正确处理和测量结果的准确表达有很重要的意义。

2.3.1　有关名词解释

（1）正确数

不带测量误差的数，如 3 支温度计、5 个人。

（2）近似数

接近但不等于某一数的数，如圆周率 π 的近似数为 3.14。在自然科学中，一些数的位数很长，甚至是无限长的无理数，但运算时只能取有限位，所以实际工作中近似数很多。

（3）有效数字

一个数字的最大误差不超过其末位数字的半个单位，则该数字的左起第一个非零数字到最末一位数字，为有效数字。

如用一支最小刻度为毫米的钢板尺测量某物体长度，得出四个数字：①$L = 3\text{mm}$；②$L = 3.3978\cdots\text{mm}$；③$L = 3.4126\cdots\text{mm}$；④$L = 3.4\text{mm}$。上述四个数据显然都是近似数，但第一个数据未能充分利用刻尺的精度，应再多估读一位；第二、三个数据虽然位数较多，但不能通过尺的刻度准确读出来，数据中小数点后第二位以后的数字都是虚假无效的；惟独第四个数据最合理地反映了 L 的真实值，有效地表示了原有物体的真实尺寸。

因此称 3.4mm 为 L 的有效值。这一数值的特点是只有最末一位数字是估读的，而其他位的数字都是准确数字。

为了进一步探讨这一数值的特点，分析一下估读数值的精度。一般情况下，计量检测人员都能估读出最小刻度的 $\frac{1}{10}$，其估读精度为 ±0.05 刻度值，或者说估读值的最大误差不超过估读位上的半个单位。例如，上例中的数值 3.4mm，是在 $\frac{1}{10}$ mm 位上的估读的，估读误差不超过 $\pm\frac{1}{2} \times \frac{1}{10}\text{mm} = \pm0.05\text{mm}$，即 L 的实际值在 3.35～3.45mm 的范围内。

（4）有效位数

一个数全部有效数字所占有的位数称为该数的有效位位数。如 3.4 中的"3.4"为两位有效数字。应该指出：

① 有效数字的位数与该数中小数点的位置无关。上例中被测长度 L 的有效数值为

3.4mm；若以米为单位来表示，则为0.0034m。这两个数字虽然其小数点位置不同，但都为二位有效数字。因此，盲目认为"小数点后面位数越多数值越准确"是错误的，因为小数点在一个数中的位置仅与所选的计量单位有关，而与该数的量值无关。

顺便指出，0.0034m中前面三个"零"是由于单位改变而出现的，都不是有效数字。因此一个数的有效数字必须从第一个非零数字算起。

② 一个数末位的"零"可能是有效数字，也可能不是有效数字。上例中测得的 L = 3.4mm，如果以微米为单位表示，则 L = 3400μm。但根据有效数字定义，此数仍为二位有效数字，其末两位的"零"不是有效数字。如果用按毫米刻度的刻尺测出一个尺寸为50mm，则其"50"之末位的"零"显然为有效数字。因此，对于一个数的末位的"零"，不能笼统断言是或者不是有效数字，而必须根据具体情况进行分析。

这里还应指出，对于测量数据，存在着有效数字的概念；对于 $\sqrt{2}$ 、π、e 这类无理数亦有有效数字的概念。例如，3.14 是 π 的三位有效数字，3.1416 则是 π 的五位有效数字。

③ 乘方形式体现的有效数字。如 3.4mm 可以为 3400μm。此时，如果不加特殊说明，就很难断定 L 的数值是几位有效数字。为了能在选择不同单位的情况下，都能准确无误地辨认出一个数的有效数字位数，可采用如下数据形式：

$$\text{有效数字} \times 10^n \text{ 单位}$$

这里 n 为幂指数，根据选定单位而定。例如，有效数字为 3.4mm 的测值可表示成 3.4mm、3.4×10^3μm、3.4×10^{-3}m、3.4×10^{-2}cm。目前实际确定时，通常将极限误差保留一位数字(精密测量可多保留 1~2 位)，测量结果最末一位数字的数量级取至极限误差数量级相同。例如，光速 c 的估计值为 299 792 458.0m/s，极限误差为 0.4m/s，因此光速可用下式表示：

$$c = (299\ 792\ 458.0 \pm 0.4)\text{m/s}$$

对于一般性测量，有效位数的确定可以简单些，不必先知道极限误差，只需按计量器具最小刻度值来确定有效位数即可，因为一般计量器具的极限误差与刻度值是相当的。如果对测量结果需要进行计算，如多次测量时求算术平均值，则读数可多估读一位；但最后测量结果的有效位数仍根据计量器具最小刻度值确定。

从上述分析可以看出，测量数据的有效位数是受测量器具及方法的精度限制的，不能随意选定。如成品油计量中散装成品油重量计算时的数据处理，一般规定：

• 若油重单位为吨(t)时，则数字应保留至小数点后第三位；若油重单位为千克(kg)时，则有效数字仅为整数。

• 若油品体积单位为立方米(m^3)时，则有效数字应保留至小数点后第三位；若体积单位为升(L)时，则有效数字仅为整数；但燃油加油机计量体积单位为升时，数字应保留至小数点后第二位。

• 若油温单位为摄氏度(℃)时，则有效数字应保留至小数点后一位，即精确至0.1。

• 若油品密度单位为 g/cm^3 时，则有效数字应保留至小数点后第四位；若油品密度为 kg/m^3，则有效数字应保留至小数点后一位，且 $kg/m^3 = 10^{-3}\ g/cm^3$。

• 石油体积系数，有效数字应保留至小数点后第五位。

以上数字在运算过程中，应比结果保留位数多保留一位。

2.3.2 数字修约原则及近似数运算

（1）数字修约原则

在处理计量测试数据的过程中，常常需要仅保留有效位数的数字，其余数字都舍去。这时要遵循以下规则进行取舍：

① 拟舍弃数字的最左一位数字小于 5，则舍去，保留其余各位数字不变。

② 拟舍弃数字的最左一位数字大于 5，则进一，即保留数字的末位数字加 1。

③ 拟舍弃数字的最左一位数字是 5，且其后有非 0 数字时进一，即保留数字的末位数字加 1。

④ 拟舍弃数字的最左一位数字是 5，且其后无数字或皆为 0 时，若保留的末位数字为奇数(1，3，5，7，9)则进一，即保留数字的末位数字加 1；若保留的末位数字为偶数(0，2，4，6，8)，则舍去。

五下舍去五上进，偶弃奇取恰五整。

（2）近似数的加减运算

近似数的加减，以小数点后位数最少的为准，其余各数均修约成比该数多保留一位，计算结果的小数位数与小数位数最少的那个近似数相同。

（3）近似数的乘除运算

近似数的乘除，以有效数字最少的为准，其余各数修约成比该数字多一位的有效数字；计算结果有效数字位数，与有效数字的位数最少的那个数相同，而与小数点位置无关。

（4）近似数的乘方运算

乘方运算是乘法运算的特例，其规则与乘除运算规则类同，数进行乘方运算时，幂的底数有几位有效数字，运算结果就保留几位有效数字。

（5）近似数的开方运算

开方运算是乘方的逆运算，所以可以由乘方运算规则导出开方运算规则，数进行开方运算时，被开方数有几位有效数字，求得的方根值就保留几位有效数字。

（6）近似数的混合运算

进行混合运算时，中间运算结果的有效数字位数可比按加、减、乘、除、乘方、开方运算规则进行计算所得的结果多保留一位。

这里应该指出，为可靠起见，实际计算过程中的数据和最终结果的数的位数可比按以上有关规则规定的多保留 1~2 位，作为保险数字，这要视具体情况而定。

（7）修约注意事项

① 不得连续修约。即拟修约的数字应在确定位数一次修约获得结果，不得多次连续修约。如：修约 15.4546 至个位，结果为 15，不正确修约是：15.4645→15.455→ 15.46→ 15.5→16。

② 负数修约，先将它的绝对值按规定方法进行修约，然后在修约值前加上负号，即负号不影响修约。

第3章　油气基础知识

3.1　油品基础知识

3.1.1　石油的一般性状及组成

（1）石油的一般性状

石油是从地下开采出来的油状可燃液体，未经加工的石油称为原油。原油经炼制加工后得到的石油产品简称为油品。石油通常是流动或半流动状的黏稠液体，世界各地所产的石油在性质上有不同程度的差别。从颜色上看，绝大多数石油是黑色的，但也有暗黑、暗绿、暗褐，甚至呈赤褐、浅黄色乃至无色的。以相对密度论，绝大多数石油介于 0.80~0.98 之间，但也有个别大于 1.02 或者低于 0.71 的。石油的流动性差别很大，有的石油其 50℃ 的运动黏度为 1.46mm^2/s，有的却高达 20392 mm^2/s。许多石油具有浓烈的气味，这是因为石油中含有臭味的含硫化合物的缘故。与国外原油相比，我国主要油区原油的凝点及含蜡量较高、庚烷沥青质含量较低，相对密度大多在0.85~0.95 之间，属偏重的常规原油。

（2）石油的元素组成

石油外观和性质上的差别反映了其组成的不同。世界上各种原油的性质虽然差别甚远，但其元素组成却较简单。石油主要由碳、氢、硫、氮、氧5 种元素组成。其中，碳的含量为 83%~87%（质量分数），氢的含量为 11%~14%，两者合计为 96%~99%，硫、氮、氧3 种元素的总量约为 1%~4%。但也有特殊情况，如墨西哥石油含硫量高达 3.6%~5.3%，阿尔及利亚石油含氮量高达 1.4%~2.2%。此外石油中还含有微量的铁、镍、铜、钒、砷、氯、磷、硅等元素。

上述元素都以有机化合物的形式存在于石油中。现已确定，组成石油的有机化合物分为由碳、氢元素构成的烃类化合物和由含有硫、氮、氧等元素构成的非烃类化合物两大类。

（3）石油的烃类组成

石油中的烃类按其结构不同，大体分为烷烃、环烷烃、芳香烃和不饱和烃等。不同烃类对各种石油产品性质的影响各不相同。

① 烷烃

烷烃是开链的饱和烃，分为正构体和异构体两类。以直链相连接的烷烃为正构烷烃，带有支链的烷烃为异构烷烃。在绝大多数的石油中，烷烃的含量都比较高，通常以甲、乙、丙、丁、戊、己、庚、辛等表示分子结构中碳原子的数目，并以正构体和异构体表示连接方式来命名各类烷烃，如异辛烷表示的是由 8 个碳原子组成的异构体烷烃。

烷烃在常温下其化学安定性比较好，但不如芳香烃。在一定的高温条件下，烷烃容易氧化分解并生成醇、醛、酮、醚、羧酸等一系列氧化产物。烷烃的密度最小，黏温性能最好，是燃料和润滑油的良好成分。煤油中含烷烃较多时，点灯时火焰稳定；润滑油中含烷烃较多时，黏温性能良好。烷烃的正构烷烃的自燃点最低，在柴油机中其燃烧迟缓期短，故柴油含正构烷烃多，则燃烧性能好，柴油机工作平稳；但在汽油机中易生成过氧化物，引起混合气的爆燃，故汽油含正构烷烃多，则辛烷值低，汽油机易发生爆震。高分子正构烷烃是蜡的主要成分，故在柴油和润滑油中含量不宜过多，以免使产品的凝点高，低温流动性不好。异构烷烃(特别是高度分支的异构烷烃)的自燃点高，辛烷值高，在汽油中抗爆性强，是高辛烷值汽油的理想成分，但不是柴油的理想成分。

② 环烷烃

环烷烃是环状结构的饱和烃，分为单环烷烃和多环烷烃两类。环烷烃的化学安定性良好，与烷烃近似但不如芳香烃，密度较大，自燃点较高，辛烷值居中；它的燃烧性较好、凝点低，润滑性好，故也是汽油、煤油和润滑油的良好成分。润滑油含单环环烷烃多则黏温性能好，含多环环烷烃多则黏温性能差。

③ 芳香烃

芳香烃是具有苯核结构的烃类。芳香烃的化学安定性良好，密度最大，自燃点最高，辛烷值最高；它对有机物的溶解力强，毒性也较大。故芳香烃是汽油的良好成分，而对柴油则是不良成分；煤油中需有适量(10% ~ 20%)的芳香烃才能保证照明亮度，但如果含量过大，点灯时易冒黑烟；橡胶溶剂油和油漆溶剂油中也需有适量芳香烃以保证有良好的溶解能力。因其毒性较大，故含量要适当的控制；润滑油中含有多环芳香烃会使其黏温性能显著变坏，故应尽量除去。

④ 不饱和烃

不饱和烃在原油中含量极少，主要是在二次加工过程中产生的。热裂化产品中含有较多不饱和烃(主要是烯烃，兼有少量二烯烃，但没有炔烃)，它的化学安定性最差，易氧化生成胶质，但辛烷值较高，凝点较低。故有时将热裂化馏分掺入汽油以提高其辛烷值，掺入柴油以降低其凝点。因其安全性差，这类掺合产品均不宜长期储存，掺有热裂化馏分的汽油还应加入抗氧防胶剂。

石油中的非烃化合物虽含量不多，但它们对炼制过程和产品质量都有极大的危害。硫化物(如硫醇、硫醚、噻吩等)除对炼油设备有腐蚀外，还会使汽油的感铅性降低，影响汽油的抗爆性；氧化物(如环烷酸、苯酚等)对金属有腐蚀作用；氮化物(如吡啶、吡咯等)在空气中易氧化，颜色变深，汽油的变色与氮化物有关；胶质、沥青质是含有氧、硫、氮的高分子非烃化合物，石油中此类化合物含量越大，则颜色越深。

根据原油中的含硫量大体上可将其分为低硫原油(硫含量<0.5%)、含硫原油(硫含量0.5%~2%)和高硫原油(硫含量>2%)；根据主要烃类成分的不同，大体上可分为石蜡基原油、环烷基原油和中间基原油三类。石蜡基原油含烷烃较多；环烷基原油含环烷烃、芳香烃较多；中间基原油介于二者之间。

(4) 石油的馏分组成

原油是一个多组分的复杂混合物，其沸点范围很宽，从常温一直到500℃以上，每个组成都有各自的特性。从油品使用要求来说，没有必要把石油分成单个组分。因而无论是对原油进行研究还是进行加工利用，都必须对原油进行分馏。分馏就是按照组分沸点的差别将原油"切割"成若干"馏分"，例如，小于200℃馏分、200~350℃馏分等。每个馏分的沸点范围简称为馏程(或沸程)。

馏分常冠以汽油、煤油、柴油、润滑油等石油产品的名称,但馏分并不就是石油产品。石油产品必须符合油品的质量标准,石油馏分只是中间产品或半成品,必须进行进一步加工才能成为石油产品。同一沸点范围馏分可以加工成不同的产品,有些石油产品往往在馏分范围之间有一些重叠。例如,喷气燃料、灯用煤油以及轻柴油的馏分范围间就有一段重叠。为了统一称呼,一般把原油中从常压蒸馏开始馏出的温度(初馏点)到200℃(或180℃)之间的轻馏分称为汽油馏分(也称为轻油或石脑油馏分),常压蒸馏200(或180)~350℃之间的馏分称为煤、柴油馏分或常压瓦斯油(简称AGO)。由于原油从350℃开始即有明显的分解现象,所以对于沸点高于350℃的馏分,需在减压下进行蒸馏,将在减压下蒸出的馏分的沸点换算成常压下的沸点。一般将相当于常压下350~500℃的高沸点馏分称为减压馏分或润滑油馏分(或减压瓦斯油,简称VGO);而减压蒸馏后残留的大于500℃沸点的油称为减压渣油(简称VR);同时人们也将常压蒸馏后大于350℃的油称为常压渣油或常压重油(简称AR),所以常压渣油实际上包含了减压渣油的这部分。

需要说明的是,不同原油的各馏分含量差别很大。

3.1.2 石油产品常用理化指标

(1) 密度

单位体积的物质在真空中的质量称为密度。即 $\rho = \dfrac{m}{v}$,单位为 g/cm^3、kg/m^3 等。

① 标准密度

我国将在 20℃、101.325kPa 下物质的密度定为标准密度,表示为 ρ_{20}。国际上也有将在 15.6℃(60°F)、101.358 kPa 下物质的密度定为标准密度的,表示为 $\rho_{15.6}$。

② 视密度

在试验温度下,玻璃密度计在液体试样中的读数称为视密度,表示为 ρ'_t。

③ 相对密度

在一定条件下,一种物质的密度与另一种参考物质密度之比,由 d 表示。油的相对密度常以 4℃的水为参考物质,t℃时油品的相对密度为 d_4^t。由于 4℃水的密度为 $1g/cm^3$。所以油品在 t℃下的相对密度数值就等于油品在 t℃时的密度数值。

石油的密度是随其组成中的含碳、氧、硫量的增加而增大的。因而含芳烃多的、含胶质和沥青多的密度最大;而含环烷烃多的居中;含烷烃多的最小。因此,在某种程度上往往可以根据油品密度的大小来判断该油的大概质量。必须注意的是由密度的定义可知,即便同一油品,其密度随温度的变化也会发生变化。即温度越高,密度越小;反之则温度越低,密度越大。密度的测定主要用于油品计量和对某些油品的质量控制。

(2) API 度

欧美各国常用 15.6℃(60°F)的水作为参考物质,15.6℃油品的相对密度为 $d_{15.6}^{15.6}$。常用比重指数表示液体的相对密度,比重指数就称为 API 度。

$$比重指数(API 度) = \frac{141.5}{d_{15.6}^{15.6}} - 131.5$$

常见石油产品的 API 度如表 3-1 所示。

表 3-1 常见石油产品的 API 度

品种	$d_{15.6}^{15.6}$	API 度	品种	$d_{15.6}^{15.6}$	API 度
原油	0.65~1.06	86~2	柴油	0.82~0.87	41~31
汽油	0.70~0.77	70~52	润滑油	>0.85	<35
煤油	0.75~0.83	57~39			

（3）黏度

牛顿指出，当流体内部各层之间因受外力而产生相对运动时，相邻两层流体交界面上存在着内摩擦力。液体流动时，内摩擦力的量度称为黏度，黏度值随温度的升高而降低。大多数润滑油是根据黏度来划分牌号的。

黏度一般表示方式有五种，即动力黏度、运动黏度、恩氏黏度、雷氏黏度和赛氏黏度。

根据牛顿定律

$$F = \mu S \frac{dv}{dL} \tag{3-1}$$

式中　F——两液层之间的内摩擦力，N；

　　　S——两液层之间的接触面积，m^2；

　　　dL——两液层之间的距离，m；

　　　dv——两液层间相对运动速度，m/s；

　　　μ——内摩擦系数，即该液体的动力黏度，$Pa \cdot s$。

动力黏度 μ 的物理意义，可理解为在单位接触面积上相对运动速度梯度为 1 时，流体产生的内摩擦力。

运动黏度是动力黏度 μ 与相同温度、压力下该流体密度的比值（$\nu = \dfrac{\mu}{\rho}$），m^2/s。

恩氏黏度、雷氏黏度、赛氏黏度都是用特定仪器在规定条件下测定的黏度值，所以也称为条件黏度。

（4）馏程

在标准条件下，蒸馏石油所得的沸点范围称为"馏程"。

馏程的意义在于可用沸点范围来区别不同的燃料，同时还可用来表示燃料中轻重组分的相对含量。包括以下项目：

① 初馏点和干点

在加热蒸馏的过程中，其第一滴冷凝液从冷凝器末端落下的一瞬间所记录的气相温度称为"初馏点"，它表示燃料中最轻成分的沸点；其最后阶段所记录的最高气相温度称为"终馏点"，也称为干点，它表示燃料中最重成分的沸点。

② 10%、50%、90%馏出温度

指馏出物的体积分别达到试样的 10%、50%、90%时的温度。

③ 残留量

指停止蒸馏后，存于烧瓶内的残油的体积分数。

④ 损失量

在蒸馏过程中，因漏气、冷凝不好和结焦等造成石油损失的量，以 100mL 试样减去馏出液和残留物的总体积即得损失量。

馏程是轻质油品重要的试验项目之一，其目的在于可用它来判断石油产品中轻、重馏分组成的多少。从车用汽油的馏程可看出它在使用时启动、加速和燃烧的性能。汽油的初馏点和 10% 馏出温度过高，冷车不易启动，而这两个温度过低又易产生气阻现象。汽油的 50% 馏出温度是表示它的平均蒸发性，它能直接影响发动机的加速性。如果 50% 馏出温度低，它的蒸发性和发动机的加速性就好，工作也较稳定。汽油的 90% 馏出温度和干点表示汽油中不易蒸发和不能完全燃烧的重质馏分的含量，这两个温度低，表明其中不易蒸发的重质组分少，能够完全燃烧；反之，则表示重质组分多，汽油不能完全蒸发和燃烧，如此就会增加油耗，又有可能稀释润滑油，以致加速机件磨损。

对溶剂油来说，通过馏程可以看出它的蒸发速度，对不同的工艺有不同的要求。溶剂油的牌号就是以溶剂油的干点或 98% 馏出温度作为其牌号的，如 120 号溶剂油即指它的 98% 馏出温度不高于 120℃。

（5）浊点

在规定条件下，被冷却的油品开始出现蜡晶体而使液体浑浊时的温度称为浊点，单位为℃。

（6）倾点

在规定条件下，被冷却的油品尚能流动的最低温度称为倾点，单位为℃。

（7）凝点

在规定条件下，被冷却的油品停止移动时的最高温度称为凝点，单位为℃。

由定义可以看出，倾点和凝点比较接近，对于同一油样在相同条件下，其倾点比凝点一般高 2~3℃。国内一般使用凝点，而倾点在国外使用得较多。

（8）闪点

在规定的条件下，加热油品所逸出的蒸气和空气组成的混合物与火焰接触发生瞬间闪火时的最低温度称为闪点，单位为℃。

油品闪点与油品沸点有关，沸点愈低的油品，其闪点也愈低，安全性愈差。汽油的闪点约为 -50~30℃，润滑油的闪点可达 130~325℃。大气压力对闪点也有影响。闪点随压力升高而增大。通常的闪点是指常压下的闪点。油品的闪点与它的化学组成也有关系。黏度相同的油品，含石蜡较多者，其闪点较高，而由环烷基石油所得的油品的闪点较低。

石油产品的闪点见表 3-2。重质油品中如混入很少量低沸点油品，其闪点会大大下降，因而，可以从闪点判断重质油品是否混入轻油。由于原油的闪点很低，所以它和汽油一样被列入一级可燃品之列。从安全角度来说，在比闪点低 17℃ 左右温度下倾倒油品才是较安全的。

表 3-2　石油产品的闪点

油品名称	闪点/℃
溶剂油类、汽油类、苯类	<28
煤油类	28~45
柴油、重油类	45~125
润滑油、润滑脂类	>120

油品闪点的测定方法有闭口杯法（GB/T 261—2008）和开口杯法（GB/T 267—1988）两种，都是条件性试验。两种方法的测定条件不同，所得闪点数据不同，分别适用于不同油品。通常轻质油品测其闭口杯闪点，且重质油品和润滑油多测开口杯闪点。同一油品的开口杯闪点

高于闭口杯闪点，且闪点越高，二者差值越大。特别是重质油中混入少量轻油时，不仅闪点大大下降而且二者差值也随之增大。

（9）饱和蒸气压

在规定的条件下，油品在适当的试验装置中，气液两相达到平衡时，液面蒸气所显示的最大压力称为饱和蒸气压，单位为 Pa。

（10）水分（含水率）

油品中的含水量，单位为%。

（11）实际胶质

在规定条件下测得的航空汽油、喷气燃料的蒸发残留物或车用汽油蒸发残留物中的正庚烷不溶部分称为实际胶质，以 mg/100mL 表示。实际胶质是指油中已经存在的一种胶质，它具有黏附性，常被用来评定汽油或柴油在发动机中生成胶质的倾向。从实际胶质的大小可判断油品能否使用和继续储存。一般而言，实际胶质较大的燃料应尽早使用，否则颜色变深、酸度增大，使用时在发动机的进油系统和燃烧系统会产生胶状沉积物，从而影响发动机的正常工作。

（12）辛烷值

它是表示汽油抗爆性的项目。抗爆性是指汽油在发动机内燃烧时不发生爆震的能力。爆震（俗称敲缸）是汽油发动机中一种不正常的燃烧现象。发生这种现象时发动机会强烈震动，并发出金属敲击声，随即功率下降，排气管冒黑烟，且耗油量增加，严重的甚至会毁坏发动机零件。

燃料的辛烷值是在规定条件下的发动机试验中，通过和标准燃料进行比较来测定的。它等于与其抗爆性相同的标准燃料中含异辛烷的体积分数。标准燃料由正庚烷和异辛烷按不同比例掺合而成。人为地将正庚烷的辛烷值定为 0，异辛烷定为 100。如标准燃料由 85%的异辛烷和 15%的正庚烷组成，这个标准燃料的辛烷值就是 85。汽油的牌号就是以其辛烷值的含量而定的，如 97 号汽油，即指辛烷值不小于 97。辛烷值越高，抗爆性越好。测定辛烷值的方法有马达法和研究法。

① 马达法辛烷值

以较高的混合气温度（加热至 149℃）和较低的发动机转速（900r/min）的条件为特征所测得的辛烷值，用以评定车用汽油在发动机节气阀全开、高速动转时的抗爆性。

② 研究法辛烷值

以较低的混合气温度（一般不加热）和较低的发动机转速（600r/min）的条件为特征所测得的辛烷值，用以评定车用汽油低速转到中速运行时的抗爆性。

一般研究法所测的辛烷值高于马达法，两者的近似关系可用经验公式表达为：

$$马达法辛烷值 = 研究法辛烷值 \times 0.8 + 10 \qquad (3-2)$$

目前我国车用汽油已全部采用研究法辛烷值来确定产品牌号。

（13）十六烷值

表示柴油燃烧性能的项目，是柴油在发动机中着火性能的一个约定值。它也是在规定条件下的发动机试验中，通过和标准燃料进行比较来测定的，并且采用和分析燃料具有相同着火滞后期的标准燃料中十六烷的体积分数表示其值。这个值越高，着火滞后的时间越短。十六烷值高的柴油的自燃点低，在柴油机的气缸中容易自燃，不易产生爆震。但也不宜过高，否则燃料不能完全燃烧，排气管就会冒黑烟，耗油量增加。通常将十六烷值控制在 40~60 之间。

（14）诱导期

表示在规定的加速氧化条件下，油品处于稳定状态所经历的时间周期，以 min 为单位。它是评价汽油在长期储存中氧化及生胶趋向的一个项目。诱导期越短，则稳定性越差，生成胶质也越快，安全保管期也就越短。

3.1.3 石油的特性

（1）易燃烧

燃烧是物质(燃料)在一定的条件下与氧作用产生光和热的快速化学反应。燃烧也就是化学能转变为热能的过程。反应是否具有放热、发光、生成新的物质等三个特征，是区分燃烧与非燃烧现象的依据。燃烧在时间上和空间上失去控制就形成火灾。火灾分为 A、B、C、D 四个类别：A 类火灾指固体物质火灾，如棉、麻、木材等；B 类火灾指液体物质和可熔化的固体火灾，如石油、甲醇、石蜡等；C 类火灾指气体火灾，如天然气、煤气、丙烷等；D 类火灾指金属类火灾，如钾、钠、镁等。

燃烧应同时具备三个条件，即可燃物、助燃物、着火源。

可燃物：不论固体、液体、气体，凡是可以与空气中氧或其他氧化剂剧烈反应的物质，都属于可燃物，如木材、纸张、棉花、汽油、乙醇等。没有可燃物就谈不上燃烧。

助燃物：支持燃烧的物质，一般指氧或氧化剂，主要指空气中的氧，这种氧称为空气氧，氧在空气中约占 21%。可燃物质没有氧助燃是燃烧不起来的。

着火源：足够把可燃物质的一部分或全部加热到发生燃烧所需的温度和热量的热源，叫做着火源。如明火、摩擦、撞击、自然发热、化学能、电燃等。石油的燃点比闪点的温度仅高 1~5℃。

石油是一种多组分的混合物，燃烧时首先逐一蒸发成各种气体组分，而后燃烧。石油馏分(沸点)低的组分最先燃烧(如汽油)，随着燃烧时间的增长，在剩下的液体中，高沸点组分的含量相对增加，液体的密度、黏度相应增高，从而燃烧向深度加深。

在一定的温度下，易燃或可燃液体产生的蒸气与空气混合后，达到一定浓度时使火源产生一闪即灭的现象叫闪燃。发生闪燃的最低温度叫闪点。

扑灭火灾，按照经典的燃烧理论，即燃烧的三个条件：可燃物、助燃物、着火源，破坏其中的一个条件，燃烧即会中止。扑灭液体石油类火灾的基本方法通常有下面 3 种。

① 窒息法

油料不能在缺氧的情况下燃烧。设法使燃烧液面与空气隔绝，能够达到灭火目的。窒息方法主要有：

- 用不燃烧或难燃烧物压盖着火面；
- 用水蒸气或其他不燃气体喷射在燃烧液表面，稀释空气中的含氧量，当空气中的氧含量降到 16% 以下时，火焰便会因缺氧而熄灭；
- 密闭着火油料的容器孔口，使容器内的氧在燃烧过程消耗后得不到补充。

② 冷却法

采用水或其他冷却剂将燃烧物降温到燃点以下。对于石油火灾，采用冷却的方法主要是控制燃烧的速度和范围。向着火罐和邻近油罐的罐壁喷水降温，以降低高热传导和高热辐射温度，收到控制燃烧速度和范围的效果。

③ 隔离法

把着火物与可燃物隔离，限制和控制火灾蔓延。方法为：

- 迅速移去火场附近的油料及其他可燃物；
- 把着火物移离储油场所；
- 上述两者做不到时，在窒息灭火的同时，使用水雾冷却隔离；
- 封闭火场附近的一切储油容器和储油管道；
- 拆离与火场连接的可燃建筑物。

窒息、冷却和隔离这三种灭火方法和它们的灭火效能都是相互联系并且是相互促进和相互补益的。油库、加油站的灭火物质和灭火器材，一般都具备或兼备了以上三项灭火功能的二项或三项，以供扑救石油火灾时充分利用，从而收到综合效益的目的。

油库、加油站的灭火剂及灭火器材通常为水、灭火泡沫剂、干粉灭火机、二氧化碳灭火机、"1211"灭火机、石棉毯、干沙等。

（2）易爆炸

凡是发生在瞬间的燃烧，同时生成大量的热和气体，并以很大的压力向四周扩散的现象，称为爆炸。常见的爆炸为物理性爆炸和化学性爆炸，这两类爆炸在石油火灾中常见。

石油蒸气与空气混合，当达到一定混合比范围时，遇火即发生爆炸。上述混合比范围，称为爆炸极限。爆炸最低的混合比，称为爆炸下限（或低限）；爆炸最高的混合比，称为爆炸上限（或高限）。比如某汽油蒸气爆炸下限为 1.7%，上限为 7.2%，即当该汽油蒸气在空气中的含量达到上述范围，遇火将引起爆炸；低于爆炸下限时，遇火不会爆炸，也不会燃烧；高于爆炸上限时，遇火则会燃烧。但在石油火灾过程中，随着石油蒸气浓度的增减变化，爆炸和燃烧也是交替出现的。某些油品，除了按石油蒸气浓度测定爆炸极限外，还有一个按温度来测定爆炸极限，也同样区分为下限和上限。因为石油的蒸气浓度是在一定的温度下形成的。几种油品的闪点、自燃点、浓度爆炸极限、温度爆炸极限如表 3-3 所示。

表 3-3 几种油品爆炸极限

油品名称	闪点/℃	自燃点/℃	浓度爆炸极限(质量分数)/%		温度爆炸极限/℃	
			下限	上限	下限	上限
车用汽油	−50~−30	415~530	1.58~1.70	6.48~7.00	−38.0	−8.0
灯用煤油	40	380~425	0.6~1.4	7.5~8.00	40.0	86.0
柴油	40~65		0.6	6.6		

由于油品的组分不同，即使是同品种、同牌号油品的油蒸气混合物的爆炸极限也会各有差异，因此表 3-3 数字只供参考。爆炸极限也不是孤立和固定不变的，它要受诸如初始温度、压力、惰性气体与杂质的含量、火源的性质、容器大小等一系列因素的影响。从表 3-3 可以看出，汽油的轻质组分最多，挥发速度也快，在一般环境温度下的油蒸气浓度都能达到爆炸极限范围。因此，各类油品的爆炸危险程度仍以汽油为高，其他油品次之。

防止石油爆炸，首先要采取与防火相同的措施，其次要针对石油的性质、爆炸上下限、盛装石油容器的防爆能力等，采取相应的措施。如适当通风、确定安全容量等，科学运用，防止事故发生。

（3）易蒸发

液体表面的汽化现象叫蒸发。由于构成物质的分子总是不停地作无规则运动，处在液体表面运动着的分子就会克服分子间的吸引力，逸出液面，变为气体状态。这种蒸发现象尤其是轻质油品更为显著。1kg汽油大约可蒸发为 $0.4m^3$ 的汽油蒸气，蒸发速度也最快，可以完全蒸发掉。煤油和柴油在常温常压下蒸发速度则慢一些，润滑油则更慢。蒸发分为静止蒸发和流动蒸发。石油产品蒸发速度与下列因素有关。

① 温度

温度越高，蒸发速度越快；温度越低，蒸发速度越慢。

② 液体表面空气流动速度

流动速度快，蒸发快；流动速度慢，蒸发慢。

③ 蒸发面积

蒸发面积越大，蒸发速度越快；蒸发面积小，蒸发速度则慢。

④ 液体表面承受的压力

压力大蒸发慢，压力小蒸发快。

⑤ 密度

密度大蒸发慢，密度小则蒸发快。

由于石油蒸发出来的气体相对密度较大，一般在 1.59~4 之间，它们常常飘散在操作室内空气不流通的低部位或积聚在作业场所的低洼处。一有火花即会酿成爆炸或燃烧火灾事故，甚至造成惨重损失。蒸发还可污染环境，致人中毒。蒸发造成量的损失，称为蒸发损耗。损耗率的大小，是衡量企业经营管理水平的一项主要指标。应采取一切有效的技术措施（如降低温度减少温差，在安全的前提下减少容器气体空间饱和储存，减少不必要的倒装和减少与空气的接触等），以减少蒸发损失。

（4）易产生静电

静电是两种物质相互接触与分离而产生的电荷。

石油是导电率极低的绝缘非极性物质。当它沿管道流动与管壁摩擦和在运输过程中与车、船上的罐、舱壁冲撞以及油流的喷射、冲击，都会产生静电。在静电电位高于 4V 时，发生的静电火花达到了汽油蒸气点燃能量（汽油最小点燃能量为 0.25mJ），就足以使汽油蒸气着火、爆炸。静电积聚程度同下列因素有关。

① 周围的空气湿度

空气中的水蒸气，是电的良导体。空气中的水蒸气含量大，湿度则大，输转石油时，静电积聚则小；反之，空气干燥，湿度小，静电积聚则大。当空气相对湿度为 47%~48% 灌装石油时，接地设备电位达 1100V；空气湿度为 56% 灌装石油时，接地设备电位则为 300V；当空气湿度接近 72% 灌装石油时，带电现象实际终止。

② 油料流动速度

油料在管内流动速度越快，产生的电荷越多，电位则高；流动速度越慢，产生电荷越少，电位则低。因此，油料在管内流动速度，按规定不得超过 4.5m/s。

③ 油料在容器或导管中承受的压力

压力越大，摩擦冲击越大，产生静电电荷越多，积聚静电电位越高；反之则低。

④ 导电率

导电率高，静电电荷积聚则少；反之，则多。如帆布、橡胶、石棉水泥、塑料等输油管较金属输油管积聚的静电电位要高得多。

为了防止静电电荷积聚产生较高的静电电位，油库的储、输油设备，如储油罐、输油管道、油泵等，都要按照有关规定设置良好的静电导除装置；油罐汽车、火车油罐在装卸过程中，也要有相应的静电导除装置，严格控制流速，防止油料喷溅、冲击，尽量减少静电产生。并要对一切静电导除装置，定期进行检查和测定，保持良好的导除性能。工作人员不穿容易产生静电的衣服、不使用易产生静电的工具、不向易产生静电的容器(如塑料桶)中注入油品等，以防止静电带来的危害。

（5）易受热膨胀

膨胀是一种物理现象。存放在密闭容器中的石油，由于温度升高，体积随之增大，其蒸气压也随之增大。其膨胀的程度超过容器承受的压力时，就会使容器发生爆裂、爆破甚至爆炸。石油产品受热膨胀的程度与油品品种和受热温度有关，黏度小的油品如汽油，膨胀快；黏度大的油品，如润滑油膨胀慢。温度越高，其石油体积膨胀越大。当温度降低，容器内石油体积缩小，并造成负压，当容器承受不了石油体积缩小的负压时，就会被大气压瘪、变形甚至损坏报废导致燃烧事故。因此合理掌握容器储存安全容量和容器内气压是防止容器爆炸和瘪缩的关键措施。调节容器内气压主要通过呼吸阀调节，达到保障容器安全、降低油品损耗的目的。

所谓油罐安全容量，是指储存在油罐内的油品能满足在最高温度状况下不溢出罐外的合理容量。立式金属油罐的安全容量的计算方法如下。

① 基本数据

a. 油罐罐壁总高（H_1）。

b. 消防泡沫需要厚度（H_2）。按规定，油罐内储油品种汽油、煤油、柴油分别所需的化学泡沫厚度(cm)分别为：45、30、18，如果使用空气泡沫其厚度(cm)均为30。值得说明的是，消防泡沫口下沿距罐壁上沿的距离如果小于泡沫厚度时，应从罐壁总高中减去泡沫厚度；如果消防泡沫口下沿距罐壁上沿的距离大于泡沫厚度时，应从罐壁总高中减去消防泡沫口下沿距罐壁上沿的距离，否则，油品在最高计量温度时会通过消防泡沫口流出罐外一部分油。

c. 油罐容积表。

d. 待收油品在常温下密度（ρ_{t_2}）：

$$\rho_{t_2} = VCF(\rho_{20} - 0.0011) \tag{3-3}$$

e. 油品在储存期预测的最高温度下的密度（ρ_{t_1}）。

$$\rho_{t_1} = VCF(\rho_{20} - 0.0011) \tag{3-4}$$

式中　VCF——石油体积修正系数；

　　　ρ_{20}——石油在标准温度时密度；

0.0011——空气浮力修正值。

② 计算方法

a. 先求出实际储油高度 H：

$$H = H_1 - H_2 \tag{3-5}$$

b. 按照求得的 H，查储存该油的油罐容积表，求出在高度 H 下的容积 V_H。

c. 求该油罐安全容积 V_{a_1}：

$$V_{a_1} = V_H \frac{\rho_{t_1}}{\rho_{t_2}} \qquad (3-6)$$

d. 按照求出的 V_{a_1}，查油罐容积表，查出安全高度 H_a。

e. 求实际安全容积 V_a

$$V_a = V_{a_1} - V_{余} \qquad (3-7)$$

式中　$V_{余}$——指查表过程中余下的容量，对应的高度不足 1mm。

卧式金属油罐安全容量按式(3-6)计算。

另外，也可以先求出安全高度，然后再查安全容量，其公式：

$$H_a = H \frac{VCF_{t_1}}{VCF_{t_2}} \qquad (3-8)$$

式中　VCF_{t_1}——油品在储存期预测的最高温度下的石油体积修正系数；

　　　VCF_{t_2}——待收油品在常温下的石油体积修正系数。

(6) 毒害性

石油一般具有一定的毒害性，且因其由碳和氢两种元素结合组成的烃的类型不同而不同。不饱和烃、芳香烃就较烷烃的毒害性大。易蒸发的石油较不易蒸发的石油危害性大。轻质油品特别是汽油中含有不少芳香烃和不饱和烃，而且蒸发性又很强，因而它的危害性也就大一些。石油对人的毒害是通过人体的呼吸道、消化道和皮肤三个途径进入体内，造成人身中毒的。中毒程度与油蒸气浓度、作用时间长短有关。浓度小、时间短则轻；反之则重。含有四乙基铅的车用汽油，除上述毒害性外，还会由于铅能通过皮肤、食道、呼吸道进入人体，使人发生铅中毒。

石油虽然具有一定的毒害性，但不可怕，只要积极预防，是完全可以避免的。防止中毒的主要措施：

① 尽量降低轻质油作业地点的油蒸气浓度

轻质油品泵房、灌油间、发油间、桶装油库房，窗户要敞开，使其空气对流，保持良好通风，并酌情装配通风装置；油泵、阀门、管线、法兰、密封良好，不渗不漏；仓库内堆存的桶装油要拧紧桶盖，发现漏桶，及时倒换，减少油蒸气外逸；清洗储油和运油容器，要严格遵守安全操作规程，进入油罐内作业，必须先打开人孔通风，戴有通风装置的防毒面具，着防毒服装，系上安全带和信号绳，在罐外有专人守候随时呼应的情况下作业；清扫装轻质油料的火车油罐，严禁进入罐内作业，采取其他办法清底。最大限度减少吸入油蒸气。

② 避免与油品直接接触

从事石油收、发和保管、使用的工作人员，要穿戴配发的劳动保护用品(工作服、帽、口罩、手套等)。下班后也不要把穿戴的劳动保护用品带入食堂、宿舍。不要用汽油洗手、洗工具和衣服。当手上和衣服上溅有含铅汽油后，应及时用温水和肥皂清洗。当含铅汽油溅入眼内时，要立即用淡盐水和蒸馏水冲洗。不要用口吸吮汽油。要养成良好的卫生习惯。坚持饭前漱口并用肥皂水洗脸洗手。

③ 加强劳动保护

要对油库职工特别是长期直接从事石油收、发、保管的工作人员，进行定期的健康检查，一旦发现病症，及时进行治疗。同时各级石油经营单位，都要把改善劳动条件和对职工进行有效的劳动保护认真重视起来。

3.1.4　石油产品分类、质量要求及管理

（1）石油产品分类

根据 GB 498—2014 标准，石油产品及润滑剂的总分类见表3-4。

表3-4　石油产品及润滑剂的总分类

类别	各类别的含义	类别	各类别的含义
F	燃料	W	蜡
S	溶剂和化工燃料	B	沥青
L	润滑剂、工业润滑油和有关产品		

根据 GB 7631.1—2008 标准，润滑剂和有关产品（L 类）的分类见表3-5。该标准根据润滑剂的应用领域把产品分为 18 个组。

表3-5　润滑剂、工业用油和有关产品（L 类）分类

序号	组别	应用场合	序号	组别	应用场合
1	A	全损耗系统	10	N	电器绝缘
2	B	脱膜	11	P	气动工具
3	C	齿轮	12	Q	热传导液
4	D	压缩机（包括冷冻机和真空泵）	13	R	暂时保护防腐蚀
5	E	内燃机油	14	T	汽轮机
6	F	主轴、轴承和离合器	15	U	热处理
7	G	导轨	16	X	用润滑脂的场合
8	H	液压系统	17	Y	其他应用场合
9	M	金属加工	18	Z	蒸汽气缸

（2）几种常用石油产品的质量要求及管理

① 汽油

其用途是作为汽油汽车和汽油机的燃料，并按辛烷值划分牌号，对它的质量要求是：

● 良好的蒸发性，以保证发动机在冬季易于启动；在夏季不易产生气阻，并能较完全燃烧。

● 足够的抗爆性，以保证发动机运转正常，不发生爆震，充分发挥功率。

● 有一定的化学稳定性。要求诱导期要长，实际胶质要小，以保证长期储存时不会明显地生成胶质和酸性物质，以及发生辛烷值降低和颜色变深等质量变化。

● 要求腐蚀试验不超过规定值，保证汽油在储存和使用中不腐蚀储油容器和汽油机件。

② 煤油

主要用于照明和各种喷灯、气灯、气化炉和煤油炉等的燃料，也可用作机械零件的洗涤剂、橡胶和制药工业的溶剂等。其质量要求是：

● 燃烧性良好。在点燃油灯时，有稳定的火焰和足够的照度，不冒或少冒黑烟；

● 吸油性良好。重组分要少，以利于灯芯吸油，不易结焦；

● 含硫量少。燃烧时无臭味。燃烧时释放的气体于人畜无害；

- 闪点不低于40℃，以保证使用时的安全，否则常温下着火危险性大。

③ 柴油

柴油分为轻柴油和重柴油两种。轻柴油可用作柴油机汽车、拖拉机和各种高速(1000r/min以上)柴油机的燃料，重柴油则是中速(300~1000r/min)和低速(300r/min以下)柴油机的燃料。

- 轻柴油的质量要求

a. 燃烧性好

即十六烷值适宜、自燃点低、燃烧充分，发动机工作稳定，不产生爆震现象；

b. 蒸发性好

蒸发速度要合适，馏分应轻些，否则会使发动机油耗增大，磨损加剧，功率下降；

c. 有合适的黏度

保证高压油泵的润滑和雾化的质量；

d. 含硫量小

保证不腐蚀发动机(我国轻柴油的特点之一就是含硫量很小)；

e. 稳定性好

在储存中生成胶质燃烧后生成积炭的倾向都比较小。

- 重柴油的质量要求

a. 适宜的黏度，以保证油泵压力正常，喷油雾化良好，燃烧完全，对高压油泵和油嘴的磨损较小；

b. 含硫量小，以保证不腐蚀发动机。

④ 溶剂油

溶剂油通常有120号溶剂油、190号溶剂油和200号溶剂油。它们分别被用作橡胶工业溶解胶料配制胶浆、油漆工业制油漆的稀释剂、清洗机件以及农药和医药工业溶剂。不同的用途可使用不同的溶剂油。当然对其质量也有特殊要求，一般对关系到蒸发速度的快慢和对人体毒性较大的芳香烃及碘值的最大含量均有一定要求。

⑤ 润滑油

润滑油的品种繁多。这类油主要是从经过提取汽油、煤油、柴油后剩下的馏分中再经提炼、精制的产品，并不是所有的润滑油都用于润滑。根据其性能、用途的不同对其质量要求也不相同，但共同的要求是：

a. 适宜的黏度和良好的黏温性能；

b. 良好的抗氧化稳定性和热稳定性；

c. 适宜的闪点和凝点；

d. 较好的防锈和防腐性。

⑥ 油品质量管理

石油产品在储运和保管中，经常发生质量的变化。因此，在保管过程中采取措施，延缓其变化速度，以确保出库商品质量合格。具体措施如下：

a. 减少轻组分蒸发和延缓氧化变质

某些油品，尤其是汽油和溶剂油等，蒸发性较强。由于蒸发使大量的轻组分受到损失，油品质量也随之下降。此外，由于长时间与空气接触产生的氧化现象可导致油质变坏。如使汽、柴油胶质增多，润滑油酸值增大等。因而要尽可能密封储存，以减少对空气的接触，如利用内浮顶罐储存汽油。并尽可能使油品减少与铜等易引起油品氧化变质的金属接触，如在罐内涂刷防锈层，这样既防止了金属的氧化，又防止了金属对油品氧化所产生的催化作用，从而达到延缓变质的目的。

b. 防止混入水和杂质造成油品变质

在所有储存变质的油品中，绝大部分是由水和杂质混入而造成的。混入油品中的杂质除会堵塞滤清器和油路、造成供油中断外，还能增加机件磨损；混入油品中的水分不仅能腐蚀机件，且还会使加入油中的添加剂发生分解或沉淀，使其失效；有水分存在时，燃料氧化速度加快，其胶质生存量也加大。此外，在各种电器专用油品中若混有水和杂质，则会使绝缘性能急剧变坏。所以在保管油品中应注意以下几点：

- 保证储油容器清洁干净；
- 严格按"先进先出"原则收发油品，加强听、桶装油品的管理；
- 定期检查储油罐底部油品的质量以决定是否清洗；
- 定期作质量分析，确保油品质量。

c. 防止混油和容器污染变质

根据油品用途的不同，对其质量的要求也不同。因此，不同性质的油品不能相混，否则会使油品质量下降，严重时甚至使油品变质。尤其是各种中、高档的润滑油，含有多种特殊作用的添加剂，当加有不同体系添加剂的油品相混时，就会影响它的使用性能，甚至会使添加剂沉淀变质。比如润滑油中混入轻油，会降低闪点和黏度；食品机械油脂混入其他润滑油脂则会污染食品。因此，为防止各种油品相混或储油容器受到污染，必须采取下列措施：

- 散装油品在收发、输转、灌装等作业时，应根据油品的不同性质，将各管线、油泵分组专用，并加强检查，对关键阀门加锁，在可能泄漏的支管上加铁板隔断，以杜绝混油事故的发生。对特种油品和高档润滑油要专管、专泵、专用。
- 油罐、油罐汽车、铁路罐车和油船等容器改装其他品种的油料时，应进行清洗、干燥；如灌装与容器中原残存品种相同的油料，则可视具体情况，确认容器合乎要求，方可重复灌装，以保证油品质量。尤其是装载高档润滑油时，容器内必须无杂质、水分、油垢和纤维，并无明显铁锈，在目视或用抹布擦拭检查后不见锈皮、锈渣及黑色油污时，方准装入，否则将会影响质量。

3.1.5　油品计量员应具备的安全防护基本知识

安全教育要常抓不懈。作为计量员在计量操作中也应对安全防护的基本知识有所了解，具体有以下三方面：

（1）自身安全防护

① 认真遵守进入危险工作区的各项安全规则。

② 进入工作区要求穿防静电工作服，不穿能引起火花的鞋，在干燥地带不推荐穿胶鞋。

③ 计量员所用工具仪器应装在包内，以便空手攀扶梯子。

（2）设备安全防护

① 在工作区域内所使用的照明灯和手电应是防爆的。

② 通路梯、油罐梯、平台和栏杆在结构上要处于安全状态，应有良好的照明。

③ 在工作区域所使用的计量器具应符合防爆要求。

（3）操作时的安全防护

① 当用金属量油尺进行测量时，在降落和提升操作期间，应始终保持与检尺口的金属相接触。

② 为了使人体的静电接地，在进行检尺前，人体应接触金属结构上的某个部件。

③ 在室外作业时，操作者一定要在上风口位置，以减少油蒸气的吸入；在室内作业时，要求作业场所保持良好的通风状态，使油气尽量散开。

④ 当对盛装可燃性液态烃的容器进行检尺时，如果液态烃的储存温度高于其闪点温度时，为避免发生静电危险，应再次检查容器的静电接地状况。检尺时需在正确安装的计量管进行测量。

⑤ 在雷电、冰雹、暴风雨期间，不应进行室外检尺、采样、测温等操作。

⑥ 计量员在锥形或拱形罐顶走动时，应小心随时会遇到的危险，如霜、雪、滴落的油、大风、腐蚀了的钢板等。

⑦ 工作场所如有非挥发性油品散落在容器顶上，应立即擦拭干净。工作中，擦拭过计量器具的已浸了油的物质或废棉纱不应乱放，应集中放入容器中。

⑧ 取样时注意避免吸入石油蒸气，戴上不溶于烃类的防护手套，在有飞溅危险的地方应戴上眼罩或面罩。

⑨ 因特殊需要，计量员需到浮顶油罐罐顶进行计量时，应有另一名计量员在罐顶平台上监护。在下列情况下，计量员应佩戴安全带或呼吸器：

- 当浮顶停止在支架上或局部浸没时；
- 当浮顶不圆或浮顶密封圈损坏时；
- 当油罐内油品含有挥发性硫醇时；
- 当油品蒸发达到危险浓度时。

3.2 天然气基础知识

天然气是指从地层内开发生产出来的、可燃的烃和非烃混合气体。这种气体有的基本上是以气态形式从气井中开采出来的，称为气田气；有的是随液体石油一起从油井中开采出来的，称为油田伴生气。习惯上把这两类气体都称为天然气。气田气约占世界天然气总量的60%，油田伴生气约占40%。

3.2.1 天然气的组成

石油和天然气的组成都是以烃类为主，包含从甲烷（CH_4）到33个碳原子的石蜡烃和22个或更多碳原子的芳香烃。其中，天然气是由低分子饱和烃为主的烃类气体与少量非烃类气体组成的混合气体，主要包括：

（1）烷烃：通式为C_nH_{2n+2}，是天然气的主要成分。烷烃是饱和的脂肪族链状烃类化合物。在20℃时，甲烷~丁烷为气态，戊烷以上到$C_{17}H_{36}$为液态，$C_{18}H_{38}$以上为固态。CH_4（甲烷）占绝大部分、C_5H_{12}（戊烷）以上（C_{5+}）含量极少。

（2）烯烃：通式为C_nH_{2n}，是不饱和的脂肪族链状烃类。少量存在的有C_2~C_4。

（3）环烷烃：通式为 C_nH_{2n}，含量非常少。典型的有 C_5H_{10}（环戊烷）、C_6H_{12}（环己烷）等。

（4）芳香烃：通式为 C_nH_{2n-6} 是一种不饱和的环状烃类。有苯、甲苯、二甲苯和三甲苯等。虽然芳香烃含量甚少，但它在天然气加工处理过程中的影响颇大。

（5）非烃类：N_2、CO_2、CS、H_2、H_2O，还有硫醇等有机硫化合物。

（6）其他化合物

① H_2S_x，分解成硫化氢和硫黄。硫黄沉积在油管、井口、矿场设备、集气系统中，还会被带到气体加工厂。以结晶固体状态析出，可能造成管道阀门堵塞。

② 沥青质，以胶溶态粒子的形态存在于气态中，此胶粒含带有芳香烃性质化合物。因此，它们不能用一般的重力分离法进行分离。而沥青质的存在会引起固体干燥剂吸附和液相吸收系统操作困难。

质谱分析揭示许多天然气中都含有氦(He)，它属稀有惰性气体，无色，无味，微溶于水，不燃烧，也不能助燃。氦是除氢气以外密度最小的气体，其密度是氢气的 1.98 倍，与空气的相对密度为 1/7.2。它是最难液化的气体。氦气是贵重的稀有气体，在天然气中含量甚微，不超过 1%（体积分数）。如果天然气中的氦气含量超过 0.1%（体积分数）时，提氦就有工业价值。

此外，天然气还含有盐水，也含有固体颗粒，需要在井口设置分离器来除去。有些天然气中还含有微量的汞，它虽然不会引起加工问题，但会对换热器中的铝制器材造成腐蚀，可用硫饱和的活性炭或分子筛来脱汞。由于开采的需要，在油气井中会加入甲醇和腐蚀防护剂，这些也会随天然气的开采而进入气体中。

3.2.2 天然气分类

（1）按天然气的烃类组成分类

按天然气的烃类组成(即按天然气中液烃含量)的多少来分类，可分为干气、湿气或贫气、富气。

① C_5 界定法：干、湿气的划分。根据天然气中 C_5 以上烃类含量的多少，用 C_5 界定法划分为干气和湿气。

干气：指在 $1Nm^3$ 井口流出物中，C_5 以上烃类含量按液态计低于 13.5 cm^3 的天然气。

湿气：指在 $1Nm^3$ 井口流出物中，C_5 以上烃类含量按液态计高于 13.5 cm^3 的天然气。

② C_3 界定法：贫、富气的划分。根据天然气中 C_3 以上烃类液体的含量多少，用 C_3 界定法划分为贫气和富气。

贫气：指在 $1Nm^3$ 井口流出物中，C_3 以上烃类含量按液态计低于 100 cm^3 的天然气。

富气：指在 $1Nm^3$ 井口流出物中，C_3 以上烃类含量按液态计高于 100 cm^3 的天然气。

在北美地区定义两种气体为贫气：a. 在天然气加工装置回收天然气液体之后的剩余残气；b. 几乎不含或无可回收天然气液体的未加工气体。而富气指适合作天然气加工厂原料并能从中提取产品的气体，这与上述定义无原则上区别。相反，干气和湿气包括两方面的内容：一是针对天然气是否含有水分来划分为干、湿气；二是与贫、富气的划分相类似。

（2）按酸气含量分类

按酸气含量多少，天然气可分为酸性天然气和洁气。

酸性天然气指含有显著量的硫化物和 CO_2 等酸气，这类气体是必须经处理后才能达到管输标准或商品气气质指标的天然气。

洁气是指硫化物含量甚微或根本不含硫化物的气体，它不需净化就可外输和利用。

（3）按天然气矿藏特点分类

按天然气矿藏特点，天然气可分为如下几类：

① 气田气。在开采阶段，矿藏流体在地层中呈气态，但随着组成的不同，在地面的分离器或者管网中可能有部分液态析出。气田气的特点是甲烷含量特别多，占 90% 以上。

② 凝析气。矿藏流体在地层原始状态下呈气态，但是开采到一定阶段，随着地层压力下降，流体状态跨过露点线进入相态反凝析区，部分烃类在地层即呈液态析出。

凝析气中乙烷以及乙烷以上的组分较多。

③ 油田伴生气。在地层中与原油共存，采油过程中与原油同时被采出，经油气水分离后所得的天然气。油田的伴生气含乙烷以及乙烷以上的组分较多。

3.2.3　混合气体组成的表示法

天然气是一种气体混合物，要了解它的性质，必须知道各组分性质间的关系。混合物的组成可以用体积分数、摩尔分数、质量分数来表示。

（1）体积分数

如果混合物中各组分的体积为 $V_i (i = 1, 2, \cdots, C)$，它们之和为总体积 V，则

$$V = \sum_{i=1}^{c} V_i$$

式中　V_i——某一组分的分体积。

某组分的分体积与总体积之比称为体积分数 y_i：

$$y_i = \frac{V_i}{V} = \frac{V_i}{\sum_{i=1}^{c} V_i} \tag{3-9}$$

根据定义可知，混合物所有组分的体积分数之和为 1，即：

$$\sum_{i=1}^{c} y_i = 1$$

（2）摩尔分数

组分的物质的量 $n_i (i = 1, 2, \cdots, C)$ 与混合物总物质的量 n 之比称为摩尔分数 y'_i：

$$y'_i = \frac{n_i}{n} = \frac{n_i}{\sum_{i=1}^{c} n_i} \tag{3-10}$$

混合物所有组分的摩尔分数之和为 1，即：

$$\sum_{i=1}^{c} y'_i = 1$$

从混合气体分压定律可知，i 组分的分压为 p_i 时，存在关系式：

$$p_i V = n_i R_M T$$

式中　R_M——通用气体常数；

　　　n_i——i 组分摩尔分数；

T——温度。

对于整个气体混合物，则有

$$pV = nR_MT$$

式中 p——气体混合物的总压。

以上两式相除，得：

$$\frac{n_i}{n} = \frac{p_i}{p} = y'_i \tag{3-11}$$

由上式可见，任一组分的摩尔分数也可以用该组分的分压与混合物总压的比值表示。由混合气体的分体积定律可以得到分体积 V_i：

$$V_i = \frac{n_iR_MT}{p}$$

混合物的总体积 V：

$$V = \frac{nR_MT}{p}$$

两式相除，得：

$$\frac{V_i}{V} = \frac{n_i}{n} = y_i \tag{3-12}$$

式(3-12)说明理想气体混合物的体积分数和摩尔分数相等。后面不再区分两者，均用 y_i 表示。

（3）质量分数和气体混合物的相对分子质量

混合物总质量为 m，等于各组分质量之和。其中 i 组分的质量为 m_i，则其质量分数 x_i 为：

$$x_i = \frac{m_i}{m} = \frac{m_i}{\sum\limits_{i=1}^{c} m_i} \tag{3-13}$$

同理：

$$\sum_{i=1}^{c} x_i = 1$$

对于质量为 m_i，分体积为 V_i，千摩尔质量为 M_i 的气体，可写为：

$$pV_i = \frac{m_i}{M_i}R_MT$$

同理，对于混合物的总体：

$$p\sum_{i=1}^{c} V_i = \frac{\sum\limits_{i=1}^{c} m_i}{M}R_MT$$

式中 M——气体混合物的千摩尔质量。

以上两式相除，得：

$$\frac{V_i}{\sum\limits_{i=1}^{c} V_i} = \frac{m_i}{\sum\limits_{i=1}^{c} m_i} \cdot \frac{M}{M_i}$$

由于任何物质的千摩尔质量在数值上都等于它的相对分子质量，故上式又可写为：

$$y_i = x_i \cdot \frac{\mu}{\mu_i} \tag{3-14}$$

式中 μ ——气体混合物的相对分子质量；

  μ_i ——气体混合物中 i 组分的相对分子质量。

式(3-14)可用于摩尔分数 y_i 与质量分数 x_i 之间的换算。由于 $\sum\limits_{i=1}^{c} x_i = 1$，根据式(3-14)得：

$$\sum\limits_{i=1}^{c} x_i = \frac{1}{\mu} \sum\limits_{i=1}^{c} y_i \mu_i = 1$$

所以：

$$\mu = \sum\limits_{i=1}^{c} y_i \mu_i \tag{3-15}$$

式(3-15)表明：气体混合物的相对分子质量（又称为视相对分子质量）等于各组分的相对分子质量与其摩尔分数乘积之和。要注意的是上述关系只对理想气体成立，在高压下这些组分的相互关系不能用式(3-12)、式(3-14)来计算。

3.2.4 天然气的主要物理化学性质

（1）密度

单位体积气体的质量称为密度。气体的体积与压力及温度有关，说明密度时必须指明它的压力和温度状态。如果不指明压力、温度状态，通常就是指工程标准状况下(101325 Pa，20℃)的参数。

1kmol 气体的质量为 M，体积为 V_M，所以气体的密度又可写为：

$$\rho = \frac{M}{V_M} \tag{3-16}$$

1kmol 气体的质量 M（单位为 kg）的值就是它的相对分子质量 μ，理想气体的 $V_M = 22.414 m^3/kmol$，所以对于理想气体：

$$\rho = \frac{\mu}{22.414} \tag{3-17}$$

对于气体混合物，密度可写为：

$$\rho_m = \frac{\Sigma y_i \mu_i}{\Sigma y_i V_{M_i}} \tag{3-18}$$

同一温度、压力下，气体的密度与干空气的密度之比称为气体的相对密度。相对密度 Δ_* 的表达式为：

$$\Delta_* = \frac{\rho}{\rho_a} \tag{3-19}$$

根据式(3-16)得:

$$\Delta_* = \frac{M}{M_a} \cdot \frac{V_{M_a}}{V_M} = \frac{\mu}{\mu_a} \cdot \frac{V_{M_a}}{V_M} \tag{3-20}$$

式中, ρ_a 、 M_a 、 V_{M_a} 和 μ_a 分别为空气的密度、千摩尔质量、千摩尔体积和相对分子质量。

近似计算中可以认为 $V_{M_a} = V_M$,则:

$$\Delta_* = \frac{M}{M_a} = \frac{\mu}{\mu_a} \tag{3-21}$$

混合气体的相对密度可由式(3-18)求得:

$$\Delta_* = \frac{\rho_m}{\rho_a} = \frac{\sum y_i \mu_i}{\mu_a} \cdot \frac{V_{M_a}}{\sum y_i V_{M_i}} \tag{3-22}$$

天然气的相对密度一般为 0.58~0.62, 石油伴生气为 0.7~0.85。

当压力、温度改变时,天然气的密度计算可以采用与压缩因子计算类似的方法,首先计算出天然气的压缩因子,根据

$$p = \rho Z R T$$

得:

$$\rho = \frac{p}{ZRT}$$

也可以直接采用状态方程计算天然气的密度值。

(2) 黏度

气体和液体一样,在运动时都表现出一种叫做黏度或内摩擦的性质。气体动力黏度的定义和表示方法与液体一样,但形成内摩擦的原因却不尽相同。

当两层气体有相对运动时,气体的分子之间不仅具有与运动方向一致的由于相对移动而造成的内摩擦,而且由于气体分子无秩序的热运动,两层气体分子之间可以互相扩散和交换。当流动速度较快的气层分子跑到流动速度较慢的一层里面去时,这些具有较大动能的气体分子将对较慢的气层产生加速作用,反之流动速度较慢的气层分子跑进流动速度较快的气层里时,则对较快的气层产生一种阻滞气层运动的作用,结果两层气体之间就产生了内摩擦。

温度升高,气体的无秩序热运动增强,气层之间的加速和阻滞作用随之增加,内摩擦也就增加。所以,气体的黏度随着温度的升高而加大,与液体的黏度随温度升高而降低不同。随着压力的升高,气体的性质逐渐接近于液体,温度对黏度的影响也越来越接近于液体。

气体的黏度随压力增高而增高。在低压时,气体黏度随温度升高而增大,随着压力的增加,温度升高对黏度增大的影响越来越小,当压力很高时(100×10^5 Pa 以上),气体黏度随温度升高而降低,明显表现出类似于液体的性质。

低压时,可以根据下式来估计温度对动力黏度的影响:

$$\eta = \eta_0 \left(\frac{T}{T_0} \right)^m \tag{323}$$

式中 η_0 ——温度 $T_0 = 273.15$ K 时的动力黏度;

m ——经验指数。

气体混合物常压下的动力黏度 η 可按式(3-24)计算:

$$\eta = \frac{\sum\limits_{i=1}^{C} y_i \eta_i \mu_i^{0.5}}{\sum\limits_{i=1}^{C} y_i \mu_i^{0.5}} \tag{3-24}$$

式中　y_i——组分的摩尔分数;

　　　η_i——组分的黏度;

　　　μ_i——组分的相对分子质量。

高压下的气体黏度可根据相关文献利用查图法或经验公式求得。

(3) 湿度及露点

① 湿度

天然气在地层中与地下水接触,因此采出的天然气中有水蒸气,此混合物也称湿天然气。1m³湿天然气中所含的水蒸气量称为绝对湿度,单位为 kg/m³ 或 g/m³。

根据气体分压定律

$$pV = \frac{m}{\mu} R_M T$$

得绝对湿度为:

$$W_a = \frac{m}{V} = \frac{\mu p}{R_M T} \tag{3-25}$$

式中　W_a——天然气的绝对湿度,kg/m³;

　　　m——气体中所含的水蒸气量,kg;

　　　V——湿气的体积,m³;

　　　μ——水蒸气的相对分子质量,$\mu = 18$;

　　　p——湿气中的水蒸气分压,Pa;

　　　R_M——通用气体常数,$R_M = 8\,314J/(kmol \cdot K)$;

　　　T——气体的温度,K。

将 μ、R_M 值代入式(3-25)得:

$$W_a = 2.165 \times 10^{-3} \frac{p}{T} \tag{3-26}$$

天然气中水分较少时,水分以过热蒸汽的状态存在。当水分逐渐增多时,在一定温度下,水分只能增加至某一个最大值,即天然气已被水蒸气所饱和,气体中的水蒸气分压也达到该温度下的最大值——饱和蒸气压,此时天然气达到饱和状态。饱和时的绝对湿度为:

$$W_a^0 = 2.165 \times 10^{-3} \frac{p_0}{T} \tag{3-27}$$

式中　p_0——水的饱和蒸气压,Pa。

由于水的饱和蒸气压是温度的函数,所以饱和时 W_a^0 的绝对湿度也只随温度而变化。随着温度的升高,p_0 和 W_a^0 值都随之增大,这也说明天然气温度较高时,可以容纳较多的水分。

湿天然气实际时的绝对湿度与同温度下饱和时的绝对湿度之比为相对湿度。相对湿度 φ 的计算公式为:

$$\varphi = \frac{W_a}{W_a^0} \qquad (3-28a)$$

当气体饱和时，$\varphi = 1$。

由式(3-26)和式(3-27)得：

$$\varphi = \frac{p}{p_0} \qquad (3-28b)$$

即相对湿度等于气体中水蒸气分压与同温度下水的饱和蒸气压之比。

② 露点

未饱和的湿天然气在一定压力下冷却时，随着温度的降低，水的饱和蒸气压逐步下降，湿天然气中的水蒸气分压就逐渐接近水的饱和蒸气压。当降低至某一温度时，$p = p_0$、$\varphi = 1$，湿天然气处于饱和状态。如果继续降温，将从气体中析出水滴。使气体在一定压力下处于饱和并将析出水滴的温度称为气体在该压力下的露点。

在一定压力下降低温度时，天然气中的重烃组分也会凝析出来。开始有液态烃凝析的温度也称为露点。为使两者有所区别，分别称为水露点和烃露点。

③ 天然气中含水量计算

湿天然气中，单位体积干气所含的水蒸气量称为含水量，单位为 kg/m^3 或 g/m^3。

计算公式为：

$$W = \frac{\mu_w}{\mu_g} \cdot \frac{\varphi p_0}{p - \varphi p_0} \rho_g \qquad (3-29)$$

式中　W——天然气的含水量，kg/m^3；

　　　μ_w——水的相对分子质量；

　　　μ_g——干天然气的相对分子质量；

　　　p_0——水的饱和蒸气压，Pa；

　　　p——湿气的总压力，Pa；

　　　φ——天然气的相对湿度；

　　　ρ_g——干天然气的密度，kg/m^3。

由于天然气的密度在标准状况下 $\rho_g = \mu_g / 22.414 kg/m^3$，若 W 的单位取 g/m^3，则：

$$W = \frac{18 \times 1000}{22.414} \cdot \frac{\varphi p_0}{p - \varphi p_0} = 803 \frac{\varphi p_0}{p - \varphi p_0} \qquad (3-30)$$

气体饱和时，$\varphi = 1$，故气体饱和时的含水量：

$$W_0 = 803 \frac{p_0}{p - p_0} \qquad (3-31)$$

式中，p_0 仅仅是温度的单值函数。若不考虑实际气体与理想气体的差别。则任何气体的饱和含水量只是总压力与温度的函数。相同压力、温度下，饱和含水量是一样的。实际上，由于气体组成不同，与理想气体偏差不同，当压力较大时，就必须使用相关文献中的经验数据或根据经验公式计算。

(4) 天然气的燃烧性质

① 天然气燃烧热值

标准状态下，每单位体积或单位质量的天然气完全燃烧所发出的热量称为天然气的燃烧热值。含氢燃料燃烧时将产生水，若燃烧后水为冷凝液，则称高位热值或总热值；若水为蒸汽，则称低位热值或净热值。天然气的热值常以 MJ/m³ 为单位；若为液体油料，常以 MJ/kg 为单位。

天然气的热值可用连续计量的热值仪测量。热值仪利用天然气燃烧产生的热量加热空气气流，测量空气的温升，即可求得天然气的热值。测量热值的另一种方法是利用气体色谱仪测量气体组成，按各组分气体的摩尔(或体积)分数及纯组分气体的热值加权求得，即：

$$HV = \sum_{i=1}^{c} y_i HV_i \qquad (3-32)$$

式中　HV——热值；

　　　y_i——组分 i 的摩尔分数；

　　　HV_i——组分 i 的热值，可由物性手册查得。

若不加特殊说明，热值一般指干气的热值。若为湿气，应根据干气分压和热值、水的分压和热值加权平均求得，对总热值还应计入水蒸气冷凝成液态时释放的汽化潜热。

② 沃泊指数

沃泊指数是表征天然气向燃烧器具供热时热负荷的一种特性参数，代表燃气性质对热负荷的综合影响，常用于判别天然气的互换性。

沃泊指数定义：在规定参比条件下的体积高位发热量除以在相同的规定计量参比条件下的相对密度的平方根。

$$W = H_s / d_g^{\frac{1}{2}} \qquad (3-33)$$

式中　W——沃泊指数，kJ/m³；

　　　H_s——天然气的高热值，kJ/m³；

　　　d_g——气体的相对密度。

③ 天然气的可燃性与爆炸性

在一定的温度和压力下，只有燃气浓度在一定范围内的混合气才能被点燃并传播火焰。这个混合气中的燃气浓度范围称为该燃气的燃烧极限。燃烧时可燃物与助燃物空气中的浓度都不能过小，否则会使燃烧反应迅速减小并使释放出的热能不能补偿热量的散失，因而使混合气体不能点燃及传播火焰。这是混合气浓度过稀或过浓都不能实现顺利点火的原因。

通常把混合空气中能保证顺利点燃并传播火焰的燃气的最低浓度称之为该燃气的燃烧下限；最高浓度称为该燃气的燃烧上限。几种可燃物质(燃气)在空气中的燃烧极限如表 3-6 所示。

表 3-6　几种可燃物质(燃气)在空气中的燃烧极限

可燃物质名称	燃烧极限(体积分数)/%		着火危险度
	下限	上限	
天然气	6.5	17.0	1.6
煤气	5.3	32.0	5.0
水煤气	7.0	72.0	9.3
轻汽油	1.1		
汽油	1.4	7.6	4.4
煤油	0.7	5.0	6.1

可燃气体(如天然气)或液体蒸气(如汽油、煤油等)与空气的混合物，在一定的浓度范围内，遇有火源才能发生爆炸。这个遇有火源能发生爆炸的浓度范围，称为"爆炸浓度范围"，通常用体积分数表示。其中遇火源能发生爆炸的最低浓度称为"爆炸浓度下限"，而能够发生爆炸的最高浓度，称为"爆炸浓度上限"。一切可燃气体与空气所形成的可燃性混合物，从爆炸下限到爆炸上限的所有中间浓度，在遇有引爆源时都有爆炸的危险。可燃性气体的混合物浓度低于下限时，既不爆炸也不燃烧，是因为空气量过多，可燃物过稀，使反应无法进行。但当混合物浓度高于爆炸上限时，能够燃烧，但不爆炸；经过一段时间燃烧，混合气浓度降至爆炸限内浓度时，才发生爆炸。

由于爆炸混合物的爆炸与可燃气体混合物燃烧的不同点仅在于爆炸是瞬间完成的，故一般很难将可燃性混合物与爆炸性混合物加以严格区别。因此，这两个词往往就指同一事物。同样的道理，爆炸极限与燃烧极限也很相似。一般爆炸极限范围包括在燃烧极限范围之内，即爆炸下限与燃烧下限大体相同，而爆炸上限则比燃烧上限稍低。表 3-7 为几种可燃物质的爆炸浓度极限。

表 3-7　几种可燃物质的爆炸浓度极限

可燃物质名称	爆炸极限(体积分数)/%	
	下限	上限
天然气	4.5	13.1
车用汽油	1.58	6.48
苯	1.5	9.5
酒精	3.3	19.0

对于如天然气这种由多种组分构成的可燃气体，其爆炸极限可按各组分气体的爆炸极限及相应的公式(恰特利尔公式)计算，即：

$$U = \frac{1}{\sum_{i=1}^{n} \frac{x''_i}{U_i}} \tag{3-34}$$

式中　U——可燃气体的爆炸极限，用百分数表示；

x''_i——可燃气体 i 组分的组成分数，用百分数表示；

U_i——可燃气体 i 组分的爆炸极限，用百分数表示。

3.2.5　天然气安全知识

天然气具有密度低、可压缩、可膨胀、易迁移和扩散、易燃烧、易爆炸等不同于其他燃料的许多特殊性，决定了不论其开采、运输、存储、使用均带来较高的风险性和危险性。所以在天然气生产、运输、销售计量、使用等各个阶段，从事上述工作的人员必须了解、掌握相关的安全知识，预防、避免和控制天然气各类事故的发生。天然气发生安全事故主要包括：火灾、爆炸、中毒等。

(1) 天然气火灾产生原因、预防措施及灭火方法

① 天然气火灾发生原因

天然气是可燃气体，只要存在助燃物(如氧气或其他助燃物)以及火源，就可能发生燃

烧而引发火灾。发生天然气火灾的主要原因有以下几方面：

a. 泄漏气

天然气场、站各类生产设备、容器、管道、阀、法兰、计量仪器仪表，以及安装在天然气管道上的自动取样器、气质分析仪等，因腐蚀或密封不严造成泄漏气，气量达到一定程度遇火源而引发火灾。

b. 静电

静电电量虽然不大，但因其电压很高而容易产生火花放电。如果所在场所存在达到一定浓度的天然气、空气混合物，即可引发火灾或爆炸。

c. 碰撞与摩擦

天然气在开采、管输、储存、销售计量、使用各个环节，由于使用各种金属器具、机械设备等，如若金属物之间碰撞、摩擦，极易产生火花而引燃天然气混合物，发生火灾。

d. 电器设备开关产生的火花

高压电的火花放电。当电极带高压电时，电极周围的部分空气被电击穿，产上电晕放电现象；短时的弧光放电，一般指在开闭电路断开配线、接触不良、短路漏电等情况下，发生极短时间的弧光放电；自动控制的继电器，或在电动机的整流子或滑环等器件上随着触点的开闭而产生的微小火花放电，都有可能引起火灾或爆炸。

e. 不遵守《中华人民共和国石油天然气管道保护法》，违章、野蛮施工造成管道破裂、天然气外泄而引发火灾。

f. 硫化铁自燃引发火灾或内爆

铁被硫腐蚀后的产物——硫化铁，极易自燃。硫化铁燃烧属于自热氧化自燃类型。常温下发生氧化反应产生热量，这些热量如果不能及时散发掉，则将积聚使堆积的硫化铁温度上升，达到自燃点以上时就会剧烈地燃烧起来，从而引发火灾或爆炸。

g. 施工动火不慎，引发火灾

在天然气管道、站、场等地方，进行工程施工、动火切割、焊接作业，由于用惰性气体置换不彻底或阀门未关死，天然气窜入施工现场动火作业区，从而引起火灾或爆炸事故。

② 天然气火灾的预防

由于天然气具有易燃易爆、易扩散等特性，所以在天然气的采、运、销及使用的各个环节中，预防火灾的核心原则就是消除或避免天然气的泄漏，杜绝其积聚。具体措施如下。

a. 严格设计控制

设计是工程的根本。优秀、高质量的工程设计就是不存在缺陷及安全隐患。为此应做到：

● 严格遵循、执行国家、行业标佳、规范 [如《石油天然气工程设计防火规范》(GB 50183—2015)、《输气管道工程设计规范》(GB 50251—2015) 等]，保证设计质量，使工程设计达到技术先进、经济合理、安全可靠、管理维护方便。

● 工艺流程要适合天然气生产、输送、销售计量实际情况，站、场设计尽量采用系统密闭流程，减少气体外泄开口，必须考虑紧急关断阀和紧急泄压阀的设计。

● 工艺管网减少法兰、螺纹等活动连接部位，利用氮气或其他惰性气体保护天然气与空气隔离。

● 压力容器尽量安置在室外合适的地方。

● 尽量采用露天、开敞式建筑物(视当地天气状况)，以利于室内天然气混合气的自由扩散或稀释。

b. 做好施工质量控制

再完善的工程设计，必须通过施工得以实现。因此施工质量至关重要。对施工质量控制着重以下几点：

● 严格按照国家、行业技术标准、规程、规范进行施工，这是保障工程质量的前提条件。

● 选择施工经验丰富、组织管理能力强、资质等级合格的施工单位。

● 采购优质、可靠、耐用的设备材料，建立采购质量档案；完善验收制度。

● 聘请资质信誉好、负责任的工程监督机构。

● 严格工程验收，通过阶段验收、单项验收、施工验收，发现安全隐患，坚决、及时整改。技术资料交接齐全，以利事后质量管理。

c. 生产管理到位

● 制定并完善岗位生产责任制；按规定配齐、配全消防器材、设施。

● 管理人员、岗位操作人员实施上岗安全培训。

● 严格执行岗位责任制，按时做好管道、各类设备、仪器仪表巡查、巡检、记录等工作。

● 定期对安全隐患进行排查、整治工作，如压力容器的定期超声波检测、管道壁厚防腐检测等。

● 制定针对性的防火应急预案，完善事故应急救援措施。

③ 天然气火灾的灭火方法

a. 灭火原理

灭火分为物理作用灭火和化学作用灭火两大类。物理作用灭火是控制火灾中的物质和热量的移动，使燃烧中断，达到灭火目的。包括冷却灭火、稀释灭火、破坏火焰稳定性灭火等。

化学作用灭火是将燃烧抑制剂投入火焰中，与维持燃烧反应的活性自由基或活性基团结合，中断燃烧反应链使火熄灭。

● 冷却灭火

往火焰中喷入吸收热量大的物质，将反应热除掉，燃烧反应速度就会减慢并停止下来。这是冷却灭火原理。最常用的消防水，具备蒸发潜热大和价格低廉特点，得到广泛的应用。

● 稀释灭火

稀释灭火是减低燃烧系统中的可燃烧物质或者助燃物质的浓度，抑制燃烧反应的灭火方法。实际应用中，主要是降低空气中氧的浓度或切断空气来源。更有效的办法是将不燃烧的惰性气体充入燃烧系统中，用以稀释可燃物质和助燃物质的浓度。

● 破坏火焰稳定性灭火

在一定范围内，火焰长度随混合气浓度的增大而增长。由于燃烧速度是个极限值，混合气的可燃浓度也有个极限值，但这种比例增长关系是有一定限制的。当气流速度超过临界值时，火焰就会离开喷口远去，在此运动气团烧完后，火便熄灭。利用这个现象的灭火方法叫做破坏火焰稳定性灭火。对气井火灾用爆炸方法灭火，就是这个道理。

● 燃烧抑制灭火

在气体燃烧反应体系中，加入碱金属或卤族元素，捕捉火焰中的自由基或活性基团，使反应体系失去活化的自由基而中断燃烧连锁反应，以便熄灭。实际应用中，用钠盐、钾盐干粉灭火剂和卤代烷灭火剂就是基于这个道理。

● 断源灭火

断源灭火就是从燃烧系统中切断天然气的来源使火熄灭。具体方法就是关闭气流阀门，切断天然气的供给，使火熄灭。因此，使用任何方式灭火时，首要任务是切断气源。

b. 灭火方法

● 断源灭火

千方百计关闭供应阀门，切断气源，中止燃烧。在这一操作过程中，特别注意防止关错阀门。如若火势逼近欲关阀门，则应先灭火，再关阀。

● 灭火剂灭火

扑救天然气火灾，选择水、干粉灭火剂、卤代烷灭火剂、蒸汽、氮气及二氧化碳等灭火剂灭火。

● 堵漏灭火

对气压不大的漏气火灾，可用湿棉被、湿毛毯、湿麻袋或黏土等封堵住着火口，隔离空气，使火熄灭，然后进行封堵泄漏点。

c. 灭火注意事项

● 扑灭含有较高浓度的硫化氢天然气，现场人员应戴好防毒面具或防护面罩，以防中毒。

● 进入现场严禁穿带铁钉鞋和化纤服装，操作使用各种消防器材、工具、手电、手抬泵、车辆等严禁产生火花。

● 为排除室内天然气需拆卸门窗时应选择侧风向，使用木棍击碎玻璃。

（2）天然气爆炸事故及其预防

天然气发生爆炸事故，其条件与原因与天然气火灾基本一致，即：存在泄漏或窜出天然气；天然气与空气混合后，达到天然气爆炸极限范围内的浓度；周围存在足够引爆天然气混合气体的引燃能量，如火花、电弧、高温等。

根据燃烧原理，防爆与防火原理是一致的。防爆的根本办法就是消除或控制燃烧爆炸的三要素：

a. 控制和杜绝天然气泄漏

防止和杜绝天然气的泄漏和积聚，使其不能达到爆炸浓度极限范围内，这是防止爆炸事故的首要措施。具体实施注意以下几点：

● 将有泄漏危险的设备、装置尽量安装在露天或半露天的场所，以利于泄漏天然气的扩散、稀释。采用室内厂房，则应有良好的通风或加装必要的防爆强制通风设备。

● 各种生产设备、计量仪表在投入运行前和定期检修时（或结合计量器具周期检定）应检查其密封性和耐压强度。各类设备、阀门、法兰、管件、接头等处，应经常检查（可用肥皂液、化学制剂及分析仪器），检查气密情况，发现隐患及时处理。

● 对管输的管道，需动火而又无法用惰性气体进行置换，应采取得力措施严防空气窜入管道内。

- 盛装天然气的罐、塔、管道及各种容器等，在检修时，必须用惰性气体（如氮气）进行充分置换，并经分析检测合格。与外部相连接管道应用盲板隔开。

- 设备、管线上的一切排气、放空管都应延伸出室外，并考虑周围建筑物高度及四邻环境。

- 采用天然气作燃料的锅炉、加热炉等设备运行时，防止熄火、回火。

b. 消除着火源

存在有燃烧、爆炸混合气体的危险场所，必须防止产生和彻底消除可以点燃爆炸性混合气体的各种火源。具体包括：

- 明火。严禁吸烟并携带火柴、打火机等火种，并设立明显警示标志。

- 只许用防爆型照明灯。

- 进行检修如需用明火（如火、电焊、喷灯等），必须严格执行动火制度，做好防范措施。

- 对储罐、管道进行焊割检修时，如因故中断作业，需再继续进行焊割作业时，必须重新采集气样，进行分析检测。

c. 防止、避免摩擦和撞击

金属的摩擦和撞击，往往成为天然气着火爆炸的根源之一，为此采取行之有效的措施，杜绝容易产生火花的摩擦与撞击发生。具体应注意以下事项：

- 机械设备轴承等转动部分，应处于润滑良好状态，防止出现干摩擦；机件易摩擦部分，采用有色金属制造的轴瓦，以消除火花。

- 一些工具和通风机上的风翼，应采用铜合金制造。

- 搬运储存天然气的金属容器，禁止在地上拖拉和抛掷。

- 禁止穿带铁钉鞋进入易燃烧易爆炸的危险场所。

d. 防止电火花产生

电火花是引起天然气着火爆炸的另一个重要火源。为此，在天然气场、站内所有的电气动力设备和照明装置，都必须符合防爆的安全要求。具体要求如下：

- 电线要绝缘，并用铜管保护。

- 应采用防爆等级达标的电气设备，如防爆电机、防爆开关、接线盒、灯具、控制器、电话等。

- 电气设备的保险丝必须与额定的容量相适应。

- 有些设备停运应切断电源。

e. 防静电放电

在严冬和暑夏、气候干燥处，最易产生静电。当静电负荷达到一定电压时，放电的火花就可能引起火灾或爆炸事故。为此应注意以下几点：

- 不允许用平皮带传动机，可用三角皮带。

- 接地导走静电是消除静电常用的方法，因此，易产生静电的设备必须有可靠的接地。

- 在室内厂房，最好采用环形接地网。

f. 防雷电

对易遭雷电击的建筑物、构筑物、露天生产设备等必须安装避雷设备，并定期检查其完好状况。

(3) 天然气中毒及其防治

① 天然气中毒及危害

严格讲"天然气中毒"这句话是不准确的，因为天然气的主要成分是甲烷，甲烷是无毒的。所以广义地讲，"天然气的中毒"是指天然气中有害组分(如硫化氢、二氧化碳、二氧化硫等)引起的中毒以及甲烷、二氧化碳引起的窒息。

在含硫天然气的生产、输送、脱硫及外销计量过程中，因跑冒滴漏等原因，使工作环境充满有毒的硫化氢气体。当硫化氢气体浓度达到 20mg/m³时，就可以引起人暂时的轻度中毒，出现恶心、头痛、头晕、疲倦、胸部压迫感及眼、咽喉黏膜的刺激性症状；当硫化氢浓度达到 60mg/m³，即发生剧烈的中毒症状，出现抽搐、昏迷、甚至导致呼吸中枢麻痹而死亡。

不含硫化氢天然气或者经过脱硫处理直接管输的天然气，如失控泄漏室内使空气中甲烷浓度增长，氧含量降低。当甲烷含量达到 10%以上时，现场人员就会出现虚弱、眩晕等脑缺氧症状；当空气中含氧量低于 7%时，则呼吸紧迫，面色发青，进而失去知觉，窒息死亡。在通风不畅的室内燃烧天然气也可能引起中毒或窒息。其一，是室内通风不畅，天然气燃烧消耗大量氧气而得不到补充，使空气中含氧量迅速下降，同时二氧化碳又大量产生，在这双重作用下，室内人员因缺氧而窒息；其二，在通风不畅或室内密封较严，天然气燃烧时，由于空气不足而燃烧不完会产生大量一氧化碳引起一氧化碳中毒。

② 天然气中毒的防治

由于天然气中毒原因多种多样，因此制定预防措施也必须有针对性。天然气中毒归纳起来主要分两个类型，即含硫化氢天然气中毒和天然气应用中毒。

a. 含硫化氢天然气中毒事故的预防

含硫化氢天然气主要在油气田钻井、采、输气和脱硫处理过程出现。因此在上述各个生产过程中做好防毒工作，保护人员健康和生命安全至关重要。为此做好如下几项工作：

(a) 教育和培训

● 使现场工作人员充分认识防毒的重要性，严格遵守各项防毒规章制度。

● 了解硫化氢基本物理化学性质及其各种浓度对人体的影响及伤害。

● 了解现场风向和充分通风的重要性。

● 熟悉紧急情况下现场作业人员撤离路线。

● 要能正确使用防毒面具、会操作供氧设备、硫化氢探测仪、二氧化硫探测仪等仪器仪表。

● 懂得如何救护中毒者的基本知识。

(b) 配齐、配足防护设备

在现场，配备防止硫化氢中毒的安全设备尤为重要，主要包括防护面具、硫化氢检测仪，并会熟练使用。防护面具数量配备要有余量。平时详细阅读使用说明，并经常演练。

(c) 制定防毒工作制度和相应措施

● 防毒面具使用。

● 防毒面具的检查和保养。

● 对硫化氢检测仪、二氧化硫检测仪的定期检查、调试。

● 风向指示和报警系统检查、维护，使其保持灵活和敏感。

b. 天然气应用中防毒措施

民用及多数工业用管输天然气是经过净化脱硫处理的不含硫的天然气。当其大量泄漏于缺乏通风条件的室内时可导致窒息性中毒。另外，在缺少通风条件下的室内燃烧天然气，容易发生两种情况：一是燃烧时供氧不足，产生大量一氧化碳，而导致人体中毒；二是天然气燃烧时，消耗室内大量氧气同时产生大量二氧化碳，且浓度过高引起人体中毒。针对上述情况，其预防措施如下：

（a）经常(定期或定时)检查阀门、管道、胶管等连接处是否失控、松动、损坏，及时修理或更换，以防漏气。

（b）在室内使用天然气时，经常保持良好的通风状态，以及时排出可能泄漏的气体。

（c）不可在缺乏通风条件的卫生间使用天然气热水器，以防发生缺氧窒息或一氧化碳中毒。

（d）一般燃烧着的天然气炉具，必须时时有人监管以防开水溢出淋熄；或遇阵风吹灭火焰造成大量气体外泄。

第4章　油品计量方法

4.1　散装油品测量方法

散装油品的计量，目前以人工测量作为计量的基本方法，还常被采用作为对外贸易的一种交货手段。

人工计量的特点：设备简单，便于操作，能取得较高的测量精度。目前油罐（车）油品交接数量的认定，仍以人工操作所取得的数据为准。

人工计量一般测量的数据：油水总高、水高、计量温度、取样测量密度（试验温度）和大气温度，然后根据这些条件并借助容器容积表和《石油计量表》（GB/T 1885—1998）来计算出该容器内油品的质量。

用人工测量的方法对容器内的液态石油产品作静态计量时，其结果准确度分别为：

立式油罐±0.35%；卧式油罐±0.7%；铁路罐车±0.7%；汽车罐车±0.5%。

石油计量按其目的可分为交接计量、盘点计量、中间计量三种。

为确定接收入库或发出库液体石油产品数量或在发生超溢耗需要提赔前进行复核而作的计量称交接计量。交接计量又分为外贸交接和国内交接两种。

为盘点非动转油罐的存量或盘点以流量计发货后油罐存量而作的计量称盘点计量。

大批量接收或发放油品时为了了解动转速度，控制油面高度，经过一定时间间隔对收（发）油油罐进行的计量称中间计量。

交接计量和盘点计量为全过程计量，中间计量为部分计量。

4.1.1　油罐技术要求

人工计量，容器是主体，因为油是装在油罐或罐车这些容器内的。要计算出容器内油品在调入、销售、储存中准确的数量，都要在容器内采集到一系列基本数据，然后通过计算才能得到。因此，要求储油容器处于良好的技术状态，以满足石油人工计量的需要。

（1）油罐分类

油罐按建造材料划分为金属罐和非金属罐。金属罐材料主要采用 Q235 平炉沸腾钢板（油罐环境温度低于−10℃的采用 Q235A 平炉镇静钢板），非金属罐材料主要采用玻璃钢，极少数采用水泥混凝土。

油罐按建造位置划分为地上罐、地下或半地下罐和山洞罐等，绝大部分油库油罐均为地上罐，由于某种需要才建造其他罐。按设计规范要求，目前的加油站油罐建造位置均应为地下罐。

油罐按几何形状划分为立式圆柱体、卧式圆柱体和球体三种。立式油罐只有罐身为立式圆柱体，罐顶为多种形状，主要建在油库；卧式油罐只有罐身为圆柱体（汽车罐车和部分铁路罐车为椭圆体），罐顶除平顶外还有多种形状，主要建在加油站。球形罐是一种压力容器，罐体为球体，主要建在炼油厂、液化气站，用于储存液氨、液化石油气、液化天然气及各种压缩气体等。

立式金属油罐结构为：基础、罐底、罐壁、罐顶。基础层由下至上分别为素土、灰土、砂垫、沥青砂防腐层。罐底、罐壁材料为不低于4mm的钢板，罐顶按结构分为拱顶和浮顶。拱顶罐(图4-1和图4-2)顶为球缺形，要求有较大的刚性；浮顶分为外浮顶和内浮顶。外浮顶(图4-3)是由敞开的立式圆柱体罐体和浮在油面上的金属圆盘顶构成的整体，浮顶由浮盘、密封装置、浮盘附件等组成。内浮顶罐(图4-4)是在普通的立式圆柱体拱顶罐内建造浮顶，浮顶随液面的升降而升降。过去浮顶罐通过竖在油罐内的量油管进行计量，因为达不到准确计量的目的，现新建油罐已无此装置，以浮盘上半密封的量油孔所取代。

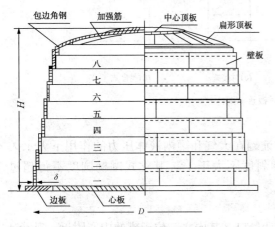

图4-1　立式球形拱顶油罐

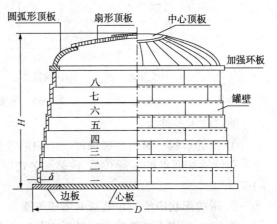

图4-2　立式准球形拱顶油罐

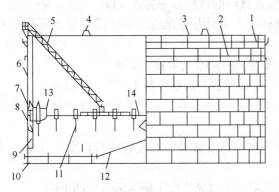

图4-3　外浮顶罐结构示意图

1—抗风圈；2—加强圈；3—包边角钢；4—消防泡沫挡板；
5—转动扶梯；6—罐壁；7—密封装置；8—刮蜡板；
9—量油管；10—底板；11—浮顶立柱；12—排水折管；
13—浮船；14—单盘板

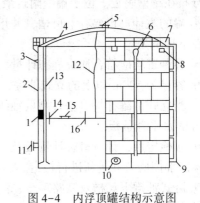

图4-4　内浮顶罐结构示意图

1—密封装置；2—罐壁；3—高液位报警装置；
4—固定罐顶；5—罐顶通气孔；6—消防泡沫装置；
7—罐顶人孔；8—罐壁通气孔；9—液位计；
10—罐壁人孔；11—带芯人孔；12—静电导出线；
13—量油孔；14—浮盘；15—浮盘人孔；16—浮盘立柱

卧式金属油罐结构为：罐身、罐顶和加强环等，两端罐顶形状分为：平顶、弧形顶、圆台顶、锥顶、球缺顶、半椭球顶。其罐体承受内压的能力为0.1~2MPa。

球形罐结构为：球罐本体、支撑构件和其他附件。

油罐按钢板焊接方式划分为：对接与搭接。浮顶立式金属罐和大部分卧式金属罐，钢板焊接通常为对接，拱顶立式金属罐和一部分卧式金属罐钢板焊接为搭接。搭接方式卧式金属罐为交互式，立式金属罐则有交互式、套筒式和混合式，如图4-5所示。

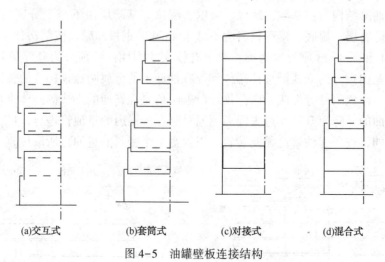

(a)交互式   (b)套筒式   (c)对接式   (d)混合式

图4-5　油罐壁板连接结构

油罐技术条件为：

① 罐的形状、材料、加强件、结构形式保证罐在大气和罐内液体压力的作用下无永久变形和计量基准点的实际位置不变，立式罐倾斜度不大于1°，其立式罐椭圆度不得超过±1%。

② 罐的形状应能防止装液时形成气囊。

③ 2000m³以上的新建立式油罐应具有5个计量口。其中之一位于罐的中心附近，其余4个均分布在罐壁附近。位于罐壁附近最少受阳光曝晒的计量口为主计量口。

④ 罐的主计量口要有下尺槽，并用铭牌标明上部计量基准点。立式罐、卧式罐量油投尺点在下尺槽处。

⑤ 各种罐均应符合油罐静态计量装置的安装、使用及其他技术要求。

⑥ 容量为500m³以上的立式油罐，计量口中心位置与罐壁距离不应少于700mm。

⑦ 当立式油罐计量口垂直测量轴线下方的罐底不水平时，在其上方应设有直径不小于300mm的水平计量板。

⑧ 罐检定后，计量口、计量板及下尺槽不得拆卸、转动、改装或改变位置，如必须改变经检定部门同意并重新进行检定。

⑨ 卧式油罐下尺槽及铁路罐车、汽车罐车帽口加封处应位于罐体垂直径的上端。

⑩ 每个油罐铭牌应有以下内容：

罐号；标称容量；上部基准点位置；参照高度；生产厂。

⑪ 油罐计量检定规程和检定周期为：立式金属罐检定规程为JJG 168—2005，检定周期为4年；卧式金属罐检定规程为JJG 266—96，检定周期为最长不超过4年；球形金属罐检定规程为JJG 642—2007，检定周期为5年；汽车油罐车的检定规程为JJG 133—2005，检定周期初检1年，复检2年；铁路罐车容量检定规程为JJG 140—2008，装载油品的铁路罐车检定周期与厂检周期相同，均为5年。经过厂修、大修、更换罐体或底架、发生事故定为中破或大破的铁路罐车，修竣后均应进行罐体容积检定；油船检定规程为JJG 702—2005，检定周期为10年。

（2）油罐附件

油罐附件是保证油罐在收、发、储存油料时以达到方便工作、保障安全的必要构件，是油罐组成的重要部分，主要包括：

① 进出油管

安装在立式油罐第一圈板下部，油库卧式油罐的端板下部和加油站埋地卧式罐的人孔处，连接油罐阀门，是油罐重要设备之一。

② 机械呼吸阀

装在油罐顶部，其工作原理是利用自身阀盘的重量来控制油罐的呼气压力和罐内真空度。当罐内进油或油温升高，气体达到阀的控制压力时，阀被顶开，罐内气体通过呼吸阀逸出；当油罐出油或油温降低，罐内真空达到控制的真空度时，罐外大气顶开呼吸阀进入罐内。

③ 阻火器

由防火箱、铜丝网和铝隔板组成，装在油罐呼吸阀下面，起阻火作用。

④ 消防泡沫产生器。

装在立式油罐上圈板上部，起扑灭罐内火灾的作用。

⑤ 通气阀

装于挥发性能较差油品的罐顶上，起调节罐内气压作用。

⑥ 加热器

用于加热高黏度、高凝点的重质油品，以防止凝固，提高流动性。

⑦ 量油口

垂直焊接在油罐板上，用以测量罐内油料。量油口设有盖和松紧螺栓，盖下有密封槽，并嵌有耐油胶垫。管内侧镶有铜(铝合金)套和导尺槽(投尺槽)。

⑧ 膨胀管(回油管)

下端同输油管道连接，上端装在油罐顶板上，中间有阀门。油管作业时，将阀门关闭，防止串油；不作业时，将阀门打开。其作用是当发油管道受热温度升高，致使管内油料膨胀气化，沿膨胀管输入油罐，防止附件爆损。

⑨ 放水管及放水阀(虹吸栓)

装在立式罐第一圈板下缘(有的装在底板集油坑上)，罐内部分弯向罐底，罐外部分装有阀门，用以放出罐底部垫水。

⑩ 人孔

装在立式油罐第一圈板上，或卧式油罐顶部，直径 600mm，为了进出油罐、清除水杂和采光通风。

⑪ 光孔

装在立式油罐顶板上，直径 500mm，用于采光。

⑫ 扶梯

主要为旋梯，供操作人员上下油罐用。

⑬ 导电接地线

一端焊在油罐底板边缘或圈板上，一端埋入土中一定深度。由于罐底部涂有防腐层，罐基础垫有沥青砂(细沙)与地形成绝缘。接地线的作用，使罐在输转油料时产生和聚集的静电，通过接地线导入地下，防止因静电作用引起油罐着火。

⑭ 避雷针

焊接在油罐顶部或圈板边缘外，起防雷击作用。

⑮ 呼吸阀挡板

用来减少油品蒸发损耗的附件，设在呼吸阀和阻火器的下面，是伸入罐内的一个圆形挡板。由于罐内进口有挡板挡着，罐外的空气进入受到一定的阻碍，从而减少了油品蒸发损耗。

（3）铁路油罐车

铁路油罐车(图4-6)是运输液体石油产品的车辆。在目前情况下，它既是运输工具，又是主要的计量器具。

图4-6　铁路油罐车

① 铁路罐车的基本组成

铁路罐车基本由走行部、制动装置、车钩缓冲装置、车体、附件组成。

走行部的作用一是承受车辆自重和载重，二是在钢轨上行驶，完成铁路运输位移的功能。

制动装置的作用是保证高速运行中的铁路罐车能在规定的距离内停车，在运行中减速或使调车作业的罐车停车的装置。

车钩缓冲装置的作用一是将机车与车辆、车辆与车辆之间互相联挂，联成一组列车或车列；二是能传递纵向作用力，包括机车传动的牵引力和制动时产生的冲击力；三是缓和机车与罐车间的动力作用。

车体由底架和罐体等部分组成，底架是车体的基础，主要承受作用于车辆上的牵移力、冲击力和载重，罐体承受载重和其他力。

车辆附件主要有呼吸阀、泄油阀、外梯、走板、吸油口、进气口、遮阳罩等。

② 铁路罐车的分类

铁路罐车根据所运货物的不同，主要分为：

a. 轻油罐车

凡充装的油品黏度较小，密度≤0.9g/cm³的罐车称为轻油罐车，由于轻油类液体渗透能力强，易蒸发，易膨胀，所以采用上装上卸式，罐体外部涂刷成银白色。

我国目前使用的轻油罐车有：G_6、G_9、G_{13}、G_{15}、G_{16}、G_{18}、G_{19}、G_{50}、G_{60}、G_{60A}、G_{17G}、G_{70}、G_{70A}、G_{70B}等。图4-7为国产 G_{50} 型 50m³ 轻油罐车。

b. 黏油罐车

凡充装的油品黏度较大，密度约在 $0.9 \sim 1g/cm^3$ 的罐车称为黏油罐车。由于充装介质黏度、密度较大不易渗漏，所以采用下卸式。因在低温时易凝，外设半加温套给罐车加温。运送原油的铁路罐车罐体外表涂刷成黑色，运送成品黏油的铁路罐车罐体外表涂刷成黄色。

我国目前使用的黏油罐车有 G_3、G_{12}、G_{12s}、G_{14}、G_{17}、G_{17A}、G_S、G_L、G_{LA}、G_{LB} 等。图 4-8 为 G_{12} 型 $50m^3$ 黏油罐车。

另外还有酸碱罐车、液化气体罐车、粉装货物罐车。

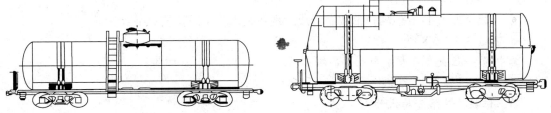

图 4-7　G_{50} 型 $50m^3$ 轻油罐车示意图　　　　图 4-8　G_{12} 型 $50m^3$ 黏油罐车示意图

③ 铁路罐车的罐体容积

a. 总容积(V_Z)

铁路罐车罐体除空气包及人孔鞍形容积之外的结构容积，也就是当液体灌装到与罐体上外表面相平时，液体所占罐体的容积叫总容积。一般用 m^3 表示，容积计量时用 dm^3 表示。总容积是计算罐体有效容积、编制套表和制作容积表的依据。

b. 有效容积(V_X)

可以用来装运液体、流体货物并能保证铁路罐车安全的容积。既能保证货物不超装、不超载，又能保证货物体积膨胀后在运输过程中不外溢的体积。

c. 空容积(V_K)

留做液体升温膨胀及冲击振动不外溢的空载容积。空容积与有效容积之比为 $4\% \sim 5\%$。

d. 全容积(V_Q)

罐体内能够灌装液体，静态时不外溢的容积。

e. 检定容积(V_J)

对铁路罐车容积强检测试或标定后所给出的容积称为检定容积，检定容积与总容积是相近的。总容积与检定容积的容积误差为总确定度 $\pm 0.4\%$。

f. 几种容积间的关系

$$V_Q > V_Z > V_X > V_K$$

$$V_Z = V_X + V_K$$

$$V_K = (4 \sim 5)\% V_X \text{ 或} (2 \sim 3)\% V_X$$

$$V_J = (1 \pm 0.4)\% V_Z$$

④ 铁路罐车的标记

为了便于铁路车辆的运用和管理，将车辆型号、性能、配属及使用注意事项等在车体的明显部位用规定的符号标示出来，这种规定的符号叫做车辆标记，铁路罐车的标记是铁道车辆标记中的一种，其标记分为多种类型，与计量相关的标记分述如下：

a. 车号

车号由基本记号、辅助记号和号码组成。基本记号和辅助记号合称为车辆型号，简称车型。

● 基本记号。是把铁道车辆名称用汉语拼音简化后的字母表示，如罐车汉语拼音GUANCHE，简化后用"G"表示。

● 辅助记号。使用同一名称的车辆，有的结构特征不同，为了便于更详细地区分，用不同的阿拉伯数字标在基本记号的右下角，用以表示车辆特征，这种记号叫辅助记号，如 G_{60} 的"60"， G_{17} 的"17"。

● 号码。原由 1~6 位阿拉伯数字组成，现在改为 7 位阿拉伯数字。

如：0 1 3 5 2 6 8

其中 第一位数为 0 表示企业自备罐车；

第二位数为铁路局代号；

第三位数为铁路分局代号；

第四位数为车辆段代号；

第五至第七位数为顺序号。

b. 载重

表示该货车的最大装载货物能力，以 t 为计量单位。

c. 自重

在空车状态时，车辆自身的质量以 t 为计量单位。新造铁道车辆以定型生产前三辆车的平均自重为准。在改造和修理后，当发生 100kg 以上的自重变化时，要对自重标记进行修改。因此，铁路罐车的自重标记显示的标记自重，不能作为铁路罐车质量的计量依据，原因是：

● 标记的自重是定型生产的前三辆罐车自重的平均值，并非该车的真实自重；

● 标记自重的理论误差为 100kg；

● 在运用过程中，铁路罐车的 8 个车轮直径因磨损会在 75~840mm 之间变化，将给标记自重带来约 1017kg 的最大误差。

● 铁路罐车的 8 块闸瓦厚度在运行中可被磨损到 10mm 厚，可给其标记自重带来约 97kg 的最大误差；因而标记自重会产生 1114kg 的最大误差，所以，铁路罐车的空车质量必须以衡器称量的质量为准。

d. 换长

铁道车辆在编组时所占用铁道线路的换算长度简称为换长。一辆车两车钩钩舌内侧面（勾舌在闭锁位置时）的距离称为车辆全长，以 m 为计量单位。车辆全长除以 11m 为换长数（因 G_1 型货车的全长为 11m），保留小数一位，尾数四舍五入。换长无计量单位。

e. 容积

铁路货车可供装载货物的容量称为货车容积，铁路罐车等以 m^3 表示；平车以长、宽替代容积标记；其他货车以内长×内宽×内高，以 m 为计量单位，作为容积标记。

f. 危险标记

装运酸、碱类货品的罐车及运送危险品的特种车，在车体（或罐车罐体）四周涂刷宽为 200mm 的色带（有毒品为黄色、爆炸品为红色），并在每侧色带上或色带中间留空涂刷红色的"危险"字样。如果车体已为黄色时，只涂刷"危险"字样。

g. 车辆检修标记

铁道车辆应涂刷各类检修标记，注明检修单位、日期及到期日期等。

厂修、段修标记涂刷在一处，其上部为段修标记，下部为厂修标记。右侧是本次检修的年、月和检修单位简称，左侧为下次检修年、月。厂、段修标记涂刷在车体两侧左端下角。铁路罐车的厂修标记是该辆罐车容积检定日期的鉴证，是该辆罐车罐体上喷涂容积表是否在有效期内的依据，也是顾客向国家铁路罐车容积计量站检索查询该罐车相关信息的基础资料。

h. 铁路罐车的检修周期与检定周期

油品类铁路罐车段修周期、厂修周期和容积检定周期分别为 1 年、5 年、5 年。

⑤ 铁路罐车罐体型号与车辆型号的区分与判断

铁路罐车在作为计量器具时，为了便于判断和管理，在我国对保有 50 辆以上的主型铁路罐车，人为地给予了编号，称为罐体型号。罐体型号对铁路罐车容积计量和容重计量影响很大。因此，对其进行正确的区分与判断是十分重要的。

区分与判断的方法是按结构因素进行判断的，见表 4-1。可以看出在有些铁路罐车上，一种罐体型号就对应一种车辆型号，这种铁路罐车判断是比较容易的。但有些是同一种车辆型号包含着不同罐体型号；有些是同一种罐体型号包含了不同车辆型号的铁路罐车；还有一些具备同一结构特征的铁路罐车罐体型号与车辆型号，其区分和判断是比较困难的。下面分别介绍简单的判断方法。

表 4-1　车辆型号与罐体型号结构因素区分表

顺号	车辆型号	罐体型号	低架			罐体		管体内径/mm	罐体内长/mm	保温加温装置	（载重/t）/（总容积/m³）	产地
			长侧	短侧	无	搭焊	对焊					
1	G₃	500		O			O	2050	8960		25/29.1	
2	G₃	500		O			O	2100	8959		25/30.6	
3	G₅、G₉	4	O				O	2600	9578		50/49.8	独联体
4	G₁₀	G₁₀-DE	O				O	1890	9676		50/28.5	
5	G₁₀	G₁₀-DA	O				O	1880	9976		50/28.5	
6	G₁₁	G₁₁-A		O			O	2200	10280	半加温套	65/39	
7	G₁₁	G₁₁-B		O		O	O	2200	10280	半加温套	65/33.33	
8	G₁₂、G₅₀	604		O			O	2600	10004		50/52.5	
9	G₁₂、G₁₆、G₅₀	605					O	2600	10138		—/52.5	
10	G₁₄	602					O	2582	10048			原民主德国
11	G₁₅	601	O				O	2600	9572			罗马尼亚
12	G₁₇、G₁₇A、G₆₀、G₆₀A、G₈	662			O		O	2800	10383 10428			
13	G₁₈	G₁₈					O	2800	9985			罗马尼亚
14	G₅₀	600	O				O	2600	9968			

顺号	车辆型号	罐体型号	低架			罐体		管体内径/mm	罐体内长/mm	保温加温装置	（载重/t）/（总容积/m³）	产地
			长侧	短侧	无	搭焊	对焊					
15	G_{60}	600A	O				O	2800	10383			
16	G_{60}	600B		O			O	2800	10383			
17	G_{LA}、G_{IB}、G_L	G_L					O	2600 2800	10026 10198			
18	G_{AL} G_C-L-60	G_{AL}					O	2300	10400			
19	G_C-J-60	G_C-J-60					O	2600	10400			

注：O 为选择该种情况。

a. 同一种车辆型号包含不同罐体型号的判断与确认

• G_{60}铁路罐车的通用特征：内径 2800mm；内总长 10410mm；罐体对接焊；罐体无外半保温套。其包含 662、660A、660B 三种罐体型号，区分见表 4-2。

表 4-2　G_{60}铁路罐车

罐体型号	空气包	底架形式	容积表字头
662	无	有	A
660A	圆型	有	K
660B	椭圆型	无	L

• G_{50}铁路罐车通用结构特征：罐体内径为 2600mm；无外半保温套；内总长为 10m 左右。区分见表 4-3。

表 4-3　G_{50}铁路罐车

罐体型号	空气包	罐体焊接	容积表字头	内总长/mm
600	圆型	搭接	D	9976
604	圆型	对接	B	10004
605	无	对接	C	10108

• G_{12}铁路罐车通用结构特征：内径 2600mm；内总长 10m；有外半保温套。区分见表 4-4。

表 4-4　G_{12}铁路罐车

罐体型号	空气包	容积表字头
604	圆型	B
605	无	C

• G_{10}铁路罐车通用结构特征：内径 1880～1890mm；内总长为 10004mm。区分见表 4-5。

表 4-5 G₁₀铁路罐车

罐 体 型 号	罐 体 焊 接	内径/mm	容积表字头
G₁₀-DE	对接	1890	FA
G₁₀-DA	搭接	1880	FB

● G₁₁铁路罐车通用结构特征：内径 2200mm；内长 10280mm；有外半保温套。其区分见表 4-6。

表 4-6 G₁₁铁路罐车

罐 体 型 号	空 气 包	容积表字头
G₁₁-A	无	FC
G₁₁-B	有	FD

● G₃铁路罐车的通用结构特征：罐体对接焊接；内总长为 8956mm。区分见表 4-7。

表 4-7 G₃铁路罐车

罐 体 型 号	内径/mm	上罐厚/mm	下罐厚/mm	容积表字头
500(φ2050)	2050	8	10	I
500(φ2100)	2100	5	12	J

b. 同一种罐体型号包含不同车辆型号的判断与确认

● 662 型铁路罐车的通用特征：罐体内径 2800mm；内总长 10410mm；罐体各板对接焊接；罐体无空气包等。其区分见表 4-8。

表 4-8 662 型用 A 表

车辆型号	外半保温套	底架形式	排泄阀	端板保温套	装运物品	罐体型号
G₆₀	无	有	无	无	轻油	662
G₆₀ₐ	无	无	无	无	轻油	G₆₀ₐ
G₁₇	有	有	有	有	黏油	662
G₁₇ₐ	有	无	有	有	黏油	G₁₇ₐ
Gₛ	有	有	无	无	黏油	662

● 604 型铁路罐车的通用特征：罐体内径 2600mm；内总长 10004mm；罐体各板对接焊接；罐体有空气包等。其区分见表 4-9。

表 4-9 604 型用 B 表

车辆型号	外半保温套	装运物品	外涂色彩	排泄阀
G₅₀	无	轻油	银色	无
G₁₂	有	黏油	黑色或黄色	有

● 605 型铁路罐车的通用结构特征：罐体内径 2600mm；内总长 10108mm；罐体各板对接焊接；罐体无空气包等。其区分见表 4-10。

表 4-10　605 型用 C 表

车辆型号	外半保温套	底架形式	外涂色彩	罐装货物
G_{50}	无	有	银色	轻油
G_{16}	无	无	银色	轻油
G_{12}	有	有	黑色或黄色	黏油

- 罐体型号为 4 型的铁路罐车的通用结构特征：罐体内径 2600mm；内总长 9578mm；有空气包；端板与罐体圆直筒搭接焊接等。其区分见表 4-11。

表 4-11　4 型用 F 表

车 辆 型 号	转向架型号	转向架特征
G_6	转 48 型	构架为拱板式
G_9	转 7 型	构架为铸钢式

c. 具备同一结构特征铁路罐车罐体型号及车辆型号的区分与确认

- 具备无中梁结构特征的铁路罐车的区分见表 4-12。

表 4-12　无底架、无中梁的铁路罐车

车辆型号	罐型	表字头	内径/mm	半保温套	空气包	直筒形状
G_{16}	605	C	2600	无	无	圆直筒
G_{17A}	G_{17A}	A	2300	有	无	圆直筒
G_{19}	无	XB173	2800	无	无	圆鱼腹
G_{60}	660_B	L	2800	无	有	圆直筒
G_{60A}	G_{60A}	A	2800	无	无	圆直筒

- 具备椭圆空气包结构特征的铁路罐车的区分见表 4-13。

表 4-13　有椭圆空气包的铁路罐车

车 型		G_{14}	G_{15}	G_{18}	G_{60}
罐 型		602	601	G_{18}	660_B
容积表字头		H	G	E	L
外半保温套		有	无	无	无
底架形式		有	有	有	无
内径/mm		2582	2600	2800	2800
空气包	长/mm	2400	2700	3200	2300
	宽/mm	1450	1500	1500	1750
	高/mm	450	400	300	600
空气外包横筋		无	三根	二根	二根
外漆色		黄色	银色	银色	银色

- 具备罐体搭接结构特征铁路罐车的区分见表 4-14。

表 4-14 罐体搭接的铁路罐车

车 型	罐 型	表字头	内径/mm	搭接部位	转向架型号	转向架特征	灌装货物
G_6	4	F	2600	直筒与端板	转48型	拱板构架	轻油
G_9	4	F	2600	直筒与端板	转7型	铸钢构架	轻油
G_{10}	G_{10}-DA	FB	1880	上板与下板	转6型	铸钢构架	废碱
G_{50}	600	D	2600	上板与下板	转4型	铸钢构架	轻油

⑥ 铁路罐车计量人员的工作程序

铁路罐车是一种可移动的特殊的计量器具。特别是在装卸货物时，罐车仍然停留在铁路的路轨上，因此对从事作业的计量员有些特殊的要求，其工作程序共分 4 个阶段：

a. 计划阶段

从管理计划开始，到提出检尺计量任务为止。整个阶段由管理人员完成。

b. 准备阶段

从计量员接受检尺计量任务开始，到实际测试操作前为止。主要的工作有"七确认"，即：

- 确认罐体型号和容积表号是否正确；
- 确认罐内液体的种类和质量好坏；
- 确认所装油品装入罐车的准装高度；
- 确认环境条件良好，罐体正常。即保护环境：无毒氖、无风、无雨雪、无砂尘；
- 确认安全防护设备性能良好，安装正确。即：

　　白天红旗，夜间红灯；

　　安设脱轨器，主要包括手动、机械、电动、移动式等多种类型；

　　关闭道岔，手工加锁、调度台电锁；

　　安设响墩；

　　人工瞭望。

- 确认劳动保护用品作用良好，穿戴齐全；
- 确认计量器具及记录用品作用良好、齐全，主要包括测深钢卷尺、保温盒、温度计、取样筒、密度计、笔、纸(表)等。

c. 测试阶段

测液高、测计量温度、取样、测视温和视密度。

d. 处理阶段

包括数据审核、软件计算和计算单的核发等。

(4) 汽车油罐车

汽车油罐车是公路运输液体石油化工产品的特种专用车，规则的汽车油罐车由专门设备制造厂生产。目前我国汽车油罐车容量一般为 $5m^3$、$8m^3$、$10m^3$、$15m^3$。不规则的汽车油罐车也可由具有相应技术条件和生产许可证的单位制造安装，其容量范围一般为 $2\sim30m^3$。

汽车油罐车(图 4-9)由油罐、汽车车身(包括车架、底盘、发动机)和附属设备三部分组成。油罐罐体形状是根据公路运输燃料油的流动性特点，结合车型等设计制造的，一般为椭圆形罐体，也可根据用户特别要求制造，罐体用 $4\sim13mm$ 厚的钢板焊接制成，罐体顶部有帽口(人孔)，底部有进、出油管和阀门等。

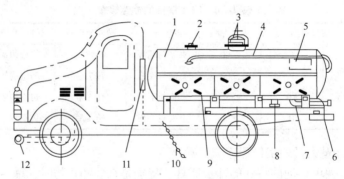

图 4-9　汽车油罐车

1—罐体；2—量油孔；3—灌油口；4—扶手；5—手摇泵；6—梯子；7—排油阀；
8—排水阀；9—工具箱；10—拖地铁链；11—二氧化碳灭火器；12—排气管

汽车油罐车的罐体应无渗漏、罐内洁净，罐体上的呼吸阀、垫圈、排油管、排油阀、排水阀、接地线(拖地铁链)以及油泵和灭火器等附属设备应齐全完好，汽车油罐车的设计、制造、安装和使用均应符合易燃易爆石油化工产品的安全规定。

(5) 油船

① 油船的分类

油船是散装油品的水运工具。油船可分为油轮和油驳。油轮有动力设备，可以自航，一般均有输油、扫舱、加热以及消防设施等。油驳不带动力设备，必须依靠拖船牵引并利用油库的油泵和加热设备装卸和加热油品。大的油轮载重数万吨油，小油轮载重几千吨。

② 油舱

油轮用来装油的部分称为油舱。油轮多用单层底、单层甲板。近年来，新建油轮多为双层底，并用纵横舱壁分隔成若干相互密封隔绝的舱室，增加了油轮的稳定性，减少因油轮摇动时油品的水力冲击。几个舱室缓慢抽油时，可使油轮向船首或船尾倾斜，以便将油品抽吸干净，还可增加防火安全性。油轮的机器舱、燃料舱等其他舱室之间设有隔离舱，防止油类气体向其他舱室渗漏，以防火防爆。运送汽油等一级油品时，隔离舱内必须灌满水。当运载几种油品时，为避免隔离板泄漏造成油品混合变质，每两个舱室之间设一隔离舱。油轮还设有油泵舱、压载舱等。

③ 油轮管系

油轮上主要有以下管路系统：

a. 输油管系。由与岸上输油软管或输油臂连接的结合管接头、输油干管及伸向各油舱的输油支管组成。

b. 清舱管系。清舱管系用于吸净输油干管不能抽净的舱内残油。它设在油舱底部，与泵舱内专用清舱油泵相接。

c. 蒸气加热管系。在油舱内设有蛇形蒸气加热管，以便对黏度大、凝点高的油品加热。

d. 通气管系统。每一个油舱均有通气管，以免运输中温度变化致使油品体积变化时，使船体及舱壁受到异常压力。每一个油舱通气管均设有防火安全装置及节气阀，以便在发生火灾时，隔绝各舱气体。

e. 消防及惰性气体管系。在油轮上装有一系列固定的消防管路系统，如蒸气灭火系统、

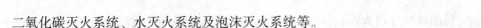

二氧化碳灭火系统、水灭火系统及泡沫灭火系统等。

f. 洒水系统。必要时为降低甲板温度，减少舱内油品挥发须打开洒水系统。它设在栈桥下，沿主甲板全长敷设带有喷水孔的管道。

g. 每一油轮尾端的隔舱壁附近设有垂直的量油口，供测量舱内油深。

（6）油驳

油驳的载质量有 100t、300t、400t、600t、1000t、3000t 等。油驳一般有 6～10 个油舱，并有一套可以相互连通或隔离的管组。也可装载两种以上的油品。油驳是单条或多条编队，由拖轮拖带或顶推航行。拖轮上有强大能力的消防设施。

4.1.2　油品液面高度的计算

容器内石油液面以及水位高度的计量，最小计量单位为毫米（mm）。测量罐内液面高度的目的，在于取得罐内油品在计量时温度下的体积，即 V_t。

（1）长度的基本概念

长度计量就是对物体几何量的测量，其主要任务是：确定长度单位和以具体的基准形式复制单位；建立标准传递系统和传递方法；正确使用计量器具，合理选择测量方法和确定测量精度。长度计量的基本单位为"米（m）"。

目前我国用于长度量值传递的基准装置，主要包括 633mm 碘稳频 He-Ne 激光器和拍频测量装置两部分。前者用来产生频率（波长）稳定的激光辐射，后者则用于量值传递。

与石油计量密切相关的线纹尺属于几何量计算的一个部分。如散装油品计量用的测深钢卷尺、检水尺（量水尺）、检定油罐（车）用的钢围尺、钢板尺等。线纹尺是以尺面上的刻度或纹印间的距离复现长度。散装油品计量用钢卷尺属工作用计量器具，检定油罐用钢卷尺属标准计量器具，是国家列入强制检定目录的计量器具，必须经上一级计量标准检定合格后才能使用。

（2）容器石油静态液高测量有关术语

① 检尺——用测深钢卷尺测量容器内油品液面高度（简称油高）的过程。

② 检尺口（计量口）——在容器顶部，进行检尺、测温和取样的开口。

③ 参照点——在检尺口上的一个固定点或标记，即从该点起进行测量。

④ 检尺板（基准板）——一块焊在容器底（或容器壁）上的水平金属板，位于参照点的正下方，作为测深尺砣的接触面。

⑤ 检尺点（基准点）——在容器底或检尺板上，检尺时测空尺砣接触的点。

⑥ 参照高度——从参照点到检尺点的距离。

⑦ 油高——从油品液面到检尺点的距离。

⑧ 水高——从油水界面到检尺点的距离。

⑨ 空距——从参照点到容器内油品液面的距离。

（3）量具的基本结构和技术条件

① 测深钢卷尺

a. 测深钢卷尺是一种用于测量液体深度的组合型专用量具，由尺带、尺砣、尺架、手柄、摇柄、挂钩、轮轴组成，这些部件材料除尺带应是含碳量 0.8% 以下具有弹性并经过热处理的钢带外，其他部件都应采用撞击不发生火花的材料。

b. 测深钢卷尺的量程分别为 5m、10m、15m、20m、30m；尺带一般宽 10mm，厚（0.2±0.05）mm；测量轻油和重油的尺砣质量分别为 700g 和 1600g；其最小分度值为 1mm。

c. 允许误差，包括零值误差和任意两线纹间误差。零值误差是从尺砣的端部到 500mm 线纹处的误差，其允许误差为±0.5mm；任意两线度间（指 500mm 以后）的允许误差其 II 级为 $\Delta = \pm(0.3 + 0.2L)$mm。式中：L 是以米为单位的长度，当长度不是米的整数倍时，取最接近的较大的整"米"数。如标称值为 5m 的测深钢卷尺，500～5000mm 线度处其允许误差为：

$$\Delta = \pm(0.3 + 0.2 \times 5)\text{mm} = \pm 1.3\text{mm}$$

另零值误差为±0.5mm。

d. 检定周期。使用中的钢卷尺的检定周期，一般为半年，最长不得超过 1 年。

e. 依据检定规程：《钢卷尺检定规程》（JJG 4—2015）。

② 检水尺

检水尺为圆柱形或方形，黄铜制造，刻度全长 300mm，最小分度值 1mm，质量约 0.8kg。

（4）油水总高测量

① 计量注意事项

所有测量操作应符合《石油和液体石油产品液位测量法（手工法）》（GB/T 13894—92）的规定。其计量注意事项主要包括：

a. 检尺部位。立式金属罐、卧式金属罐均在罐顶计量口的下尺槽或标记处（参照点）进行检尺。铁路罐车在罐体顶部人孔盖铰链对面处进行检尺。汽车罐车在罐体顶部计量口加封处。

b. 液面稳定时间。收、付油后进行油面高度检尺时必须待液面稳定、泡沫消除后方可进行检尺，其液面稳定时间有如下规定：

● 对于立式金属罐，轻油收油后液面稳定 2h，付油后液面稳定 30min；重质黏油收油后液面稳定 4h，付油后液面稳定 2h。

● 对于卧式金属罐和罐车，轻油液面稳定 15min；重油黏油稳定 30min。

c. 新投用和清刷后的立式油罐应在罐底垫 1m 以上的油后，再进行收、付油品交接计量。

d. 浮顶罐的油品交接计量，应在浮顶起浮后进行量油，以避免收、付油前后浮顶状态发生变化产生计量误差。

e. 油品交接计量前后，与容器相连的管路工艺状态应保持一致。

② 实高测量法

实高测量法是直接测量实际液面的高度。

测量低黏度油品（如汽油、煤油、柴油）时，应使用测轻油钢卷尺；测量高黏度油品（如润滑油）时，应使用测重油钢卷尺。检尺前要了解被测量油罐参照高度和估计好油面的大致高度再下尺。

检尺前将油面估计高度的尺带上擦净，必要时涂试油膏。一手握住尺手柄，另一手握住尺带，将尺带放入下尺槽或帽口加封处，让尺砣重力引尺下落。在尺砣触及油面时，放慢尺砣下降速度。尺砣距罐底 10～20cm 时放慢下降速度，尺砣触底即提尺。提尺时间：轻油尺砣触底即提，重油尺砣触底停留 3~5s 再提，然后迅速收尺、读数。读数从小到大，即毫米、厘米、分米、米。测量至少两次，两次测量结果不超过±1mm 且取第一次的数，超过则重测。

③ 空高测量法

空高测量法是测量油面主计量口上部基准点与液面之间的空间高度。用测深钢卷尺测量操作大致同测实法。不同点：下尺后尺带进入油面即可在主计量口上部基准点读数，提尺再读液面浸没高度数。

其公式为

$$H_Y = H - (H_1 - H_2) \tag{4-1}$$

式中　H_Y——油面高度；

　　　H——油罐参照高度；

　　　H_1——尺带零点至罐帽口高度读数；

　　　H_2——尺带浸没部分读数。

另外还有一种用计量杆（如丁字尺）测量容量内空高的方法，即：

丁字尺是检定汽车罐车容积和计量汽车罐车中油高的工具之一，是测量罐车内液面空间高度的专用器具，量程一般为 800mm。

丁字尺由水平横梁和垂直直尺两部分组成。横梁的下端面呈水平，长度略大于汽车罐车帽口外直径。直尺与横梁垂直。直尺的零点在横梁的下端面处，示值自上向下递增。

测量时将直尺伸入帽口，将横梁轻轻地搁在帽口指定的测量部位上，任直尺浸入液体中。此时，液面至直尺零点之间的距离即为空间高度。

如将丁字尺置于某油罐车测量部位，线段刻度显示为 152mm，该罐车容器总高 1300mm，则油面实际高度为：

$$1300 - 152 = 1148 (mm)$$

（5）罐内水位测量

测量部位应与测油面高度是同一位置。

首先将水尺擦净，在估计水位高度处，涂上一层薄薄的试水膏，然后将检水尺下放到罐底，尺与罐底垂直，停留 5~20s，然后提尺，在水膏变色与未变色界线处读取水位高度。垫水罐进油中不含水分时（如铁路罐车进油），可不测水位；对垫水罐每次收发油后应测水，不动转罐每三天应测一次水位。另外还有一种尺砣带线纹刻度的测深钢卷尺也可以测水，方法基本同检水尺操作。

4.1.3　油品温度的测量

（1）温度的基本概念

温度是描述系统不同自由度之间能量分布状况的基本物理量。温度是决定一系统是否与其他系统处于热平衡的宏观性质，一切互为热平衡的系统都具有相同的温度。其单位名称为开［尔文］，单位符号为 K，它是国际单位中七个基本单位之一。

为了保证温度量值的统一和准确，应该建立一个用来衡量温度的标准尺度。温度的数值表示法，就称为温标。由于温度这个量比较特殊，只能借助于某个物理量来间接表示。因此，温度的尺子不能像长度的尺子那样明显，它是利用一些物质的"相平衡温度"作为固定点刻在"标尺"上，而固定点中间的温度值则是利用一种函数关系来描述，称为内插函数（或称内插方程）。通常把温度计、固定点和内插方程叫作温标的三要素，或称为三个基本条件。从温标发展来看，有经验温标、热力学温标、国际温标。借助于某种物质物理参量与温度变化的关系，用实验方法或经验公式构成的温标，称为经验温标，如摄氏温标、华氏温标、列氏温标等。经验温标的缺点是局限性和随意性。

目前石油计量采用的为摄氏温标即经验温标。它由瑞典科学家摄尔休斯于1742年提出：规定在一个标准大气压下，水的凝点为0度（叫做冰点），水的沸点定为100度。然后把0~100度之间分成100等份，每一等份就叫做1摄氏度。再按同样分度大小标出0度以下和100度以上的温度。0度以下的温度为负的。这种标定温度的方法叫摄氏温标。用摄氏温标表示的温度叫摄氏温度。摄氏温度的每一刻度和热力学温度的每个刻度是完全一致的。摄氏温标的单位叫摄氏度，摄氏度是国际单位制（SI）中具有专门名称的导出单位，其单位符号为"℃"。摄氏温度与热力学温度之间的换算关系为：

$$t = T - T_0 \tag{4-2}$$

式中　t——摄氏温度，℃；

　　　T——热力学温度，K；

　　　T_0——水冰点的热力学温度，$T_0 = 273.15\text{K}$。

温度测量在散装成品油人工计量中，是一个不可缺少的项目。严格地说，没有温度相对应，油高和密度都是无效的。成品油温度是确定油高量值和密度量值的前提。

利用物质的某些物理性质随温度变化而变化而制成的计量器具为温度计。通常有体积、电阻、压力、热电势、辐射式温度计。石油计量用温度计大部分为体积式（膨胀式）温度计，它是根据物体随温度的变化而膨胀或收缩的原理制成的温度计。由于它价格便宜，使用简单，精度符合石油计量要求，因此，应用十分广泛。

石油计量用温度计属于国家强制检定的计量器具。

（2）容器石油温度测量有关术语

① 试验温度（t'）：在读取密度计读数时的液体试样温度，单位是℃。

② 计量温度（t）：储油容器或管线内的油品在计量时的温度，单位是℃。

（3）量具的基本结构和技术条件

① 石油温度计是一种可以直接测量和显示的最小分度值为0.2℃的玻璃棒式全浸式水银温度计，其测量范围通常为-10~50℃。其结构包括感温泡、感温液体、主刻度、辅刻度、毛细管、安全泡。全长约300mm，外直径约7mm。

② 允许误差。量限为-30~100℃的全浸式精密温度计，其示值允许误差为±0.3℃。

③ 检定周期。最长不得超过1年。

④ 依据检定规程《工作用玻璃液体温度计》（JJG 130—2011）。

（4）测量方法

油罐、铁路罐车、汽车罐车等石油容器内石油液体温度的测量，按照《石油和液体石油产品温度测量　手工法》（GB/T 8927—2008）进行。

① 油品计量温度的测量

容器内油品计量温度的测量，是将温度计置入杯盒（保温盒）并浸入油中指定部位进行的。

a. 测量部位和位置。立式油罐、卧式油罐从主计量口放温度计至罐内测温；铁路罐车、汽车罐车从帽口加封处放温度计至罐内测温，输油管线在温度计插孔测温。测温位置：立罐油高 3m 以下，在油高 1/2 处测一点；油高 3~5m，在油品上液面下 1m、油品下液面界面上 1m 处共设两点，取算术平均值；油高 5m 以上，在油品上液面下 1m、油品 1/2 处和油品下液面界面上 1m 处共设 3 点，取算术平均值，如果其中有一点温度与平均温度相差大于 1℃，则必须在上部和中部测量点之间、中部和下部测量点之间各加测一点，取五点算术平均值。油船（驳）测温同立罐，但对装同一油品的油船（驳）要测量半数以上舱的温度。卧式油罐、铁路罐车均在油高 1/2 处测量。输油管线在插孔以 45°迎流插到至少管线内径 1/3 处测量。

b. 罐内测温最少浸没时间。石脑油、汽油、煤油、柴油以及 40℃时运动黏度小于等于 20mm²/s 的其他油品不少于 5min；原油、润滑油以及 40℃运动黏度大于 20mm²/s、100℃运动黏度低于 36mm²/s 的其他油品不少于 15min；重质润滑油、气缸齿轮油、残渣油以及 100℃运动黏度等于或大于 36 mm²/s 的其他油品不少于 30min。

c. 读数。装入测温盒的温度计放入罐内一定位置并达到规定浸没时间后，迅速提起竖直读数，先小数后大数，估读到 0.1℃。如果环境温度与罐内油品温度平衡，量筒内测温应在温度计全浸没情况下读数。

d. 报告结果。测量罐内一个点以上的油温，取算术平均值。

② 油品试验温度的测量

油品试验温度的测量，是配合油品视密度一同进行的测量。将温度计悬挂在装有油品的玻璃量筒内测量并读取数据，悬挂位置不得靠近筒壁和筒底。在整个试验期间，环境温度变化不应大于 2℃，试验温度与计量温度之差不应大于 ±3℃。其浸没时间、读数和报告结果同油品计量温度测量。

（5）测温操作注意事项

① 计量温度测量至少距离容器壁 300mm。

② 对加热的油罐车，应使油品完全成液体后，切断蒸汽 2h 测量计量温度，若提前测计量温度应在油高的 3/4、1/2、1/4 处测上、中、下三点油温，取其平均值。

③ 对油船或油驳内计量温度的测量，2 个舱以内应逐个测量；3 个以上相同品种的油，至少测量半数以上的油舱温度。若各舱计量温度与实际测量舱数的平均计量温度相差 1℃以上，应对每个舱作温度测量。

④ 杯盒温度计的提拉绳应采用不产生火花的材料制成的绳和链。

⑤ 采用手提式的石油数字温度计测量油温时，应按上述的测温部位进行测量，每一点的测温停留时间以温度数字显示相对稳定为准。石油数字温度计应符合安全防爆规定并具有与水银温度计同等的准确度。

4.1.4 油品密度的取样测量和含水测定

（1）密度的基本概念

密度是物质质量与其体积之比。密度是表现物质特征的一个重要物理量。

液体和固体的密度主要取决于温度，也就是说密度是一个随温度变化的量。一般来说，同一物质，温度越高，密度越小，体积越大，但质量不变；温度越低，则密度越大，体积越小，其质量不变。所以常在 ρ 的右下角标出测定密度时的温度。例如 $\rho_{20} = 0.7300 \text{g/cm}^3$ 表示的是温度 20℃的密度值为 0.7300g/cm³。

在某些科学技术部门里，作为物质特性常以所谓"相对密度"值表示。通常说，任何一种物质的相对密度就是在标准条件下，该物质的密度与别的物质密度之比。通常相对密度同样可以看作是该物质的质量与同体积水的质量，在确定的标准状况下的比值。其水指温度在4℃时的蒸馏水。以 ρ_4^{20}（或 $\rho_{20/4}$）表示。

密度与压力也有关，尤其对气体密度的测量其影响很大，但对固体、液体而言，其影响微小，可以忽略。密度作为可燃性物体（如石油）的一个指标，其密度大小在一定程度上反映了它的燃烧性和挥发性。汽油的密度一般为 $0.69 \sim 0.74 \mathrm{g/cm^3}$，煤油的密度一般为 $0.80 \sim 0.84 \mathrm{g/cm^3}$，柴油的密度一般为 $0.80 \sim 0.86 \mathrm{g/cm^3}$，润滑油的密度一般在 $0.85 \mathrm{g/cm^3}$ 以上。而密度小的汽油挥发快、燃烧快，持续时间短；而密度大的润滑油则挥发慢，不易燃烧，但燃烧后持续时间长。

密度在石油计量方面有非常重要的作用，密度属于力学计量的范畴。按规定，把测得的视密度换算到标准密度（20℃）状态，然后与同温下体积（20℃）相乘，得出油品质量。根据量值传递的原理和目前科技发展的水平，确定物体质量的基本方法是使用砝码进行平衡比较（使用天平、弹性机构或压力传感物质）。

（2）容器石油密度测量有关术语

① 视密度（ρ'_t）：在试验温度下，玻璃密度计在液体试样中的读数，单位是 $\mathrm{kg/m^3}$ 或 $\mathrm{g/cm^3}$。

② 标准密度（ρ_{20}）：在标准温度 20℃下的密度，单位是 $\mathrm{kg/m^3}$ 或 $\mathrm{g/cm^3}$。

（3）量具的基本结构和技术条件

① 浮计是液体密度计、浓度计的总称。

它是测量液体密度（浓度）的计量器具，根据阿基米德定律制造。《工作玻璃浮计检定规程》（JJG 42—2011）其适用于密度计、石油密度计、酒精计、乳汁计、土壤计等质量固定工作玻璃浮计的首次检定，后续检定和使用中检查。由于浮计具有结构简单、制造容易、携带方便、使用迅速和测量精度较高等优点，所以被广泛用于科学技术和生产应用之中。浮计分为固定质量和固定体积两种。固定质量的浮计浸没于液体中的深度根据被测液体的密度不同而异，而固定体积的浮计浸没于液体的深度始终不变，石油密度计属于前者。

② 石油密度计由压载室、躯体、干管和置于干管的标尺组成。

躯体是圆柱体的中空玻璃管，其压载室部分封闭，以便密度计重心下降，使密度计在液体中垂直地漂浮，并且处于稳定平衡状态。

③ 密度计技术要求见表4-15。

表4-15　密度计技术要求

型号	单位	密度范围	每支单位	刻度间隔	最大刻度误差	弯月面修正值
SY-02	$\mathrm{kg/m^3}$（20℃）	600~1100	20	0.2	±0.2	+0.3
SY-05		600~1100	50	0.5	±0.5	+0.7
SY-10		600~1100	50	1.0	±1.0	+1.4
SY-02	$\mathrm{g/m^3}$（20℃）	0.600~1.100	0.02	0.0002	±0.0002	+0.0003
SY-05		0.600~1.100	0.05	0.0005	±0.0005	+0.0007
SY-10		0.600~1.100	0.05	0.0010	±0.0010	+0.0014

注：此技术要求除SY-10型最大刻度误差外，均引自《原油和液体石油产品密度实验室测定法（密度计法）》（GB/T 1884—2000），其发布日期为2000年4月3日，实施日期为2000年7月1日；而SY-10型最大刻度误差引自《工作玻璃浮计检定规程》（JJG 42—2011）中"浮计示值的最大允许误差，对于首次检定与后续检定除分度值为 $0.5 \mathrm{kg/m^3}$ 的石油密度计为±0.6个分度值外，其他均不得大于±1个分度值"的规定。

④ 检定周期。工作浮计检定周期为 1 年，但根据其使用及稳定性等情况可为 2 年。

（4）石油液体手工取样

石油液体的手工取样应严格按照《石油液体手工取样法》（GB/T 4756—2015）执行。

① 取样工具的技术条件

a. 取样器的材质应以铜、铝或与铁器撞击不产生火花的其他合金材料制成。

b. 取样器的自身重量应足以排出液体重量而自沉于石油液体中。

c. 取样器必须是密闭的，塞盖要严密，松紧适当，在非人为打开盖塞的情况下，油品不得渗进采样器内。

d. 取样器上禁止使用化纤与塑料绳，以及不导电易产生火花的材料，以免摩擦起火。

e. 取样器应清洁干燥，容量适当，有足够的强度。

② 取样部位

取样部位见表 4-16。

表 4-16　取样部位

	容器名称	取样部位	取样分数	取样容器数
均匀油品	立罐油品 3m 以上	上部：顶液面下 1/6 处 中部：液面深度 1/2 处 下部：液面下 5/6 处	各取一份按等体积 1∶1∶1 混合成平均样	油船舱 2~8 个取 2 个，9~15 个取 3 个，16~25 个取 5 个，26~50 个取 8 个
	立罐液面低于 3m，卧罐容积小于 60m³，铁路罐车（每罐车）	中部：液面深度 1/2 处	各取一份	油船舱 2~8 个取 2 个，9~15 个取 3 个，16~25 个取 5 个，26~50 个取 8 个
非均匀油品	立罐	出口液面向上每米间隔取样	每份分别试验	

③ 取样方法及操作注意事项

a. 取样时，首先用待取样的油品冲洗取样器一次，再按照取样规定的部位、比例和上、中、下的次序取样。

b. 试样容器应有足够的容量，取样结束时至少留有 10% 的无油空间（不可将取满容器的试样再倒出，造成试样无代表性）。

c. 试样取回后，应分装在两个清洁干燥的瓶子里密封好，供试样分析和提供仲裁使用。贴好标签，注明取样地点、容器（罐）号、日期、油品名称、牌号和试样类型等。

d. 安全操作应遵照国家规程和石油安全操作规范执行。

（5）油品密度测定

在油品计量测定密度时，试验温度应在容器中计量温度±3℃范围内测定。与此同时，环境温度变化应不大于2℃。将均匀的试样小心地倾入玻璃量筒中，将温度计插入试样中并使温度计保持全浸且不接触筒壁和筒底，再将清洁、干燥、大体适应试样密度范围的石油密度计轻轻地放入试样中，待达到平衡让其自由地漂浮并注意不弄湿液面以上的干管。再将密度计按到平衡点以下 1~2mm，并让它回到平衡位置，观察弯月面形状，先使眼睛稍低于液面的位置慢慢地升到表面，读取液体下弯月面与密度计刻度相切的那一点，估读到 0.0001g/cm³。先读小数，然后再读大数。如果试样是不透明液体，则使眼睛稍高于液面的位置观察，读取液体上弯月面与密度计刻度相切的那一点，也同样估读到 0.0001g/cm³，先读小数，然后再读大数。与此同时，读取温度计示值，估读到 0.1℃。第一次读数完成后，又稍稍提起密度计，然后放下处于平衡，进行密度、温度的第二次读数。连续两次测定的温度读数不应超过±0.5℃，否则应重新测定。

（6）含水测定

① 原油含水量测定

原油含水量测定的操作要符合《原油水含量测定法　蒸馏法》（GB/T 8929—2006）中的规定。

a. 测定方法概述

在采取的试样中，用量筒取出规定的试样量（也可直接在蒸馏烧瓶中称量），加入与水不混溶的溶剂 400mL（用二甲苯作溶剂，包括冲洗量筒壁残留样的溶剂），在回流的条件下加热蒸馏。冷凝下来的溶剂和水在接受器中连续分离，水沉降到接受器中，溶剂返回到蒸馏烧瓶中，读出接受器中水的体积。

b. 试剂和仪器

二甲苯：符合《化学试剂　二甲苯》（GB/T 16494—2013）化学纯或《石油混合二甲苯》（GB/T 3407—2010）的5℃石油混合二甲苯的要求规定。把 400mL 溶剂放在蒸馏仪器中进行试验，确定溶剂空白。

c. 水含量计算

试样中的水含量 X_1（体积%）或 X_2（质量%）分别按下式计算：

$$X_1 = (V_1 - V_2)/V \times 100 \tag{4-3}$$
$$X_2 = (V_1 - V_2)/m \times 100 \tag{4-4}$$

式中　V_1——接受器中水的体积，mL；

V_2——溶剂空白试验水的体积，mL；

V——试样的体积，mL；

m——试样的质量，g。

原油水含量取两个连续测定结果的算术平均值。二甲苯溶剂极易燃，其蒸气有毒，全部试验仪器应严密，操作应远离火源。详细操作见 GB/T 8929—2006。

本章所涉及的计量方法（包括计量器具、仪器、配套辅助设备）和现场操作以及计量员的着装都应遵守有关防火、防爆、防静电的安全规定。

② 石油产品的水分测定

石油产品的水分测定操作应符合《石油产品水分测定法》（GB/T 260—1977）中的规定。

测定石油产品水分，采用水分测定器，将一定量的试样均与无水溶剂混合，进行蒸馏，测量其水含量，用百分数表示。

a. 仪器和材料

水分测定器包括 500mL 的圆底烧瓶一个、接受器和 250~300mm 直管式冷凝器。水分测定器的各部分连接处，用磨口塞或软木塞连接。接受器的刻度在 0.3mL 以下设有 10 等分的刻线；0.3~1.0mL 设有 7 等分的刻线；1.0~10mL 之间每分度为 0.2mL。

试验用的溶剂是工业溶剂油或直馏汽油在 80℃ 以上的馏分，溶剂在使用前必须脱水和过滤。

b. 测定方法和含水量计算

向圆底烧瓶中称量 100g 摇匀的试样，用量筒取 100mL 溶剂倒入圆底烧瓶中，再投入一些无釉瓷片、浮石或毛细管，将水分测定器严格按要求安装好，并保持仪器内壁干燥、清洁。

用电炉或酒精灯小心加热圆底烧瓶，控制回流速度，使冷凝管每秒钟滴 2~4 滴液体。当接受器中水的体积不再增加，而且上层完全透明时，停止加热。将冷凝器内壁的水滴完全收集于接受器中，读出接受器中收集水的体积。试样中水分质量分数 X，按式（4-5）计算：

$$X = V \times \rho_{水} / G \times 100\% \tag{4-5}$$

式中　V——接受器中收集水的体积，mL；

　　　$\rho_{水}$——接受器中收集水的密度，g/cm^3；

　　　G——试样的质量，g，$G = V_{试样} \times \rho_{试样}$

试样中水分体积分数 Y，按式（4-6）计算：

$$Y = V / G / \rho_{试样} \times 100\% \tag{4-6}$$

测定两次，其结果不应超过接受管的一个刻度，取两次的算术平均值作为试样的水分。

4.2　容器容积表的使用方法

4.2.1　容积的基本概念

（1）特性

容积是指"容器内容纳物质的空间体积"，容量是"容器在一定条件下可容纳物质数量（体积或质量）的多少"。液体（流体）有如下两个特性：

① 液体受到压力作用时，如果压力值不大（即在通常的压力值下），液体的体积变化很小，实际上可以认为是不变化的。例如，水在 0.1~2.5MPa（1~25 个大气压）的压力范围内，每增加 0.1MPa，体积相对减少值约 0.005%，这个特性称为液体的不可压缩性。

② 液体在静止时不能保持固定的形状。这一特性明显不同于固体。液体的形状由盛装它的容器的形状决定，这个特性称为液体的流动性。所谓容器就是具有内部空间、可以盛装液体的固定结构物。

由于液体具有上述两个特性，在计算液体的数量时，当采用容量法时主要是计算它的体积。如果再考虑它的密度 ρ 的话，那么它的质量 m 可用式（4-7）求出：

$$m = V \times \rho \tag{4-7}$$

实际上，由于液体的流动性，直接测量它的体积是很困难的。因此，利用液体可以装入任何容器的特性，用一个已知具有一定容量的容器来测量液体的体积。所谓容器的容量（或称容积）就是容器可以装有液体的内部空间的体积。

由此可知，为了测量液体的体积，主要依靠测量准确的容器。所以，容量计量的经常性工作是测量容器的容积。容量在国际单位制中是由长度基本单位"米"导出来的导出单位，即立方米（m^3）和与倍数或分数单位结合而成的为 dm^3、cm^3 等。另外国际单位制规定允许并用的单位有升（L）。历史上升的定义由质量单位定义，即：1L 是 0.1MPa（1 个大气压下）3.98℃时 1kg 纯水所占有的体积。与立方分米之间的关系是：

$$1L = 1.000028dm^3$$

为使升和立方分米求得统一，在 1964 年第十二届国际计量大会上，会议决定取消升的原来从质量单位来的定义，而采用从长度基本单位得到的体积单位为容量单位，即 m^3。其分数单位则为：$1dm^3 = 1L$ 等。

石油库、加油站的立式金属油罐、卧式金属油罐、球形罐以及铁路油罐车、汽车油罐车容积的确定，都是通过计量检定所确定的。检定的过程是一个比较复杂的过程，初学者短时间内不易掌握，也超出了初学者学习的范围，这里介绍的是容积表的使用方法。

（2）容量计量的有关术语

① 标准体积（V_{20}）：在标准温度 20℃下的体积，单位是 m^3、dm^3。

② 非标准体积（V_t）：任意温度下的体积，单位是 m^3、dm^3。

③ 体积修正系数（VCF）：石油在标准温度下的体积与其在非标准温度下的体积之比。

4.2.2 立式金属油罐容积表

（1）拱顶立式金属油罐容积表

立式金属油罐是国际间石油化工产品贸易结算的主要计量器具之一，也是我国国内贸易结算的重要计量器具。容积表反映容器中任意高度下的容积，即从容器底部基准点起，任一垂直高度下该容器的有效容积。容积表编制的基础是按照容器的形状、几何尺寸及容器内的附件体积等技术资料为依据，经过实际测量、计算后编制。

立式金属油罐容积表一般包括：

① 主表。从计量基准点起，通常以间隔 1dm 高对应的容积，累加至安全高度所对应的一列有效容积值。但在该罐有异于按几何体计算处和每一圈板终端，则标出至毫米的累计有效容积值。如 1 号罐主表 0.079m 对应的容积表明罐底至该高度不规则容积；1.555m 对应的容积表明第一圈板的累计有效容积值；以后的 3.159m、4.764m 等都表明其累计有效容积值。

② 附表。又称小数表，按圈板高度和附件位置划分区段，给出每区段高度 1~9cm 和 1~9mm 的一列对应的有效容积值。

③ 容量静压力增大值表。一般按介质为水的密度 $1g/cm^3$ 编制，储存高度从基准点起，以 1dm 间隔累加至安全高度所对应的一列罐容积增大值（编表从 1m 开始）。当测得值不为表载值时，按就近原则取相邻近的值。静压力增大值是油罐装油后受到液体静压力的影响，罐壁产生弹性变形，使得油罐的容量比空罐时大出的那部分量。使用时将静压力增大值 $\Delta V_{水}$ 与装载油品的相对密度 D_4^t 相乘，得出静压力容积 $\Delta V_{压}$，即 $\Delta V_{压} = \Delta V_{水} \times D_4^t$。又由于 D_4^t 值接近于油品 ρ_{20}，则以 ρ_{20} 代替 D_4^t，$\Delta V_{压} = \Delta V_{水} \times \rho_{20}$。

因为罐底非水平状态且凹凸不平，有时将确定高度下的罐底量作为一个固定量处理。编容积表时，将这个固定量和它所对应的高度编入主表。同样，以上的值为累计值。如 1 号油罐小数表从 0.079m 编表，说明这 79mm 以下是凹凸不平的，此为死量，79mm 以下高度的容量不能通过比例内插法求得。同理，2 号油罐 25mm 高度容量为死量。高度超过死量高度而不足 1dm，则采取底量加小数量得出，如 2 号罐测得水高 26mm，则查附表 1-4 及附表 1-5，容量为 2876+182 = 3058（L）。

那么，立式罐某装油高度下的容量则为

$$V_t = V_{主} + V_{小} + \Delta V_{水} \times \rho_{20} \tag{4-8}$$

若罐内有水，则相应减去水高时的容积。

（2）浮顶立式金属油罐容积表

浮顶罐在罐内有一个由金属和其他轻质材料制成的浮盘浮在油面上，并随着油品液面升降而升降。由于油品液面与浮顶之间基本不存在油气，油品不能蒸发。因而基本上消除了油品大小呼吸损耗。所以，常使用它来储存易挥发的汽油和原油。浮顶罐储油除能减少蒸发损耗外，同时还可以减少对大气的污染，减少火灾发生的危险性。浮顶罐容积的编制形式和方法同拱顶立式金属罐，只是在容积表附栏注明浮顶重量、浮顶最低液面起浮高度和非计量区间。

浮顶罐的容量和质量计算应注意以下三种情况：

① 装油的油面在浮盘最低点以下，为第一区间。在计算容量时与普通拱顶立式罐相同。

② 油面在浮盘之中，浮盘没有起浮，浮盘最低点至起浮高度以下。因为此区间浮盘似浮非浮，占据的体积不能确定，因此，此区间的液位不能计量。如 17 号浮顶罐 1.600 ~ 1.800m 这一区间。

③ 浮盘起浮后为第三区间，这时浮盘已自由起浮，计算出油品的重量时应扣除浮盘重量（W）。

另外，关于立式油罐有以下情况的测量数据不得作交接计量用。

a. 总高明显不符；

b. 浮顶已浸没，但尚未起浮；

c. 空罐进油后罐内没有垫水，垫水低于最低垫水高度，而容积表上没有底量表以及发油后油高低于出口以上 20cm；

d. 底量表上没有水高为零的容积，而水高又在容积表规定的第一间隔之间；

e. 内浮顶罐内水高超过导向管下缘。

4.2.3　卧式金属油罐容积表

卧式金属油罐是一个两端封顶的大致水平放置（倾斜比不大于 0.08）的圆筒，其容积由两端封顶和圆筒两部分组成。卧式金属油罐容积表以厘米为间隔，单位高度容积各不相同，无线性关系。从计量基准点起累加到最高高度所对应的容积为有效容积值。当测得高度不为表载值时，按比例内插法计算出该高度时的容积值。

4.2.4　球形罐容积表

球形罐是一种压力密闭容器，在承压状态下使用。球形罐容积表的编制包括空罐状态下的容积 V 和承压容积增大值 ΔV 两部分，承压球形罐总容积 $V_p = V + \Delta V$。球形罐按罐竖内直径编容积表，每厘米为一间隔，从罐底零点开始计算，累计至安全高度下的一列对应的有效容积值。当测得高度不为表载值时，按比例内插法计算出该高度时的容积值。

查表方法同卧式金属罐。

4.2.5　铁路油罐车容积表

铁路油罐车容积表是铁路油罐车作为计量器具进行容量及质量计量交接的技术依据，也是罐内安全装置监控的科学依据。

目前使用的是中国石油化工集团公司大容器计量检定站编制的《简明铁路罐车容积表》，以及部分机车车辆厂生产的特种罐车容积表。

（1）简明铁路罐车容积表

铁道部采用的新罐车容积表共有20000个，分为20个字头、每1个字头1000个表。即A000～A999、B000～B999、C000～C999、D000～D999、E000～E999、F000～F999、G000～G999、H000～H999、I000～I999、J000～J999、K000～K999、L000～L999、M000～M999、N000～N999、FA000～FA999、FB000～FB999、FC000～FC999、FD000～FD999、FE000～FE999、FF000～FF999。简明铁路罐车容积表把每个字头的1000个表分为10组，每组100个表压缩为1个表，称为组表。如A字头10个组表是：A000～A099、A100～A199、A200～A299、A300～A399、A400～A499、A500～A599、A600～A699、A700～A799、A800～A899、A900～A999。每组表可以推算出100个容积表，其他各字头的容积表也是这样编制的。这样将两万个容积表压缩成200个组表，其绝对误差不大于±2L，常装高度绝对误差不大于±1L。

简明铁路罐车容积表分上、下两册，上册编入A、B、C、D、E、F、G、H八个型号罐车容积表。常装高度部分编表间隔为毫米，非常装高度部分编表间隔为厘米。A、E型车常装高度2300～2700mm，其余各型车常装高度2200～2600mm。下册编入K、L、I、J、M、N、FA、FB、FC、FD、FE、FF十二个型号罐车容积表。其中K、L、I、J采用了原来的容积表，即K型车三个表原175～177，L型车三个表原178、179、180，I型车三个表原2、5、7，J型车三个表原号对照表。

该简明罐车容积表用基础表和系数表两个部分组成。使用时首先应确定使用哪个表。例如铁路罐车上打印的表号为A747时应使A700～A799这个表。查表方法是：根据罐内油品高度在表中查得基础容积V_J和系数K，然后将系数和表号相乘（表号只取后二位）把乘得结果加到基础容积上就是要查的容积。

其计算公式是：

$$V_t = V_J + Kb \tag{4-9}$$

式中　　b——表号后二位数。

此表可以在中国石化集团公司系统内作为交接计量用，对系统外使用如发生争议应以国家授权的计量单位公布的数据为准。

（2）特种罐车容积表

特种罐车容积表属各机车车辆厂设计制造并由国家铁路罐车容积检定站检定合格的非主型罐车，为一车一表。其容积表以每厘米为一间隔，从计量基准点起累加到最高高度所对应的容积为有效容积值。当测得高度不为表载值时，按比例内插法计算出该高度对应的容积值。其查表方式同卧式金属罐。

对于确定铁路油罐车的方法有目测法、检索法、查证法、咨询法、仲裁法等。

4.2.6　汽车油罐车容积表

汽车油罐车是公路运输散装油品的运输工具，油品数量以车上交接数为准，因此，汽车油罐车又在计量器具的范畴之内。汽车油罐车容积表按1cm为一间隔编制，编表形式分为测实高容积表和测空高容积表。测实高如同卧式金属罐一样将尺铊触及罐底读出液面高度，然后根据液面高度查实高容积表。容积表从基准点起累加到最高高度所对应的容积为有效容积值。测空高是测得罐内空高，通过空高查测空高容积表，查得装油的实际容积。容积表从基准点为最大容积，然后逐步递减，即空高越小，容量越大，空高越大，容量越小。使用两种容积表，当测得值不为表载值时，按比例内插法计算出该高度时的容积值。

4.2.7　油船舱容积表

（1）小型油轮、油驳舱容表

小型油轮、油驳舱容表是在船舱计量口的指定检尺位置的垂直高度上，从船舱基准点起，以 1cm 间隔累加至安全高度的一列高度与容积的对应值。计量时按照实际油高查舱容表，一般不作倾斜修正。查表方法同卧式油罐表法。

有时，为了排列和使用方便，在油轮、油驳舱容表上只给出各段的起讫点、高差、部分容积、毫米容积和累计容积。使用时取与油高最近又低于油高的那个"讫点"的累计容积加上油高和这个讫点的高差与该段每毫米容积的乘积。

（2）大型油轮舱容表

大型油轮舱容大，若计量口不在液货舱中心，装油以后船体会有不同程度的纵倾，就会造成计量误差。

大型油轮的液货舱一般是按空距和水平状态编制的，舱容表上注明了舱容总高(参照高度)，还列出了与空距相对的实际高度。为了修正装油后的船体和编容积表时的船体状态不一致造成的误差，液位下的表载容积需要用纵倾修正值修正。纵倾修正值表将倾斜状态下测量的高度修正到水平状态时的高度。

另外，轮(驳)计量容量不能作为交接依据。这是因为油轮(驳)浮在水上，稳定性差，形状呈不规则几何体，检定误差大，不确定度达不到油品交接的要求，所以，油轮(驳)使用容积表，其值不能作为成品油计量交接依据。

当然，不受企业标准限制而实行国家计量检定规程的，即按《船舶液货计量舱容量检定规程》(JJG 702—2005)实行的单位和个人，也是可以的。

4.3　石油产品质量计算

质量是物体固有的一种物质属性，它既是物理惯性的量度，又是物体产生引力场和受力场作用的能力和量度。质量计量是力学计量中最基础的项目之一。质量计量就是采用适当的仪器和方法，确定被测物体与作为质量单位的国际千克原器之间的质量对应关系。

4.3.1　石油计量表

《石油计量表》(GB/T 1885—1998)等效采用国际标准 ISO 91—2：1991《石油计量表—第二部分：以 20℃ 为标准温度的表》的技术内容，计算结果与 ISO 91—2：1991 一致。

该标准基础数据取样方法，石油计量表按原油、产品、润滑油分类建立。现已为世界大多数国家采用，在石油贸易中更有通用性。

该标准规定了将在非标准温度下获得的玻璃石油密度计读数(视密度)换算为标准温度下的密度(标准密度)和体积修正系数的方法。

石油计量表的组成包括：

（1）标准密度表

表 59A：原油标准密度表；

表 59B：产品标准密度表；

表 59D：润滑油标准密度表。

（2）体积修正系数表

表 60A：原油体积修正系数表；

表 60B：产品体积修正系数表；

表 60D：润滑油体积修正系数表。

（3）特殊石油计量表

在油品特殊且贸易双方同意的情况下，可以直接使用 ISO 91—1：1982 中的表 54C。

（4）其他石油计量表

表 E_1：20℃密度到 15℃密度换算表；

表 E_2：15℃密度到 20℃密度换算表；

表 E_3：15℃密度到桶/t 系数换算表；

表 E_4：计量单位系数换算表。

4.3.2　石油标准密度的换算

在用玻璃石油密度计和玻璃棒式全浸式水银温度计测得石油的数据后，按所测的油品（原油、产品、润滑油）直接查取相应的标准密度表。GB/T 1885—1998 表 59A、表 59B、表 59D 的查表方法是一样的，这里主要介绍表 59B（产品标准密度换算表）。

表 59B（产品标准密度换算表）的计量单位为 kg/m^3，它的适应范围和排列形式见表 4-17 和表 4-18。

表 4-17　适应范围

密度（kg/m^3）	653～778	778～824	824～1075
温度/℃	$-18～95$	$-18～125$	$-18～150$

表 4-18　排列形式（20℃下的密度）　　　　　　　　　　　　kg/m^3

ρ'_t ＼ $t'/℃$	29.00	29.25	29.50	29.75
709.0	717.2	717.4	717.6	717.9
711.0	719.2	719.4	719.6	719.8

从表 4-18 可以看出，该表的试验温度间隔为 0.25℃，视密度间隔为 2 kg/m^3，而且个位为奇数。按照人们从上到下、自左至右的读数习惯，表中的数值排列为 t' 从低到高，ρ_{20} 从小到大；ρ'_t 从小到大。

其使用步骤：

已知某种油品在某一试验温度下的视密度：

① 根据油品类别选择相应油品的标准密度表；

② 确定视密度所在标准密度表中的密度区间；

③ 在视密度栏中，查找已知的视密度值；在温度栏中找到已知的试验温度值。该视密

度值与试验温度值的交叉数即为油品的标准密度；如果已知视密度值正好介于视密度栏中两个相邻视密度值之间，则可采用内插法确定标准密度，但试验温度值不内插，用较接近的温度值查表。

④ 最后结果保留到万分位。

由于贯穿于整个石油质量计量过程中，最后体现的为 kg，也为了认读和书写方便，将表中的 kg/m^3 换算为 g/cm^3 来计算，如视密度 $711.0kg/m^3$ 当作 $0.7110g/cm^3$ 来读，与试验温度 $28℃$ 相交的标准密度 $718.3\ kg/m^3$ 当作 $0.7183\ g/cm^3$ 来读，这样在以后的计算中会方便一些。

当所测得的值与表载值相同，可从表上直接查得 ρ_{20}。

在石油计量表中，间隔为 $0.002\ g/cm^3$ 两视密度间，ρ_{20} 差值一般为 $0.002\ g/cm^3$、$0.0019g/cm^3$、$0.0021g/cm^3$，那么其商分别为 1、0.95、1.05，这样在运算熟练后乘上后面括号里的尾数再加上基数就可以很快地得出得数，也无须列式计算。

4.3.3　石油标准体积的计算

石油标准体积(V_{20})是根据查得的容积表值即非标准体积(V_t)与体积修正系数(VCF)相乘而得到的，即：$V_{20}=V_t\cdot VCF$。表 60A、表 60B、表 60D 的查表方法是一样的。这里主要介绍表 60B(产品体积修正系数表)。

表 60B(产品体积修正系数表)的适应范围和排列形式见表 4-19 和表 4-20。

表 4-19　适应范围

标准密度/(kg/m^3)	650~770	770~810	810~1090
计量温度/℃	−20~95	−20~125	−20~150

表 4-20 排列形式　　　　　　　　　　kg/m^3

ρ'_t / t/℃	716.0	718.0	720.0	ρ'_t / t/℃	716.0	718.0	720.0
27.50	1.0160	1.0160	1.0159	28.75	0.9887	0.9887	0.9888
27.75	1.0157	1.0157	1.0156	29.00	0.9884	0.9884	0.9885
28.00	1.0154	1.0153	1.0153	29.25	0.9880	0.9881	0.9881
28.25	1.0151	1.0150	1.0150	29.50	0.9877	0.9878	0.9878

从表 4-20 可以看出，计量温度间隔为 0.25℃，标准密度间隔为 2 kg/m^3，而且个位为偶数。按照人们从上到下、自左至右的读数习惯，表中的数值排列为：t 从低到高，VCF 从大到小；ρ_{20} 从小到大，VCF 在 20℃ 以上从小到大，在 20℃ 以下从大到小。

其使用步骤为：

已知某种油品的标准密度，换算出该油品从计量温度下体积修正到标准体积的体积修正系数：

① 根据油品类别选择相应油品的体积修正系数表；

② 确定标准密度所在体积修正系数表中的密度区间；

③ 在标准密度栏中，查找已知的标准密度值，在温度栏中找到油品的计量温度值，两者交叉数即为该油品从计量温度修正到标准温度的体积修正系数；如果已知标准密度介于标准密度行中两相邻标准密度之间，则可以采用内插法确定其体积修正系数。温度值不用内

插，仅以较接近的温度值查表。

④ 最后结果保留到十万分位。

与石油标准密度表一样，将 kg/m^3 换算成 g/cm^3 来计算。

当所测得值与表载值相同，可从表中直接查得 VCF。

当提供的 ρ_{20} 与表载值不相同时，采用标准密度内插计量温度靠近的方法求得。其公式为：

$$VCF = VCF_{基} + \frac{VCF_{上} - VCF_{基}}{\rho_{20上} - \rho_{20基}}(\rho_{20测} - \rho_{20基}) \qquad (4-10)$$

式中 $\rho_{20测}$——提供的标准密度值；

$\rho_{20基}$——提供的 ρ_{20} 十分位至万分位与表载值相同的 ρ_{20} 值；

$\rho_{20上}$——邻近并大于 $\rho_{20基}$ 的 ρ_{20} 值；

$VCF_{上}$——$\rho_{20上}$ 相对应的 VCF。

在石油体积修正系数表中，间隔为 0.002 g/cm^3 两标准密度间，VCF 差值一般为 +0.0001、-0.0001、0，那么其商分别为 +0.05、-0.05、0。这样在运算熟练后前两种情况乘上后面括号里的尾数再加上基数就可以很快得出得数，也无须列式计算。后一种情况为 0 直接写出 VCF 的表载值。

4.3.4 空气中石油质量的计算

（1）主要术语和定义

① 游离水（FW）：在油品中独立分层并主要存在于油品下面的水。V_{fw} 表示游离水的扣除量，其中包括底部沉淀物。

② 罐壁温度修正系数（CTSH）：将油罐从标准温度下的标定容积（即油罐容积表示值）修正到使用温度下实际容积的修正系数。

③ 总计量体积（V_{to}）：在计量温度下，所有油品、沉淀物和水以及游离水的总测量体积。

④ 毛计量体积（V_{go}）：在计量温度下，已扣除游离水的所有油品以及沉淀物和水的总测量体积。

⑤ 毛标准体积（V_{gs}）：在标准温度下，已扣除游离水的所有油品以及沉淀物和水的总测量体积。通过计量温度和标准温度所对应的体积修正系数修正毛计量体积可得出毛标准体积。

⑥ 净标准体积（V_{ns}）：在标准温度下，已扣除游离水及沉淀物和水的所有油品的总体积。

⑦ 表观质量（m）：有别于未进行空气浮力影响修正的真空中的质量，表观质量是油品在空气中称重所获得的数值，也习惯称为商业质量或重量。通过空气浮力影响的修正也可以由油品体积计算出油品在空气中的表观质量。

⑧ 表观质量换算系数（WCF）：将油品从标准体积换算为空气中的表观质量的系数。该系数等于标准密度减去空气浮力修正值。空气浮力修正值为 1.1 kg/m^3 或 0.0011 g/cm^3。

⑨ 毛表观质量（m_g）：与毛标准体积（V_{gs}）对应的表观质量。

⑩ 净表观质量（m_n）：与净标准体积（V_{ns}）对应的表观质量。

⑪ 总计算体积(V_{tc})：标准温度下的所有油品及沉淀物和水与计量温度下的游离水的总体积。即毛标准与游离水体积之和。

（2）计算步骤

① 基于体积的计算步骤

a. 由油水总高查油罐容积表，得到总计量体积(V_{to})；

b. 扣除游离水高度查油罐容积表得到的游离水体积(V_{fw})；

c. 应用罐壁温度影响的修正系数（CTSH），得到毛计量体积(V_{go})；

d. 对应浮顶罐，还应从中扣除浮顶排液体积(V_{rd})；

e. 将毛计量体积(V_{go})修正到标准温度，得出毛标准体积(V_{gs})；

f. 用沉淀物和水（SW）的修正值（CSW）修正毛标准体积(V_{gs})，可以得到净标准体积(V_{hs})；

g. 如果需要油品的净表观质量(m_n)，可通过净标准体积(V_{ns})与表观质量换算系数（WCF）相乘得到。

② 基于质量的计算步骤

a. 由油水总高查油罐容积表，得到总计量体积(V_{to})；

b. 扣除游离水高度查油罐容积表得到的游离水体积(V_{fw})；

c. 应用罐壁温度影响的修正系数（CTSH），得到毛计量体积(V_{go})；

d. 将毛计量体积(V_{go})修正到标准温度，得出毛标准体积(V_{gs})；

e. 用毛标准体积(V_{gs})乘以表观质量换算系数（WCF），再减去浮顶的表观质量（mfr）得到油品的毛表观质量(m_g)；

f. 用沉淀物和水（V_{gs}）的修正值（CSW）修正油品的毛表观质量(m_g)，可得到油品的净表观质量(m_n)。

注：在基于表观质量的计算步骤中，由于浮顶的排液量在计算油品表观质量时扣除，c. 和 d. 涉及毛计量体积和毛标准体积包含了浮顶的排液体积。将净表观质量(m_n)除以表观质量换算系数（WCF）可间接计算出净标准体积。

（3）计算公式

空气中石油质量依据《石油计量表》（GB/T 1885—1998）公式计算，即：

$$m = V_{20} \times (\rho_{20} - 1.1) \tag{4-11}$$

把密度 kg/m³ 换算为 g/cm³，其公式为：

$$m = V_{20} \times (\rho_{20} - 0.0011) \tag{4-12}$$

对于浮顶油罐，在浮盘起浮后，应在油品总质量中减去浮盘质量，其公式为：

$$m = V_{20} \times (\rho_{20} - 0.0011) - G \tag{4-13}$$

式中　G——油罐浮顶质量。

对于原油或其他含水油品，计算纯油量的计算式为：

$$m_c = m(1 - w_s) \tag{4-14}$$

式中　m_c——纯油的质量；

　　　w_s——原油或其他含水油品的含水率，%。

《石油和液体石油产品油量计算静态计量》（GB/T 19779—2005）公式计算，即：

① 基于体积

$$V_{gs} = \{ [(V_{to} - V_{fw}) \times CTSH] - V_{rd} \} \times VCF \tag{4-15}$$

$$V_{ns} = V_{gs} \times CSW \tag{4-16}$$

$$m_n = V_{ns} \times WCF \tag{4-17}$$

其中：

a. 立式圆筒形金属油罐

$$V_{go} = [(V_{to} - V_{fw}) \times CTSH] - V_{rd} \tag{4-18}$$

$$V_{to} = V_c + \Delta V_c \times \rho_w / \rho_c \tag{4-19}$$

式中 V_c——由油品高度查油罐容积表得到的对应高度下的空罐容积；

      ΔV_c——由油品高度查液体静压力容积修正表得到的油罐在标定液静压力作用下的容积膨胀值；

      ρ_c——编制油罐静压力容积修正表是采用的标定液密度，通常为水的密度（1.0000 g/cm³）；

      ρ_w——油罐运行时工作液体的计量密度，可用标准密度（ρ_{20}）乘以计量温度下的体积修正系数（VCF）求得，则 $\rho_w = \rho_{20} \times VCF$。

b. 卧式金属罐、铁路罐车和汽车罐车

$$V_{go} = (V_{to} - V_{fw}) \times CTSH \tag{4-20}$$

关于石油体积的计算，涉及到油罐罐壁温度对罐壁胀缩的影响，应该进行修正。对于保温油罐，其 V_{20} 的计算公式为：

$$V_{20} = (V_B + \Delta V_p)[1 + 2\alpha(t - 20)] \times VCF \tag{4-21}$$

式中 α——油罐材质线膨胀系数（碳钢材质一般取 $\alpha = 0.000012$），1/℃；

      V_B——油罐内油品容积表表示值（非标准体积），L；

      ΔV_p——静压力容量，L：$\Delta V_p = \Delta V_c \times \rho_w / \rho_c$

      t——油品计量温度，代替罐壁温度，℃。

对于非保温罐，由于罐壁内外温度大，t 为罐内、外壁温度的平均值，其 V_{20} 的计算公式：

$$V_{20} = (V_B + \Delta V_p)[1 + 2\alpha(t - 20)] \times VCF \tag{4-22}$$

$$t = [(7 \times t_y) + t_g]/8, ℃ \tag{4-23}$$

式中 t_y——罐内油品计量温度，℃；

      t_g——罐外四周空气温度的平均值，℃。

用量油尺测量液位高度时，如果测量时量油尺的温度不同于其鉴定温度（我国通常为标准温度20℃），量油尺发生膨胀或收缩，则应将量油尺的观察读数（t_d）修正到其检定温度，以计算出实际液位高度。其修正系数 F 按式（4-24）计算：

$$F = 1 + \alpha \times (t_d - 20) \tag{4-24}$$

② 基于质量

$$m_g = \{[(V_{to} - V_{fw}) \times CTSH] \times VCF \times WCF\} - m_{fr} \tag{4-25}$$

$$m_n = m_g \times CSW \tag{4-26}$$

$$V_{ns} = m_n / WCF \tag{4-27}$$

4.4 流量及流量计计量

液体和气体统称为流体。流量是指在流动的流体中，单位时间内流经与流体流动方向相垂直的流体横截面内流体的数量。流体流量数值若用体积计算，称为体积流量；若以质量计算，则称为质量流量。

流体的计量单位是导出单位。对体积流量，单位有 m^3/h、L/min、L/s 等；对质量流量，单位有 t/h、kg/s 等。流量计量可用瞬时流量表示，也可用累计流量表示。所谓瞬时流量，是表示在某一时刻的流量值，如 L/min、kg/s 等的流量值。累计流量指在某一时间间隔内，流体流经某横断面的总量，如某油库通过流量计发给某顾客汽油多少升。累计流量与时间无关。若是体积流量，其计量单位为 m^3、L 等；若是质量流量，其计量单位为 t、kg 等。一般而言，瞬时流量主要用于控制流体供出量的大小，以便适应工艺过程的需要。累计流量用于供给流体总量的计算，以便在贸易交接和物料转交时进行数量计算。

流量计量是应用具有适当准确度的流量仪表去测量流经流量仪表的流体数量。由于它是在流体运动中进行测量，则称为动态计量，以区别于液体静止时计量的容量计量。容量计量称为静态计量。

就液体计量而言，流量计量一般可用于较小数量液货的计量。除了贸易交接外，流量计量在自动化、管道化生产过程中以及其他科学领域具有重要的作用。

4.4.1　流量计

流量计是测量流量的仪表，它能指示和记录某瞬时流体的流量值，累积某段时间间隔内流体的总量值，可以测量体积流量或质量流量。

（1）流量计分类

① 按测量结果的单位分有体积流量计、质量流量计，前者如腰轮体积流量计，后者如科里奥利振动式质量流量计；

② 按测量原理分，有容积式(如腰轮流量计)、速度式(如涡轮流量计)、质量式、差压式等；

③ 按测量场合分，有管道上用的，有明渠中用的。

（2）流量计的主要技术参数

① 测量范围(工作范围)

测量仪器的误差处在规定极限内的一组被测量的值。

流量范围是指在正常使用条件下，流量仪表在规定的基本误差内可测的最小流量至最大流量的范围。流量仪表一般均在特定介质及状态下进行标定和刻度，通常液体用水，而气体是用温度为 20℃、压力为 98kPa 下的空气标定后分度的，因此选用流量计刻度时，需要将实际工况条件的被测介质的流量换算成标定和刻度情况下的水或空气的流量，然后再来选择流量计的口径。

② 公称通径

公称通径是指进入管道的公称通径，仪表的公称通径值应在优选数列中选取。

③ 基本误差

流量计在测量范围内，在规定的工作条件下确定的误差为基本误差。若以准确度等级来表示，0.5 级的仪表其基本误差限为±0.5%，1 级的仪表其基本误差限为±1%，因此仪表的准确度等级越高，其基本误差越小。流量计的基本误差有读数误差和引用误差。

④ 公称工作压力

公称工作压力是指仪表在运行条件下长期正常工作所能承受的最大压力。

⑤ 重复性

在相同测量条件下，重复测量同一个被测量，测量仪器提供相近示值的能力。这些条件包括：相当的测量程序、相同的观测者、在相同条件下使用相同的测量设备、在相同地点、在短时间内重复。

⑥ 压力损失

仪表在工作条件下，流体流经仪表时产生的不可恢复的压力降。

⑦ 稳定性

测量仪器保持其计量特性随时间恒定的能力。若稳定性不是对时间而是对其他量而言，则应该明确说明。稳定性可以用几种方式定量表示，如：用计量特性变化某个规定的量所经过的时间，用计量特性经规定的时间所发生的变化。

⑧ 响应时间

激励受到规定突变的瞬间，与响应达到并保持其最终稳定值在规定极限内的瞬间，这两者之间的时间间隔。这是测量仪器动态响应特性的重要参数之一。是对输入输出关系的响应特性中，考核随着激励的变化其响应时间反映的能力，当然越短越好。

（3）流量计工作原理及特性

① 容积式流量计

利用机械测量元件把流动的液体连续不断地分割（隔离）成单个的体积部分，以计量液体总体积量的流量计称为液体容积式流量计。

容积式流量计的优点是测量准确度较高，测量液体时可达 0.2%。被测介质的黏度变化对仪表示值影响较小，仪表的量程比较宽，可达 10：1。缺点是传动机构较复杂，制造工艺和使用条件要求较高。例如，被测介质不能含有固体颗粒状杂质，否则会影响仪表正常工作。

常用的容积式流量计有腰轮、椭圆齿轮、刮板式等液体流量计，它们的测量原理基本相同，只是形成计量容积的方式有所不同。现仅以腰轮流量计为例介绍。

腰轮流量计（国外称为罗茨流量计），这种流量计的工作原理和工作过程是依靠进出口流体压力差产生运动，它的运动元件类似于腰形，因而称为腰轮流量计。在腰轮上没有齿，它们不是直接相互啮合转动，而是通过安装在壳体外的传动齿轮进行传动。腰轮在计量室中转动，连续计量通过仪表的被测介质。在流动流体的压力作用下，两轮作相反方向转动，每转动一周，两轮各作二次月牙形容量计量，所以每转动一周，就排出四份"计量空间"（或称测量室）的流体体积量。这样轴的转数与流动流体的流量有一比例关系，通过积算机构，就可以计算出累积流量值。轴每转一周（即腰轮每转一周）的吐出量 Q：

$$Q = k_0 D^2 \cdot L \tag{4-28}$$

式中　　k_0——吐出系数；

　　　　D——腰轮的外圆直径；

　　　　L——腰轮的长度。

腰轮流量计的准确度，受流量大小和黏度高低变化影响比较小。当它加工装配精度满足要求时，产生误差的唯一因素是泄漏，而泄漏是同流量大小、黏度高低、温度和压力等有关的。在较大、较小流量下泄漏量均增加，在流量适中时泄漏量很小。黏度越低，则泄漏量越大，而温度高则黏度低，压力大则压差大，均会导致泄漏加大。

腰轮流量计另一重要问题是压力损失。由于腰轮流量计的运动件是依靠流体流动的动能来转动,这样势必造成腰轮流量计前后的压力不同,也即有压力损失。这个压力损失主要用于克服运动元件的摩擦阻力和液体在计量室内流动时的黏性阻力。这些阻力之和,就使得腰轮流量计的压力损失比较大。压力损失随流体流量的增大而增加,黏度越高的流体,其压力损失越大。

由于腰轮流量计工艺制造精细,计量室间隙小,准确度高,要求流体介质中不能夹杂固定颗粒,而且在流量计上游安装过滤器,以免卡死腰轮,降低流量计准确度。

腰轮流量计的部分技术参数:

公称通径:15~400mm; 测量范围:0.4~1000m³/h;

量程比:10:1; 工作压力:最大耐压达6.4MPa

工作温度:120℃; 基本误差:±0.2%~±0.5%;

被测液体的黏度小于$30×10^{-3}Pa·s$时,压力损失≤0.04MPa。

另外,燃油加油机的计量器部分也属于容积式流量计。

燃油加油机是为机动车辆加汽油、轻柴油用的商业计量器具。电动加油机采用防爆电动机作动力,通过三角皮带传动泵轴旋转。将油经挠性管吸入,油在泵内增压后进入油气分离器。在油气分离器中,油中的气被分离后排出机外,而油则进入计量器。进计量器的油推动计量器转动轴,并带动计数器计数和累计油量,经计量的油通过视油器输油管,然后由油枪向机外受油容器供油。

燃油加油机虽型号较多,但结构大体相同。包括电动机、油泵(主要有叶片泵、齿轮泵)、油气分离器、计量器、计数器、视油器、油管、油枪。

以DP系列燃油加油机为例,计量器内两个120°双向活塞组成。采用连杆槽限位,1000cm³为一个循环。计量器的误差通过调整活塞行程调节螺丝来控制。活塞活动行程越长,一个循环所输送的量越多。反之,行程短则一个循环所输送的量就少。计量器的活塞循环活动次数由连杆传送到计数器进行显示与累计,而油品通过软管到油枪输出。采用连杆槽限位产生的累计误差小,能保证计量准确,并且计量器使用寿命长。

燃油加油机的部分技术参数:

允许吸程6m; 工作压力:0.25MPa;

最大流量:55~65L/min; 一次计数范围:0.1~999.9L,可回零式

计量精度±0.3%

② 速度式流量计

以各种物理现象直接测量封闭管道中满管流的液体流动速度,再进一步计算出流体流量的流量计称为速度式流量计。

速度式流量计测量准确度高(通常在±0.2%以内),而且在线性流量范围内,即使流量有所变化,也不会降低累计准确度。它的量程(最大和最小线性流量比)大,适合于流量大幅度变化的配比系统,且惯性小、反应快。温度范围宽,适合于液体在各种温度状态下计量。其输出的数字信号与流量成正比,不降低流量准确度,又适应自动化要求,便于远距离传送和数据处理,能耐受高压,压力损失小。为保证管道截面积上的流速均匀,安装要求较高,其进出口处的前后的直管段应分别不小于变送器通径的20倍和15倍。因此在石油系统有很大的发展前景。速度式流量计包括涡轮流量计、涡街流量计、旋进旋涡流量计、电磁流

量计、超声波流量计等。

下面以涡轮流量计为例说明。

涡轮流量计又称透平流量计(简称 TUF),是速度式流量计中的一种,是在螺旋式叶轮流量计的基础上发展起来的,是叶轮式流量计中的主要品种(叶轮式流量计还有风速计、水表等)。它通过测定置于流体中的涡轮的转速来反映流量的大小。

涡轮流量计、容积式流量计及科氏质量流量计是三类重复性、准确度最佳的流量仪表。而涡轮流量计又具有自己独特的特点如结构简单、重量轻、准确度高、压力损失小、量程范围宽、振动小、抗脉动流性能较好;可适应高参数(如高低温、高压)情况下测量。目前,涡轮流量计可达到的技术参数:

口径:4~750mm;

流量:可达 25000m³/h;

压力:250MPa;

温度:低温-240℃、高温 700℃。

上述这样的技术参数,其他两类流量计是难以达到的。

由于涡轮流量计存在活动部件,在人们的心中远不如科氏质量流量计、超声流量计那么低故障率、耐用,人们在选用时总心存疑虑。但事实上经过国内外厂家多年的共同努力,涡轮流量计质量得到飞速提高,情况大为改观。由于采用了特殊的耐磨轴承和高品质材料制造的叶片,使传感器不仅可以用于清洁介质,还可以适用存在微粒介质的情况。国内生产产品的无故障工作时间大于 2×10^4h;在输油管线中的指标为 8000h,连续工作一年,与仪表大修期一致。

涡轮流量计主要优点:

a. 准确度高,全量程一般为 1.0%~2.0%;高准确度型为 0.5%~1.0%。

b. 重复性好,一般可达 0.05%~0.2%,因此经常选用作为标准流量计使用。

c. 量程范围宽,中大口径一般可达 20:1 以上,小口径为 10:1;始动流量也较低。

d. 压力损失较小,在常压下一般为 0.1~2.5kPa。

e. 结构紧凑,体积轻巧,安装使用方便。

f. 由于一般采用脉冲频率信号输出,适于总量计量及与计算机连接;无零漂移,抗干扰能力强。同时若采用高频信号输出,可获得高的频率信号 3~4kHz,信号分辩力强。

g. 可采用多种显示方式,可只带机械计数器或只配普通型流量积算仪,也可在机电计算器上增加温压补偿仪,且可长期采用电池供电(可连续运行两年以上),使用方便。

涡轮流量主要不足之处:

a. 介质中含有悬浮物或腐蚀性成分,容易造成轴承磨损加速及卡住问题。

b. 要长期保持计量特性,需要定期校准。对于贸易计量,最好配备现场实流校准设备。

c. 介质的物理特性(如密度、黏度等)对涡轮流量计的特性有较大影响,与温度、压力关系密切,因此要进行温压修正。

d. 流量计受流体流速分布畸变和旋转流的影响较大,为此需在流量计的上游侧设置较长的直管段或整流器,在下游侧也需设置一定长度直管段,为此需占场地较大。

e. 对被测介质清洁度要求较高,需要加装过滤器,既带来了压损增大,又增大了维护工作量。

f. 小口径(DN50 以下)仪表的流量特性受物性影响严重,其仪表特性难以提高。

涡轮流量计尽管存在不足及缺点,但总体上优点远胜于缺点,并且具有其他流量计不具备的特性,再加上其标准化工作非常完善,满足涡轮流量计工作需要,因此发展前景非常广阔。

涡轮流量工作原理:

当被流体通过涡轮流量传感器时,流体通过导流器冲击涡轮叶片。由于涡轮的叶片与流体流向间有倾角,流体的冲击力对涡轮产生转动力矩,使涡轮克服机械摩擦阻力矩和流体阻力矩而转动。实践证明,在一定的流量范围内,对于一定的流体介质黏度,涡轮的旋转角速度与通过涡轮的流量成正比。所以通过测量涡轮的旋转角速度可测量流体流量。

涡轮的旋转角速度一般都是通过安装在传感器壳体外面的信号检测放大器用磁电感应的原理来测量转换的。当涡轮旋转时,涡轮上由导磁不锈钢制成的螺旋形叶片依次接近和远离处于管壁外的磁电感应线圈,周期性地改变感应线圈磁回路的磁阻,使通过线圈的磁通量发生周期性地变化而产生与流量成正比的脉冲电信号。此脉冲电信号经信号检测放大器放大整形后送至显示仪表(或计算机)显示出流体流量。

在某一流量范围内,一定黏度范围内,涡轮流量计的体积流量(q_v)与输出的信号脉冲频率(f)成正比,即:

$$f = K \cdot q_v \tag{4-29}$$

式中　K——涡轮流量计的仪表系数,1/L 或 1/m³。

在涡轮流量计的使用范围内,仪表系数 K 应为一常数,其值由实验标定得到。每一台涡轮流量传感器的校验(或合格)证上都标明经过实流校验得到的仪表系数 K 值。

仪表系数 K 的意义是单位体积流量通过涡轮流量传感器时,传感器输出的信号脉冲频率 f(或信号脉冲总数 N)。所以当测得传感器输出的信号脉冲频率或某一时间内的脉冲总数 N 后,分别除以仪表系数 K,就可以得到体积流量或流体流量总量 V。按下式计算:

$$q_v = \frac{f}{K} \tag{4-30}$$

$$V = \frac{N}{K} \tag{4-31}$$

涡轮流量计结构:

涡轮流量计由涡轮流量传感器(亦称变送器)、前置放大器和显示仪表所组成。涡轮流量传感器典型的结构如图 4-10 所示。

a. 仪表壳体

仪表壳体一般采用不导磁的不锈钢(如 1Cr18Ni9Ti)制成,对于大口径传感器亦可用碳钢与不锈钢组合的镶嵌结构。壳体是传感器的主体部件,它起到承受被测流体的压力,固定检测部件、连接管道的作用。壳体内装有导流器、叶轮、轴、轴承,壳体外壁安装有信号检测放大器。

b. 导流器

导流器通常选用不导磁的不锈钢或铝合金材料制作,安装在传感器进出口处,对流体起导向、整流以及支承叶轮的作用。

c. 涡轮

涡轮亦称叶轮，一般由高导磁材料制成（如 Cr17Ni2），是传感器的检测部件。它的作用是把流体的动能转换成机械能。叶轮有直板叶片、螺旋叶片和丁字形叶片等。叶轮由支架中轴承支承，与壳体同轴。叶片数目多少视传感器口径大小而定。叶轮形状及尺寸大小对传感器性能有较大影响。要根据流体的性质流量范围、使用要求等选择叶轮。

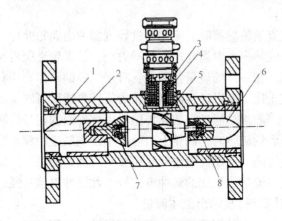

图 4-10　涡轮流量传感器

1—壳体；2, 6—导流器；3—前置放大器；4—磁电转换器；5—斜叶轮；7, 8—轴承

d. 轴与轴承

它的作用是支承叶轮的旋转，需要有足够的刚度、强度、硬度及耐磨性、耐腐蚀性等。它的质量决定传感器的可靠性和使用期限。因此它的结构与选材以及维护都非常重要。通常选用不锈钢（如 2Cr13、Cr17Ni2 或 1Cr18Ni9Ti 等）或硬质合金制作。

e. 磁电转换器

磁电转换器，亦称信号发生器，它是由永久磁铁、导磁棒和线圈组成。它的作用是把涡轮的机械转动信号转换成电脉冲信号输出。

f. 前置放大器

它是由晶体管组成的放大电路，它将磁电转换器产生的信号放大后输送给显示仪表，它和磁电转换器组成涡轮流量计的发讯器。

（4）质量式流量计

用于计量流过某一横截面的流体质量流量或总量的流量计为质量流量计。由于它能直接显示被测流体的质量，且准确度较高，因而正在石化系统推广。但因温度和压力对其准确测量有较大影响，应安装电阻对温度进行修正，安装压力变送器进行在线压力补偿。还要注意克服应力和振动对仪表的影响，注意安装一定的直管段。

质量流量计可分为直接式质量流量计和推导式质量流量计两大类。目前直接式质量流量计测量管的形状有：直管、S 形管、U 形管、螺旋管等，但其工作原理都是依据牛顿第二运动定律：力 = 质量×加速度（$F = ma$）制成的。仪表的测量管在电磁驱动系统的驱动下，以它固有的频率振动。液体流过测量系统时，流体被强制接受管子的垂直动量，与流体的加速度 a 产生一个复合向心力 F，使振动管发生扭曲，即在管子向上振动的半周期，流入仪表的流体向下压，抵抗管子向上振动的半周期，流入仪表的流体向下压，抵抗管子向上的力。流出仪表的流体则向上推，两个反作用力引起测量管扭曲。这就是"科里奥利效应"。测量管扭曲的程度与流体的质量流量成正比，位于测量管两侧的电磁感应器用于测量上、下两个力的作用点上管子的振动速度，管子扭曲引起两个速度信号之间出现时间差，感应器把这个信号传送到变送器，变送器对信号进行处理并直接将信号转换成与质量流量成正比的输出信号。

（5）影响流量计准确性的因素

用流量计计量油品虽然操作方便，节省劳力，但如果选型或使用不当，会造成很大误差。

① 压力。流量计发油，必须在一定的压力下进行。压力损失的特征是：压力损失随流体流量的增大而增加，黏度越高的流体，其压力差越大。由于流体入口与出口间形成的压力差，也影响到计量准确与否。压力差越大，泄漏量越大，因此，流量计选型应考虑这一因素。在使用时应不超过流量计规定的压力和流量范围，且应操作平稳，切勿急剧开关阀门。

② 黏度。被测介质的黏度变化，对任何形式的流量计都会产生影响（不同结构的流量计影响大小不等），因为黏度是阻止流体流动的一种性质。随着黏度的增加，特别是对高黏度的介质，要消费更大的能量，才能使转子转动，产生极大的压力差，因而也就增加对转子壳体等的磨损，降低计量精度。黏度高的油品，泄漏量小。

③ 温度。温度的变化影响到黏温性能曲线的改变和介质体积的变化，同时还引起仪表计量室的容积和转子与壳体之间的间隙变化，所以温度可能影响流量仪表的计量精度和正常工作状态。

④ 流量。在流量较小时，由于流量计进出口的差压小，转子转速低，泄漏量大，误差较大；在大流量时，由于转子的回转力矩大，转速高也造成泄漏量大，误差也较大。当流量在某一确定范围内，流量计量与转子转数成比例关系，泄漏量小，误差较小且平稳，所以，为了保证流量计处在最佳工作状态下，要选择流量范围适当的流量计。

⑤ 空气。即管线内有无空气。根据实践经验证明，管内空气受液体压力推动流量仪表的转子空转，产生计数器数字与实际流过油料不符的现象，使计量不准。因此，在流量计前端应安装油气分离器（消气器）。

⑥ 介质。就是液体的性质、密度、黏度等。例如，出厂校正时使用的是水，使用时是计量石油产品，或者校正时用的是柴油，使用时是计量汽油，这都会影响流量仪表的计量精度。

⑦ 磨损。流量仪表的使用时间过长，那么机械传动部分就会有磨损，而且介质不净也会加快磨损，磨损程度直接影响精度。所以，仪表前端应装过滤器，并经检查，清除杂质及更换纱网。

4.4.2　成品油流量计计量的计算方法

（1）体积流量的计量数据处理

① 标准体积和质量的计算

目前用于计量交接的体积量是以在标准温度下（20℃）油品所占有的体积来结算的，而流量计所测得的体积流量值是在工况条件下得到的，其温度往往不是20℃，这个温度的差异会使油品体积量变化，与标准温度下的体积量产生误差，因此必须修正。其修正计算公式：

$$V_{20} = V_t \cdot VCF \tag{4-32}$$

式中　V_{20}——油品在20℃温度时的体积，m^3；

　　　V_t——流量计测得的体积，m^3；

　　VCF——体积修正系数。

② 定量发油体积的计算

如果已知收发油品的质量数而需要知道流量计运行的体积量，就需要将上面的运算倒过来进行，根据质量 m 求得 V_t。

（2）质量流量的计量数据处理

质量流量计在标定时，已经考虑到空气浮力的影响，并对它进行了修正，所以用质量流量计测得的质量值，就是真空中的质量值。但作为油品贸易结算，还得考虑空气浮力这一因素。

在《石油计量表》（GB/T 1885—1998）中，其计量公式为：

$$m = V_{20} \cdot (\rho_{20} - 1.1)$$

在此基础上，也可将上式写成这样：

$$m = (V_{20}\rho_{20} - 1.1V_{20})$$

$$= \left(m' - \frac{1.1m'}{\rho_{20}}\right) = m'\left(1 - \frac{1.1}{\rho_{20}}\right)$$

式中　m——油品结算商业质量，kg 或 t；

m'——质量流量计指示累计质量，kg 或 t。

（3）流量计示值的误差修正

在日常的计量工作中，一般有两种方法对流量计的示值予以误差修正。一是使用流量计系数 MF 进行修正；二是使用相对误差 E 进行修正。下面分别加以说明。

① 使用流量计系数进行误差修正

流量计系数 MF 是在用标准装置对工作流量计进行示值检定时，得到的标准装置经过修正后的示值 Q_s。与被检流量计的示值 Q_1 的比值，即：

$$MF = \frac{Q_s}{Q_1} \tag{4-33}$$

当使用某些国家标准进行流量计检定时，在检定证书上将会给出流量计系数。这时就可以使用此流量计系数 MF 对流量计的示值予以修正。修正的公式如下：

$$m = m_g \cdot MF \tag{4-34}$$

式中　m——被测液体的准确质量；

m_g——流量计测得的液体质量示值。

或者直接将流量计的体积读数予以修正，公式为：

$$V = V_m \cdot MF \tag{4-35}$$

式中　V——被测液体的准确体积；

V_m——流量计的体积读数。

如果流量计系统的二次仪表已经根据此流量计系数对测量结果自动进行了修正，那么在计算中就不必再进行此项修正了。

② 使用流量计相对误差进行误差修正

有的检定机构在提供被检流量计的检定合格证书时，也给出该流量计在各流量点上的示值相对误差 E。这时也可以利用此相对误差对其所在的流量点的该流量计读数进行示值修正，修正公式为：

$$V=\frac{V_\text{m}}{1+E} \tag{4-36}$$

式中　V——被测液体的准确值；

　　　V_m——流量计在某流量点的示值；

　　　E——此流量点的相对误差。

③ 流量计的校准

在油库、加油站，计量器具的检定通常是由政府计量检定机构或由其授权的企业计量检定机构实行的。库站计量员无该资格，即使是取得某个计量项目的检定员，由于没有授权也不能从事检定工作。那么在库站对计量器具主要是校准。校准可以完全按照计量检定规程进行，也可部分按照计量检定规程进行。流量计(加油机)检定或校验的方法有标准容器法、标准表法和标准体积管法，通常使用在线检定为标准容器法，现简要介绍：

a. 加油机实际体积值的计算

标准金属量器测得的加油机，在试验温度 t_J 下的实际体积量 V_Bt 的计算公式：

$$V_\text{Bt}=V_\text{B}\left[1+\beta_\text{y}(t_\text{J}-t_\text{B})+\beta_\text{B}(t_\text{B}-20)\right]$$

式中　V_Bt——标准金属量器在 t_J℃下给出的实际体积值，L；

　　　V_B——标准金属量器在20℃下标准容积，L；

　β_y、β_B——检定介质油和标准量器材质的体积膨胀系数(汽油：12×10^{-4}/℃；煤油：9×10^{-4}/℃；轻柴油：9×10^{-4}/℃；不锈钢：50×10^{-6}/℃；碳钢：33×10^{-6}/℃；黄铜、青铜：53×10^{-6}/℃)；

　t_J、t_B——加油机内流量计输出的油温(由油枪出口处油温代替)和标准量器内的油温，℃。

b. 容积式流量计体积量相对误差计算

流量计计算结果相比较一点选取最大误差作为该流量点误差，然后再从三个点中选其中最大误差作为被检流量计基本误差。相对误差公式：

$$E_\text{V}=\frac{V_\text{J}-V_\text{Bt}}{V_\text{Bt}}\times100\%$$

式中　E_V——流量计的体积相对误差，%；

　　　V_J——流量计在 t_J℃下指示的体积值，L。

重复性误差公式：

$$E_\text{ri}=(Ei_\text{max}-Ei_\text{min})/d_\text{n}$$

式中　E_ri——被检流量计第 i 点流量点的重复性误差(不超过基本误差限的1/3)；

　　　Ei_max——被检流量计第 i 点流量点的最大误差；

　　　Ei_min——被检流量计第 i 点流量点的最小误差；

　　　d_n——极差系数。

4.5　容器和衡器的自动化计量

石油的自动化计量是现代化管理的一个重要内容，新技术的引进和推广应用，势必提高企业的管理能力，获得更大的经济效益，推动石油储运行业的发展。

4.5.1　容器计量的自动化仪表

（1）液位计分类及测量原理

石油容器计量的自动化仪表主要是液位计。液位计是工业过程测量和控制系统中用以指示和控制液位的仪表。液位计按功能可分为基地式（现场指示）和远传式（远传显示、控制）两大类。远传式液位计，通常将现场的液位状况转换成电信号传递到需要监控的场所，或用液位变送器配以显示仪表达到远传显示的目的；液位的控制通常用位式控制方式来实现。

液位计通常由传感器、转换器和指示器三部分组成。具有控制作用的液位计还有设定机构。

液位计的工作原理按检测方式不同可以归纳为以下几类：

① 浮力液位测量原理。在液位测量范围内通过检测施加在恒定截面垂直位移元件上的浮力来测量液位（如浮筒式、浮球式）。

② 浮子液位测量原理。通过检测浮子的位置来测量液位，浮子的位置可以用机械、磁性、光学、超声、辐射等方法检测（如磁翻柱浮球式）。

③ 浮标和缆索式液位测量原理。根据浮标的位置直接测量液位，浮标的位置由缆索和滑轮或齿轮凸轮组以机械的方式传送到指示仪和（或）变速器（如浮子式）。

④ 压力液位测量原理。通过检测液面上、下两点之间的压力差来测量液体的液位（如压力式）。

⑤ 超声波、微波液位测量原理。通过检测一束超声声能、微波能发射到液面并反射回来所需的时间来确定液体的液位（如反射式）。

⑥ 伽马射线液位测量原理。利用液体处在射级源和检测器之间时吸收伽马射线的原理测量液体的液位（如辐射式）。

⑦ 电容液位测量原理。通过检测液体两侧两个电极间的电容来测量液体的液位（如电容式）。

⑧ 电导液位测量原理。通过检测被液体隔离的两个电极间的电阻来测量导电液体的液位（如电导式）。

（2）计量性能要求

① 示值误差

液位计示值的最大允许误差有两种表示方式：

a. 示值的最大允许误差为 $\pm(a\%FS+b)$

其中：a 可以是 0.02、0.03、0.05、0.1、0.2、0.5、2.0、2.5；

　　　　FS 为液位计的位量程，cm 或 mm；

　　　　b 为数字指示液位计的分辨力，cm 或 mm。模拟指示液位计 $b=0$；

b. 示值的最大允许误差为 $\pm N$

其中：N 为直接用长度单位表示的最大允许误差，cm 或 mm。

② 回差

液位计的回差应不超过示值最大允许误差绝对值。其中，反射式和压力式液位计的回差应不超过示值最大允许误差绝对值的二分之一。

③ 稳定性

具有电源供电的液位计连续工作 24h，示值误差仍符合要求。

④ 液位信号输出误差

具有变送器功能的液位计，输出误差应不超过输出量程的 $\pm c\%$。

其中：c 可以是 0.2、0.5、1.0、1.5、2.0、2.5。

⑤ 设定点误差

具有位式控制的液位计，其设定点误差限为 $\pm a'\%FS$（或 $\pm N'$）。

其中：a' 可以是 0.1、0.2、0.5、1.0、1.5、2.0、2.5；

N' 为直接用长度单位表示的设定点误差限，cm 或 mm。

⑥ 切换差

具有位式控制的液位计，切换差应不超过设定点误差限绝对值的 2 倍。

（3）几种液位计简介

① 1151 电容式油罐计量系统

1151 电容式油罐计量系统由引压系统、传感器、信号转换接口电路和控制计算机等组成。计量系统的引压方式分为直接引压方式和间接引压方式，直接引压式又分为无隔离液和有隔离液两种。该系统主要用于立式储罐内黏度不大于 $20\text{mm}^2/\text{s}$ 液体的计量。

电容式差压式变送器，主要由测量室、测量膜片和固定极板组成。测量膜片把测量室分隔成左右两室，即高压室和低压室，两室的空腔中充满灌充液。高压室经灌充液和隔离膜片用引压管同油罐底部连接，低压室经灌充液和隔离膜片用引压管同油罐顶部连接。当油罐内介质压力通过隔离膜片、灌充液传至中间的测量膜片，测量膜片受压而发生位移，其位移量与差压成正比，测量膜片的位移由其两侧的固定极板检测出来，这是两边差动电容的值发生变化，这个变化量被转换成 $4\sim20\text{mA}$ 的直流输出信号。

② 浮子式钢带液位计

浮子式钢带液位计主要由检测部分（浮子及导向钢丝）、传送部分（穿孔钢带及滑轮组）和指示部分（恒力盘簧、链轮、钢带及收、放轮和盘簧轮）组成。浮子为扁平柱形，采用导向钢丝由弹簧张紧器紧固在油罐内，当液位变化时，浮子在两导向钢丝之间滑动，具有抗扰性，平稳、可靠、灵敏。

浮子所受的浮力 F，重力 W，以及恒力弹簧提供的拉力 P，这三个力的合力为零，浮子呈静止状态。即：

$$F+W+P=0 \tag{4-37}$$

当被测罐内的液位上升时，浮子导向钢丝向上运动，带动穿孔钢带向右运动，钢带张力减小，这时恒力弹簧按顺时针方向转动，将穿孔钢带卷绕在钢带收、放轮上。钢带上因冲有等距离的、准确度很高的小孔，它精确地与链轮相啮合，并带动链轮转动，驱动计数器计数，显示新的液位，同时输出角位移量作为远传信号。

③ 油罐雷达液位计

雷达液位计近些年来推出的一种新型的油罐液位测量仪表，其特点是采用了全固体状的雷达测距技术，整个仪表无移动部件，无任何零件与油罐内的介质接触，控制单元采用了数字处理技术，测量准确度高，很易扩展到油罐的监控系统。维护保养的工作量很少。

雷达液位计分天线单元和控制单元两部分。

a. 天线单元。天线单元采用的是多点发射源（平板天线技术），与单点发射源相比，其优点是由于测量基于一个平面，而不再基于一个确定的点，使得雷达液位计的测量准确性满量程时，仍可达到±1mm。

b. 控制单元。控制单元安装在地面，它包括一个就地的液晶显示指示和一个手执通讯器接口使用的光连接器，这样操作人员无须上罐即可读数。控制单元采用了模块化设计，可以根据现场的工艺要求切入温度(点温或平均温度)、压力、密度及水位测量的卡件，这样可以在一台雷达式液位计上完成罐内液位、水位、密度和温度的全部准确测量。

④ 光导式液位计

光导式液位计在钢带式液位计的基础上运用了光导技术，使其适用于任何防爆区域。

光导式液位计采用钢带式液位计的机械检测部分作为一次仪表，信号传输转换部分有投光光纤、受光光纤和安装于罐下的光电变换器，在控制室装有计算机、光发射器和光接收器等。

当罐内液位发生变化时，钢带随浮子上下移动。由于钢带上冲有小孔，光源由控制室发出后，经过投光光纤传输到罐下部的光机变换器，穿孔的钢带处于通光或不通光的状态，因而在受光回路中产生了相应的脉冲信号，完成了机械位移到光信号的转换。在光机变换器中有一反向膜片，受光光纤通过反射膜片将光脉冲信号传输到控制室中的光接收器。在光脉冲的照射下，光敏管产生脉冲电流，完成了从光到电的转换过程。计算机根据发回的脉冲信号进行数据处理，从而显示罐内液位的数字。

光导式液位计具有抗磁场干扰和雷电干扰的特性，罐区内可以不带电进场，因而消除了在含可燃混合气体的区域可能造成的产生电火花的危险性。这种光导技术能量消耗极低，传输距离远，并且节约了大量金属导线，该测量系统确属目前油库较理想的技术装备。

⑤ 伺服式液位计

伺服液位计是20世纪50年代出现的液位测量仪表。随着电子技术的飞速发展，该产品现已发展到第六代产品，出现了满足计量交接要求级的产品。伺服液位计在轻质油、化工产品、液化石油气、天然气方面应用得比较广泛。

一般结构主要有接线端室、鼓室和电气单元室。在电气单元室内可以根据要求，分别插入点温、平均温度、压力、密度等测量卡件，实现罐内液位、油水界面、温度和密度的准确测量。

浮子由一根强度和柔性很高的钢丝悬挂于测量鼓上。浮子的密度大于被测液体的密度，浮子的一部分浸没于被测液体中，根据阿基米德浮力原理，浮子受到一个向上正好等于浮子所排开液体重量的浮力。

浮子所受到向上的拉力即钢丝上的张力等于浮子重量减去它所受向上的浮力，根据杠杆滑轮原理，钢丝上的张力直接被传到高准确度的力传感器上。一般情况下，浮子平衡在液面上，其所受的拉力被设定于伺服机构的控制器中。力传感器不断地测量钢丝上的张力。当液位下降时浮子失去向上的浮力，则力传感器测到的张力增加，力传感器和伺服控制器进行力的比较，使伺服马达带动测量鼓放下测量钢丝、浮子去追踪液位，直到浮子所受的拉力即钢丝上的张力等于力传感器设定的拉力。相反，当液位上升时，这个过程相反。

测量油水界面时，只要将伺服机构控制器中拉力的设定值减小，浮子则会自动地从液位下降至油水界面。

测量密度时，伺服式液位计会自动地根据当地液位，命令浮子分10点浸入液下，测得各点的密度和平均密度。

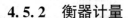

4.5.2 衡器计量

衡器是利用被称物的重力来确定该物体的质量或作为质量函数的其他量值、数量、参数及特性的计量仪器。

（1）衡器的分类

衡器的分类都是依据衡器的某一特征而进行的。依据的特征不同，分类的方法也不同。按结构原理可分为三类，即：① 机械秤，包括杠杆秤、弹簧秤等；② 电子秤，包括电子计价秤、电子吊秤、电子汽车衡、电子轨道衡、电子皮带秤等；③ 机电秤，包括机电两用秤、光栅秤等。按用途分类，可分成商用秤、工业秤。按操作方式分类，可分为自动秤和非自动秤。

（2）称量原理

在衡器上被称物体的重力与已知质量的标准砝码的重力进行比较的过程称为称量。称量的原理一般可分为四种：杠杆原理、传感原理、弹性原件变形原理及液压原理。

① 杠杆原理

杠杆是一种在外力作用下，绕固定轴转动的机械装置。平衡时，作用在杠杆上的所有外力矩之和为零。秤就是根据该原理制成的计量器具。

② 传感原理

以电阻应变式称重传感器为例，它由电阻应变计、弹性体和某些附件组成。当被称量物体或标准砝码在质量作用的传感器上时，弹性体产生形变，应变计的电阻就发生变化，并通过电桥产生一定的输出信号，从而可以进行比较和衡量。这种用称重传感器制成的质量比较仪，其计量不确定度（σ）已达（$2 \sim 5$）$\times 10^{-7}$，而且操作方便，具有很多优于常规的功能。

③ 弹性原件变形原理

在重力作用下，有可能将弹簧拉长变形。按照弹簧变形的大小，就可以判定出作用力、重力的大小。各种扭力天平和弹簧秤都是根据这个原理制造的。

④ 液压原理

根据帕斯卡原理，加在容器液体上的压强，能够按照原来的大小由液体向各个方向传递。液压秤就是根据这一原理制成的。

（3）衡器的计量性能和准确度等级划分

① 衡器的计量性能

衡器必须具备以下四种计量性能。

a. 稳定性。衡器的稳定性是指衡器的平衡状态被扰动后，能自动恢复或保持原来平衡位置的性能。衡器的稳定性可用稳定度来表示。稳定度（Stability）是指在规定的工作条件内，衡器的平衡位置（示值）及某些性能随时间保持不变的能力。

b. 灵敏性。衡器的灵敏性是指衡器的示值对被测质量微小变化作出反应的特征。衡器的灵敏性可用灵敏度来表示。灵敏度（Sensitivity）表示衡器对被测质量变化的反应能力。对于给定的被测质量值的灵敏度 K，可以表示为被观察变量 L 的变化值 ΔL 被测质量 m 相应变化值 Δm 之比，即

$$K = \frac{\Delta L}{\Delta m} \tag{4-38}$$

c. 正确性。衡器的正确性指衡器对力的传递与转换系统准确可靠的特征。

d. 重复性。衡器的重复性是指衡器在相同条件下，以一致的方式对同一被测质量进行连续多次称量时，其称量结果的一致性。

② 非自动衡器准确度等级划分

秤的准确度等级划分原则主要基于两个参数，即分度数和分度值，分度值越小，分度数越多，则秤的准确度也越高。

非自动秤划分为三个等级即高准确度等级、中准确度等级和普通准确度等级。高准确度等级秤用来称量贵重物品和作标准用；中准确度等级秤一般用于贸易结算；普通准确度等级秤适用于称量低值物品。

划分秤准确度级别的基础之一是分度值 d，因此允许误差以分度值 d 的倍数给出。

图4-11　增砣游砣式台秤

（4）台秤

在机械杠杆式衡器中使用最多的是台秤。台秤是一种不等臂杠杆秤，用来衡量较重的物体。可根据需要移动使用地点，通常把台秤和案秤统称为移动式杠杆秤。台秤使用范围非常广泛，工业、农业、商业、交通和国防科研等部门都要用到台秤。台秤分为增砣游砣式台秤（图4-11）和字盘式台秤两大类，其中前者在我国使用最为广泛。

台秤是一种不等臂秤。它由杠杆系统、承重装置、读数装置、支撑机构四部分组成。

台秤的杠杆是由第一类杠杆和第二类杠杆组成的，它有一个长杠杆和一个短杠杆，短杠杆是通过一个连接环连接起来的。杠杆又通过一个连杠与横梁连接起来，这样就组成了一个杠杆结构。力的传递原理是：当台板有重物时，被称物体的重量，通过杠杆臂传递到横梁支点刀上，该物重量与增砣重量使横梁平衡，由已知增砣重量可测量物体质量。

增砣是砝码的一种，相当于五等砝码，是杠杆秤的重要组成部分，它起着扩散称量的作用。其质量的正确与否直接影响到计量准确性。增砣的自身误差在称量过程中，扩大了相当于总传力比 M 的倍数而加到系统误差中去，因此增砣的准确性直接影响秤的正确性。

（5）电子衡器

凡是利用力-电变换原理，将被衡量物体的重力所引起的某种机械位移转化为电信号，并以此来确定该物质质量的衡量仪器，统称为电子衡器。

电子衡器可归纳为两大类型，一类是在机械杠杆的基础上，增加一套位移-数字转换和电子测量装置，使物体的质量直接由数字显示出来，常被采用的转换装置有光栅、码盘、电磁平衡的力矩器或同步器等，这种衡器被人们称之为机电式电子衡器，见图4-12；另一类电子衡器是通过某种传感器，把重力直接转换为与被测重

图4-12　电子式台秤

物成正比的电量，再由电子测量装置测出电量大小，然后通过力-电之间的对应关系显示出被称量物体的质量，称为传感式电子衡器。而传感式电子衡器又分为两种：一种是全感式的称重系统，它是有一个或几个传感器直接支撑被称量物体的一种称量系统；另一种是通过杠杆把被称量物体的重力传递给传感器，实际上是杠杆和传感器并用的一种称量系统。

电子衡器与机械衡器相比，称量方便，称量值转化为电信号后可以远距离传输，便于集中控制和实现生产过程自动化控制。特别是传感式电子秤，它反应速度快，可提高称量效率。传感式电子秤结构简单、体积小、重量轻，因而受安装地点限制小。传感器可做成密封型的，从而有良好的防潮、防腐蚀性能，能在机械式杠杆和机电式电子秤无法工作的恶劣环境下工作。传感式电子秤没有杠杆、刀和刀承，具有机械磨损小、寿命长、稳定性好等优点，减轻了维护与保养等方面的工作。

① 电子衡器的组成

无论是机电式的电子衡器还是传感器式的电子衡器，它们都由以下四个部分组成：

a. 承重和传力机构。承重和传力机构是将被称物体所产生的重力传递给力-电转换单元的全部机械系统。一般包括承重台面或叫载荷接受器、秤桥结构、吊挂连接部件及限位减振机构等。

b. 力-电转换元件。一般称为一次仪表或一次转换元件，它可以将作用于该元件上的非电量(重力)按一定的函数关系(通常是线性的)转换为电量(电压、电流、频率等)输出。对机电式电子衡来说力-电转换元件就是光栅、码盘等，对传感式衡器来说力-电转换元件就是各种称重传感器。

c. 测量显示部分。一般这部分习惯上称为称重显示仪表或二次仪表，它用于测量一次转换元件输出的电信号值，并以模拟方式或数字方式把重物的量值显示出来。为提高测量的准确度，加快称量速度，在显示仪表中已广泛采用微处理机和小型电子计算机，提高了电子衡器的自动化程度。

d. 电源。指给称重传感器测量桥路供电的高稳定度的激励电源，它可以是交流或直流的稳压电源，也可以是稳流电源。

② 称重传感器

a. 称重传感器的种类及特点。根据力-电变换的工作原理不同，称重传感器主要有：电阻应变式、电感式、电容式、电磁式、压电式和振频式等。其中使用最广泛的是电阻应变式称重传感器，具有以下优点：

- 结构简单体积小；
- 线性重复性好，滞后小，其综合相对准确度可高达 0.015%；
- 工作可靠，长期稳定性好；
- 可以做成拉、压两种，且受拉和受压的输出特性对称性好；
- 有互换性，使用维修方便，易于和电子测量仪表匹配；
- 寿命长，灵敏度高；
- 频率响应好，能用于动态测量。

b. 电阻应变式称重传感器的工作原理。电阻应变式称重传感器是将重力转换成应变量，然后通过电阻应变片将应变量转换成电阻的相对变化量。为了便于测量，还需要通过电桥将电阻的相对变化量转换成电压。电阻应变式称重传感器通常由弹性元件、电阻应变片和测量桥路组成。

● 弹性元件的工作原理。弹性元件是传感器中最基本的敏感元件，它是利用金属材料的应力-应变效应进行工作的，其工作原理与弹簧秤、百分表达式测力计中的弹性元件相同，只不过其变形大小有所不同而已。

● 电阻应变片的工作原理。电阻应变片是传感器中关键的传感元件，它是利用应变-电阻效应进行工作的，应变片粘贴在弹性元件上，弹性元件受力变形传给应变片，使其阻值发生相应变化，把所称的物体重量转换成相应的阻值变化量。

● 测量电桥的工作原理。称重传感器通过弹性元件、电阻应变片桥路将重力或质量变换为电阻的相对变化，进而把它转换成电流或电压，使非电量变为电量，从而达到利用电测量仪表进行测量的目的。实现这一种转换最常用的方法是电桥测量法。传感器用的测量电桥一般为惠斯登电桥，或叫四臂直流电桥。

③ 称重显示控制仪表

称重显示仪表和称重传感器一样，是电子衡器不可缺少的组成部分，它的误差会直接反应到称重物体的称量结果中，所以应当选用与电子衡器准确度要求相当的显示控制仪表。

当前，微处理机已大量普及，功能完善的带微型计算机的称重显示仪表已被广泛应用。应用微处理机后，可以根据预先编制好的程序对称重过程进行处理和控制，完成对仪表的自动校准、自动零点跟踪、自动量程转换、自动逻辑判断、自动存取并更改调节值，还能对采集的数据进行判断、处理，并根据给定的数学模型进行计算，对测试结果进行修正，自动求得诸如总量、皮重、净重，并能显示单价、车号、日期等。特别是应用微处理机可实现动态称重过程中的实时分析和数据处理。所以，微处理机已使电子衡器的功能得以扩展，称量准确度得以改善，并能满足国际建议规定的有关要求，适应多种称重场合的需要。

a. 微机化称重显示控制仪表。它由运算器和控制器两部分组成，以 CPU 为例，中心配以存储器和接口电路与称重传感器、模数转换器、数字显示器、打印机等，构成一个完整的电子称量系统，由称重传感器输出的模拟信号，经放大并通过模数转换器转换成数字信号送至 CPU 的运算器。在控制器的控制下，运算器对输入的数字信号快速地进行运算和逻辑判别等，以实现存储器内事先编好的称重程序、修正程序、逻辑判别程序、数字滤波程序、数据处理程序等，最终完成特定要求的称重过程。

微机化称重显示仪表有如下特点：

● 仪表体积小、元件少、重量轻、功能多；

● 微机运算速度快，数据处理功能强，适宜动态计量中实时信号处理；

● 采用数字滤波程序提高了仪表的抗干扰能力；

● 具有去皮、定值控制、累加、自动调零、自动补偿、按各种数字模型进行数据处理等功能；

● 远距离传输时可采用具有光电耦合器进行隔离的 ASCⅡ代码的电流环输出，使信息可传输至 2000m，传输速率可根据终端设备情况选择；

● 实现仪表自检、自修、自诊断功能。

b. 称重显示控制仪表的基本功能

● 自检功能。它可使各种数码管字段、最大称量、分度值等内容，逐一依次显示出来，表明仪表工作程序正常。

- 置零功能。一般有开机自动置零和手动置零两种方式。
- 零点自动跟踪功能。主要用于清除称重过程中零点缓慢变化的影响。
- 去皮功能。
- 显示功能。一般应能显示自校、零位、毛重、净重等，有的还能显示时间、年、月、日、车号、货号及累加值等。
- 改变满度功能。通常是通过仪表内部 DIP 预置开头改变同一量程的分度数来完成，以满足各种电子衡器在调试、检定使用等不同情况的需要。
- 校准功能。有的采用硬件方法，有的采用软件方法，它们依据标准砝码质量来改变仪表灵敏度，从而修正不同工作地点和条件等差异所产生的影响。软件校准的方法比硬件校准的方法更具有操作简单等优点。
- 过载显示或报警功能。它可以及时提醒人们使衡器脱出过载状态，保证衡器的正常完成。

④ 电子轨道衡

电子轨道衡(图 4-13)是用于铁路各种车辆及对其载重物理学体进行静态或运态称量的装置。它能在货车联挂并以一定运行速度通过秤台时，自动称出每节货车的质量，并自动显示和打印质量数据和货车序号，也可累积总质量。同时可将信息传输给处理机，经集中处理后，供综合管理和运销指挥作用。由于它的称重速度快、效率高，不仅可以减少车辆的占用时间，提高车辆周转率，而且可以减少操作人员、减轻劳动强度。

图 4-13　电子轨道衡

在保证动态称量准确的前提下，动态轨道衡计量准确度一般为 1%～0.2%，静态计量准确度一般为 0.2%。在动态时每称一节车皮需要时间最多 17s，静态电子轨道衡则需要时间 2～3min，两者相差近 10 倍。因此动态轨道衡应用得到了较快地发展。

电子轨道衡在称量货车的同时，也可用于检查货车是否偏载。当偏载严重时能及时发出报警信号，确保铁路运输安全，防止因偏载造成出轨等事故。

a. 电子轨道衡的基本结构

电子轨道衡由秤台系统(包括主梁、高度调节器和限位器)、称重传感器、测量和数据处理系统三大部分组成。此外，还有将列车引向电子轨道衡的引轨部分，其中显示和数据处理系统在操作室内。

电子轨道衡的秤台上铺有铁钢轨(秤台面或称量轨)，它与铁路相通，在台面下边装有称重传感器，当列车通过台面时，每节货车的质量或每对车轮的压力由台面轨主梁传递给作为秤台支撑点的四个传感器。传感器将其所感受的重力转换成电压信号送到数据处理系统。

引轨线路是段平直的高质铁路，列车在通过这段路后，原有的振动得以平息，并且不再产生新的大幅度振动，从而使车辆能平稳地通过轨道衡台面。

数据处理系统一般包括输入调零装置、模数转换器、运算电路、逻辑控制电路、质量数字显示器与数字记录等单元。

功能齐备的动态电子轨道衡还应有一套完整的控制电路。例如：利用轨道衡开关(接近开关、光电开关或软件开关)信号，区分每一节车和车轴，识别属于同一转向架的两车轴。从而控制整个测量系统对质量信号适时进行采样，并实施正确处理，得到各节车的质量数据，同时还能自动辨别列车行进方向，识别机车、守车和其他非标准车辆，并能控制数字记录仪器记录称重日期、时间、车序号、轴重、转向架重、偏载等。对超重和偏载严重的车或车轴作出标记(如用高压油漆喷枪)；还能测量列车通过轨道衡时的速度，当超速时自动报警，并在所记录的相应列车质量数据上作出标记。在需要时还可采用闭路电视进行遥测、遥控和远程监视。

b. 电子轨道衡的分类

(a) 按使用状态可分为静态称量和动态称量。

静态称量轨道衡即被称车辆在轨道衡上静止摘钩称量。此时线路对车辆状态对轨道衡的影响较小。

动态称量轨道衡即被称车辆以额定车速通过轨道衡时，连续自动称量。

(b) 按计量方式可分为转向架计量、轴计量和整车计量等方式。

转向架计量方式即四轴车分为两次称量，每次称量一个转向架重量，两次累加得到整车重量。

轴计量方式即四轴分成四次称量，每次称量一个轴，四次累加得到整车重量。

整车计量方式即每次在称量台面上称量的是整节车辆，台面形式可分为两种：

单台面整车计量：即由单个台面一次称量出每节被称车辆的整车重量。

双台面整车计量：即由两个独立台面分别同时称量一节四轴车前后两个转向架的重量，在测量仪表中得到两个转向架累加重量信号，即为整车重量。

(c) 按用途可分为：

• 通用型。其轨距皆为1435mm，称量轨为重轨。根据被称量物的不同可分为固态和液态两种。

固态计量：主要以计量大宗散装固态货物为主的轨道衡。

液态计量：主要以计量液态货物为主的轨道衡。

• 使用各种专用场合的轨道衡。如多路定量控制装料轨道衡、窄轨矿车衡、铁水衡、钢锭衡等。

c. 电子轨道组成部件

(a) 主梁。主梁是直接承受车辆重量的部件，必须要有足够的强度。

(b) 称重传感器。称重传感器是主梁的着力点，是轨道衡的心脏。

(c) 限位器。限位器是对机械台面起限位作用的阻尼元件。

(d) 休止装置(升降主梁装置)。轨道衡在使用时，如遇传感器损坏则需要更新传感器，就必须顶起主梁，使主梁不再压在传感器上，而休止装置就起到一个千斤顶的作用。

(e) 过渡器。过渡器的作用是为了减少称重时由线路振动所造成的误差，它使车辆早在入台面前由各种因素造成的振动减至最小。

（f）底座与垫铁。底座是用型钢焊接而成的框架，焊接后整体退火经过精加工而成，保证长期使用不变形。称重台面的所有部件都安装在这一底座上。

（g）防爬器。防爬器安装在轨道衡两端整体道床的铁路线上，防止铁轨由于热胀将轨道衡台面板伸长。

（h）称重显示仪表。

d. 电子轨道衡的计量方法

我国铁路车辆的形式一般是承载车体的车架落在前后两个转向架上，每个转向架有两根车轴对应两组车轮，整个车辆的重量通过 4 根车轴上的 4 对车轮，即 8 个车轮传递到钢轨上，因此电子轨道衡的计量方法有轴计量、转向架计量和整车计量等多种形式。

（a）轴计量方式的电子轨道衡，每次称量一根车轴对应一组车轮的重量，然后将每节车辆 4 根车轴对应 4 组车轮的重量相加起来，得到每节车辆的重量。

（b）转向架计量方法的电子轨道衡，每次称量一个转向架对应两组车轮的重量，然后将每节车辆前后两个转向架对应四组车轮的重量相加起来，得到每节车辆的重量。

（c）整车计量方式的电子轨道衡，每次称量一节车辆的重量。采用整车计量方法的电子轨道衡的台面长度应大于车辆前后轮之间的距离，小于车辆总长度加上前后相邻车辆转向架的一半。

e. 电子轨道衡的操作程序

（a）开机前检查电源电压是否正常。

（b）在过衡前 30min 开机，使系统处于良好的工作状态。

（c）开机顺序

● 打开操作台后面的电源钥匙开关。

● 打开操作台的电源开关。

● 打开计算机主机开关。

● 打开显示器开关。

● 装入磁盘。

● 打开供桥电源箱开关。

● 打开打印机开关。

（d）关机顺序

● 关闭打印机开关。

● 关闭供桥电源箱开关。

● 关闭显示器开关。

● 关闭计算机主机开关。

● 关闭操作台电源开关。

● 取出磁盘。

⑤ 电子汽车衡

电子汽车衡是一种较大的电子平台秤。由于采用称重传感器，代替了笨重而庞大的承重杠杆结构，克服了机械地中衡必须深挖地坑的作法，而可做成无基坑或浅基坑的结构，同时还可以根据需要设置一些现代管理和贸易结算等功能(如:采用微型计算机进行数据处理),极大地扩展了工作范围,改善了劳动条件,提高了工作效率和经济效益。目前,我国制造电子汽车衡还没有统一设计标准,都是各自选用不同的称重传感器与称重显示控制仪表组合而成,但是它们的工作原理基本是一致的。下面以 HCS 系列无基坑电子汽车衡为例进行介绍。

a. 结构。HCS 系统电子汽车衡由秤体、4~6 个称重传感器以及称重显示控制仪表等组成基本系统,还可配装数字输出接口部件、打印机等。

(a) 秤体

秤体是汽车衡的主要承载部件。HCS 系列电子汽车衡的秤体为钢框架结构,它具有足够的强度和刚度,较高的自振频率以及良好的稳定性。由于自身较重,可给称重传感器一定的预压力,以改善称重传感器的工作性能。在秤体的两端设置了两组限位装置,使前后左右四个方位得到了控制,减少了秤体的位移,使秤体均在地面之上,汽车进出秤的承重台需要经过一定长度的引坡。在坡度不一定的条件下,引坡越短越好,因此,就要求承重台台面距地面的高度要小。秤体两端铺设的引坡,可因地制宜地将引坡做成混凝土结构,也可做成钢结构。

(b) 称重传感器

HCS 系列电子汽车衡采用 4~6 只 SB 型称重传感器,其结构为剪切型悬臂梁式。具有结构简单、稳定性可靠、灵敏度高、输出信号大、安装方便、抗侧向力强等特点。它的抗冲击与振动的性能也很好,而且弹性体经镀镍和密封处理,足以适应工业环境使用。

(c) 称重显示控制仪表

HCS 系列电子汽车衡采用 8142 系统称重显示仪表。它有 3 种显示形式、即单显示、双显示和多功能型。单显示仪表只能显示毛重、皮重和净重;双显示仪表可用 6 位仪表数字显示毛重、皮重和净重,还可显示时间、日期、标识号、序号等;多功能显示仪表还可显示预置重量值。仪表外壳结构有台式、柜式、墙式。

b. 传力机构

电子汽车衡的传力机构在载荷的传递过程中起着重要作用。一般说来,电子汽车衡的传力机构应满足以下要求:

- 使称重台的水平方向上能进行一定范围内的自由摆动;
- 在水平外力消失后,能使承重台较快地恢复平衡;
- 能经受汽车在承重台上的制动冲击和快速通过;
- 能经受较大的环境温度的变化。

c. 工作原理

HCS 系列电子汽车衡的工作原理是当称重物体或载重汽车停放在秤台上,载荷通过秤体将重量传递给称重传感器,使其弹性体产生变形,于是粘贴在弹性体上的电阻应变计产生应变,应变计连接成的桥路失去平衡,从而产生了电信号。该电信号的大小与物体的重量成正比,在最大称量时通常为 20~30mV。该信号经前置放大器放大,再经二级滤波器滤波后,加到模数转换器将模拟量变成数字量,再由 CPU 微处理器进行处理后,使显示器显示出物体的重量。

第5章 天然气计量方法与技术

天然气是通过带压管道输送的，其流量是针对通过管道某一横截面而言（对液化天然气，其体积或质量通过自动液体计测量容器如储罐或船轮等液位高度而得到）。供需双方之间输送交接天然气的多少，是通过安装在输气管道上的流量仪表的测量数据确定的。这个流量测量数据就作为供需（购销）几方之间贸易结算的依据。

从事天然气采、运、储、销、用各个环节中，天然气计量值的准确、可靠和统一，直接关系到各方的成本核算、经济效益等各项经济技术指标。因此天然气流量计量是天然气企业仅次于安全生产的一项重要技术基础工作。天然气的流量计量是通过流量测量和气质分析而得到的。其中流量测量是流量计量的手段和基础。

由于流体流量具有导出性、综合性和动态性，流量测量属于多参数间接测量。目前广泛采用的是基于流体在单位时间内通过某一横截面的体积、质量、能量三种方式的流量测量。随着科学技术的发展，世界各国流量计制造厂家，依据天然气流量测量的三种计量方法，不断生产、推出各种新型的流量计产品，以适应市场的需要。类型繁多的流量计，其测量原理、测量方法和仪表结构各有特点，适用场所、计量操作条件均存在差异，但它们追求的终极目标都是想达到流量（体积、质量、能量）的准确性、可靠性、安全性、耐用性。

2019年5月24日，《油气管网设施公平开放监管办法》印发，其中规定于本办法施行之日起24个月内建立天然气能量计量计价体系，由原来的体积计量改为能量计量。这一计价方式旨在建立更加公平的天然气计量办法。

本章重点介绍在计量工作中广泛使用的、具有代表性的几种天然气流量计流量测量方法。

5.1 容积式流量计测量天然气流量

容积式气体流量计的优点是测量准确度较高、适用性好、测量范围较宽、直读式仪表，无需外部能源就可直接得到气体流量总量，使用方便，而且设有温度、压力自动补偿的一体化智能型容积式气体流量计具有自动体积转换、压缩因子修正、标态总量显示输出的功能，使气体标态体积计量更加科学准确，同时也为实现能量计量创造条件。其缺点是机械结构较复杂，大口径流量计体积较大、笨重，与其他几类通用流量计（如差压式流量计）相比，被测介质种类相对窄些；工作压力、使用温度、口径、流量范围均有一定局限性。而且大部分此类仪表只适用于洁净、单相流体，如含固体颗粒、脏物时，应在流量计上游加装过滤器，既增加压力损失又增加了投资和维护工作量。由于金属材质的热胀冷缩特性明显，不适宜在高、低温状态下运行。此外，部分容积式流量计，在测量过程中会给流体流动带来脉动，较大口径仪表还会产生噪声，甚至使管道产生震动。

5.1.1 容积式流量计通用技术条件

《容积式流量计 通用技术条件》（JB/T 9242）规定了容积式流量计的定义、技术要求、试验方法、检验规则，是对容积式流量计的总体通用要求。

（1）容积式流量计技术要求

容积式流量计技术要求主要内容包括：安装技术要求、基本误差、耐压强度和压力损失、环境温度、电源电压与频率变化、共模干扰、外磁场、绝缘强度、黏度修正、温度修正、压力修正等。

① 流量计安装技术要求

流量计应安装在与其进出口接头公称内径相同的管道上，管道与流量计间的连接应不使密封件突出管道内；管内壁应清洁、无积垢。

流量计进出口轴线与相连管道轴线目测应无偏斜。

采用法兰连接时，法兰的尺寸应符合《钢制管法兰　类型与参数》（GB/T 9112—2010）的规定。

被测流体内若含有固体颗粒或脏物，应在流量计入口前安装过滤器。过滤器的网目应依据流量计厂家使用说明选择。

② 基本误差

流量计的基本误差指包括显示部分在内的整个流量计的基本误差。

流量计的基本误差与流量计准确度等级关系按表 5-1 规定。

表 5-1　基本误差与准确度等级关系

准确度等级	0.1	0.2	(0.3)	0.5	1	1.5
基本误差限/%	±0.1	±0.2	(±0.3)	±0.5	±1	±1.5

注：括弧内数字不推荐采用。

重复性误差，流量计各流量点的重复性误差应不超过流量计基本误差限绝对值的 1/3。

③ 耐压强度与压力损失

耐压强度。流量计应能承受试验压力下历时 5min 的耐压强度检验而不损坏，不渗漏。一般试验压力取流量计公称压力的 1.5 倍。

压力损失。流量计的压力损失应不超过具体产品规定的压力损失。

④ 环境温度

环境温度从 20℃±2℃ 变化到 -10~+50℃ 范围内任一温度时，流量计电子显示部分的累积流量误差应不超过累积流量基本误差限的 1/3。

环境温度每变化 10℃，流量计电子显示部分瞬时流量值的变化应不超过瞬时流量基本误差限绝对值的 1/3。

⑤ 电源电压、频率变化的影响

电源电压变化。电源电压在额定值的 -15%~10% 范围内变化时，流量计的基本误差与重复性误差仍能符合 JB/T 9242 规定的要求。

电源频率在额定值 ±5% 范围内变化时，流量计基本误差与重复性误差仍能符合 JB/T 9242 规定的要求。

⑥ 共模干扰的影响

电子显示部分两输入端的任一端与地之间加有频率为 50Hz、电压有效值为 250V 的交流干扰电压时，流量计仍应符合前条中关于基本误差与重复性误差的要求。

⑦ 外磁场影响

电子显示部分在频率为 50Hz 的交流电所形成的强度为 400A/m 的外磁场影响下，当磁场相位和方向均为最不利的条件时，流量计基本误差与重复性误差仍能符合 JB/T 9242 规定的要求。

⑧ 绝缘强度

电子显示部分的各端应能承受下列交流电压的绝缘强度检验：

信号输入端-仪表外壳　500V；

电源端-仪表外壳　1500V；

信号输入端-电源端　1500V。

⑨ 黏度修正

在流量计工作的介质黏度范围内，流量计的误差不超过基本误差。如果超过，则应按使用说明书中所列的方式加以修正：

● 列出被测介质黏度修正公式或修正曲线，经修正后，流量计的误差不超过基本误差限。

● 列出不经黏度修正或经黏度修正后的黏度附加误差值，并注明在工作黏度范围内由于黏度变化可能引起的最大误差。

⑩ 温度修正

在流量计工作温度范围内，流量计的误差不超过其基本误差。如果超过，则应加以修正：

● 列出温度修正公式或修正曲线，经修正后，流量计的误差不超过基本误差限。

● 列出不经温度修正或经温度修正后的温度附加误差值，并注明在工作范围内由于温度变化可能引起的最大误差。

⑪ 压力修正

在流量计的公称压力范围内，流量计的误差不超过其基本误差限，如果超过，则应加以修正：

● 列出压力修正公式或修正曲线，经修正后的流量计的误差，不超过其基本误差限。

● 列出不经压力修正或经压力修正后的压力附加误差值，并注明在公称压力范围内由于压力变化可能引起的最大误差。

（2）容积式流量计的性能测试

① 基本误差

a. 试验条件

环境条件：温度 15~35℃（允许最大变化为 1℃/10min）；相对湿度 45%~75%，大气压力 85~108kPa。

电源条件：电压偏差+10%~15%，频率偏差±5%，谐波电压 10%（交流电源），纹波电压<1.0%（直流电压）。

b. 基本误差在试验条件下，用溶剂法流量标准装置（包括体积管）或质量法流量标准装置或标准流量计进行试验确定。

c. 流量标准装置或标准表的精确度等级应等于或优于被测流量计准确度等级的 3 倍，最低不得低于 2 倍。当流量标准装置的准确度等级低于被测流量计准确度等级的 3 倍时，被测流量计的误差应为流量计实际误差与流量标准装置（或标准表）误差采用均方根法合成后的误差。

d. 试验应至少在包括流量计上限值和下限值的 5 个点进行，每点不少于 3 次。试验时，各个流量点的实际流量值应不超过上述规定值的±2.5%。

e. 流量计的基本误差，根据各流量点的每次测量值分别按式(5-1)计算：

（a）累积流量基本误差

$$E_0 = \frac{V_i - V_s}{V_s} \times 100\%$$ (5-1)

式中　E_0——累积流量基本误差,%;

　　　V_i——流量计累积流量示值;

　　　V_s——流量标准装置累积流量示值。

（b）瞬时流量基本误差

$$E_{0r} = \frac{V_{ir} - V_{sr}}{V_{max}} \times 100\%$$ (5-2)

式中　E_{0r}——瞬时流量基本误差,%;

　　　V_{ir}——流量计瞬时流量示值;

　　　V_{sr}——流量标准装置的瞬时流量值;

　　　V_{max}——流量上限值。

② 重复性误差

重复性误差根据基本误差的测量结果，依据式(5-3)按流量点分别进行计算：

a. 累积流量重复性误差(δ_r)

$$\delta_r = \frac{E_{0max} - E_{0min}}{d_n}$$ (5-3)

式中　δ_r——累积流量计重复性误差;

　　E_{0max}——最大累积流量基本误差;

　　E_{0min}——最小累积流量基本误差;

　　d_n——极差法系数，见表5-2。

表5-2　极差系数表

测量次数 n	2	3	4	5	6	7	8	9	10
极差法系数 d_n	1.13	1.69	2.06	2.33	2.53	2.70	2.85	2.97	3.08

b. 瞬时流量重复性误差

$$\delta_{ir} = \frac{E_{0rmax} - E_{0rmin}}{d_n}$$ (5-4)

式中　δ_{ir}——瞬时流量重复性误差;

　　E_{0rmax}——最大瞬时流量基本误差;

　　E_{0rmin}——最小瞬时流量基本误差;

　　d_n——极差法系数，见表5-2。

③ 压力损失

流量计的压力损失检验在下列条件下进行：

● 流量计上、下游取压孔分别位于流量计上游一倍公称通径出口和下游4倍公称通径出口处的管道水平直径的端点上。

● 取压孔内径一般不大于流量计公称通径的 8%，并在 3~12mm 范围。
● 流量计上下游取压孔间的压差(即压力损失)应符合具体产品规定的压力损失。

5.1.2　气体腰轮流量计

腰轮流量计用于气体计量已经有相当长的时间了，过去腰轮流量计主要用于中低压、中小排量气体流量的测量。随着科技的进步，腰轮流量计各方面的性能均有显著提高，故在中等压力、大排量的气体流量测量中也开始应用，并且从中选择精确度较高的，用于作为标准流量计使用。

(1) 气体腰轮流量计的测量原理与结构特点

① 测量原理

气体腰轮流量计内部有一个具有一定容积的"测量室"或称"计量斗"空间，该空间是由流量计的运动件(即转子)和其外壳构成的。当气体通过流量计时，在流量计的进口和出口之间产生一个压力差，在这个压力差的作用下，使流量计的转子不断运动，并将气体一次次地充满"测量室"空间，并从进口送到出口。由于预先求出该空间的容积，测量出运动件(即转子)的运动次数就可求出流经流量计的气体体积流量。腰轮流量计的工作原理图如图 5-1 所示。

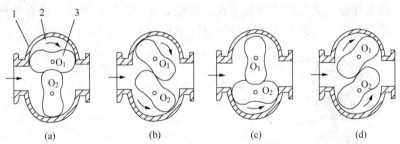

图 5-1　腰轮流量计工作原理图
1—壳体；2—计量室；3—腰轮

流量计的工作原理为：利用测量元件两个腰轮，把流体连续不断分割成单个的体积部分，利用驱动齿轮和计数指示机构以计量出流体总体积量。流量计工作过程具体分析如下：在图 5-1 中，由腰轮 O_1 的外侧壁、壳体的内侧壁以及腰轮两端盖板之间，形成一个封闭空间(即计量室或称测量室)，空间内的流体即为由测量元件将连续流体分割成单个体积。从流入口流入流体时，下面的腰轮虽然受到流入流体的压力，但是不产生旋转力，而上面的腰轮受到流入流体的压力后沿着箭头方向旋转，由于与两个腰轮同轴安装的两个齿轮相互啮合，因此两腰轮各自以 O_1 和 O_2 为轴按箭头方向旋转。当旋转变成图 5-1(b)的状态时，两个腰轮上都产生了沿箭头方向的旋转力，使旋转到图 5-1(c)的状态。此时与图 5-1(a)的状态相反，下面的腰轮产生旋转力，使旋转到图 5-1(d)的状态。继续旋转又变成了图 5-1(a)的状态。从而腰轮连续不断地进行转动。两个腰轮各旋转一周，完成从图 5-1(a)到下一个图 5-1(a)的以前的运转过程，便排出四个计量室的体积量，从而将流体从入口送到出口。只要知道计量室的容积和腰轮转动的次数，就可以得到被计量流体的体积量。设计量室的容积为 V_1，流体流过时，腰轮的转数为 N，则在 N 次动作的时间内流过流量计的流体体积 V 为：

$$V = N \cdot V_1 \tag{5-5}$$

② 腰轮流量计结构特点

腰轮流量计由壳体、腰轮转子组件(即内部测量元件)、驱动齿轮与计数指示器等构成。腰轮的组成有两种，一种是有一对腰轮，此种称为普通腰轮流量计如图5-2(a)所示；另外一种是两对互成45°的组合腰轮，此种称为45°角组合式腰轮流量计如图5-2(b)所示。

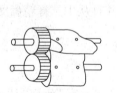

(a)一对腰轮转子　　　　　　(b)互成45°的组合腰轮转子

图5-2　腰轮组合图

从转子组合角度看，一对腰轮流量计振动、噪声相对较大，而两对45°组合的流量计振动小，运行较平稳。

另外腰轮流量计分立式和卧式两种。立式腰轮流量计，结构紧凑，可有效利用空间减少占地；而卧式腰轮流量计占地较大。这种流量计结构如图5-3和图5-4所示。

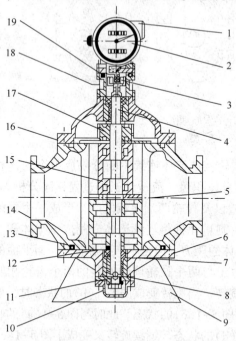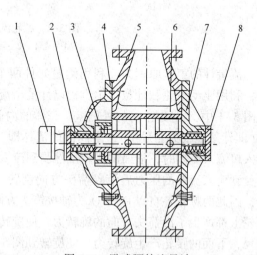

图5-3　立式腰轮流量计　　　　　　图5-4　卧式腰轮流量计

1—脉冲发生机构；2—指示计算部分；3—磁钢；4—腰轮轴；5—中间隔板；6—下盖；7—石墨轴；8—止推轴承；9—底座；10—盖；11—可调止推轴承；12—垫圈；13—O形密封圈；14—壳体；15—腰轮；16—上盖；17—驱动齿轮；18—螺栓；19—O形密封圈

1—表头；2—石墨轴承；3—驱动齿轮；4—左盖；5—壳体；6—转子；7—右盖；8—轴头盖

腰轮流量计除上面所讲的几个主要部分外还有几种重要的零部件即：

a. 滑动轴承。滑动轴承一般采用石墨轴承，其润滑性可以与硫化钼和聚四氟乙烯媲美，热冲击性能好，热膨胀系数低。

石墨材料按工艺不同可分为碳化石墨、电化石墨、金属浸渍石墨、树脂浸渍石墨等。一般腰轮流量计选用呋喃树脂浸渍石墨作轴承材料。

b. 推力轴承。对于立式腰轮流量计的推力轴承，是关系到腰轮是否长久站立起来的关键。

腰轮立起来后，全部重量都由推力轴承承担，同时还必须耐磨，使用寿命长。为了满足上述这些要求，采用 YG6X 硬质合金作推力轴承的材料。对大口径腰轮结构采用两个直径 18mm、高 10mm 的硬质合金圆柱体，一个装在轴端、高出轴端 0.7mm，另一个装在可调止推轴承座上。

当推力轴承磨损后，转子端面与中间隔板的间隙减小，甚至产生摩擦，这时需要拆下流量计下端盖，旋松调整螺母，调整轴承座。通过调整，使转子与中间隔板间隙保持在规定的数值范围内。

当轴承磨损严重后，需要更换推力轴承。为了保证更换方便，在推力轴承的里边安装一个带螺纹的轴承中心套。

c. 连接部分。要将腰轮轴的转数传送到表头，必须有一个密封性能好，又能准确无误地将轴的转动可靠地送到表头的连接部分。

连接部分有三种结构形式，即磁性联轴器、机械密封式的连接和 O 形密封圈式的连接。

上述三种结构方式各有其优缺点，如磁性联轴器具有密封可靠、抗腐蚀性能好的优点，其缺点是传递的转动力矩小，介质温度不得大于 100℃，温度高易引起磁钢退磁，使传动效果变差。

机械密封式的连接具有可以传递比较大的转动力矩的特点，适合作为组合式表头的连接，但压力不能过高，否则使密封不可靠。

O 形密封圈式的连接，也可以传递比较大的转动力矩，但一般只用作低压条件下的表头连接部分。

总体上，磁性联轴器的优点相对较多些，可靠性更好些，因此应用也较普遍。

（2）气体腰轮流量计的误差特性与影响因素

气体腰轮流量计的误差特性是指流量计在流量变化时的测量误差、压力损失等特性变化情况，即流量计的误差和压力损失特性，以及这些特性受状态参数和气体物性参数变化的影响情况。

① 气体腰轮流量计的误差特性

气体腰轮流量计的误差特性是流量计的基本误差（E）与通过流量计的流量（V）之间的关系。由于气体虽然也是流体，但其物性方面与液体流体存在很大的差异（如黏度、压缩性、密度等），因此气体腰轮流量计的误差特性在某些方面有别于液体腰轮流量计。

研究气体腰轮流量计的误差特性就是研究其测量误差随流量的变化而变化的趋势，用于指导掌握流量计的运行。

因为气体腰轮流量计是典型的容积式流量计，所以其基本误差也用式（5-6）表达：

$$E = \frac{V_1 - V}{V} \times 100\% \tag{5-6}$$

式中　符号 V_1、V 意义同式(5-5)一样。

对于腰轮流量计检测元件(转子)动作一个周期有 4 个单位体积(V')的气体由进入口排向出口，则一个周期(转一圈)排除的气体体积量：

$$V = N \cdot V' \tag{5-7}$$

式中　N——转子转数。

流量计工作过程中，在某段时间内流量计检测元件(转子)转动 N 次通过机械传递装置将动作传递到计数显示装置，使计数器上的数字累加，以显示出通过流量计的气体体积量。因此流量计显示值(亦称示值)V_1 与 N 的关系可表示为：

$$V_1 = d \cdot N \tag{5-8}$$

式中　d——与机械传动比和计数器单位量值有关的流量计齿轮常数。

将式(5-7)、式(5-8)代入式(5-6)得出式(5-9)，即

$$E = \frac{V_1 - V}{V_1} \times 100\% = \left(1 - \frac{V}{V_1}\right) \times 100\% = \left(1 - \frac{N \cdot V'}{d \cdot N}\right) \times 100\% = \left(1 - \frac{V'}{d}\right) \times 100\% \tag{5-9}$$

式(5-9)中表示，气体腰轮流量计的误差只与计量室空间的容积 V' 和齿轮常数 d 有关。由于这两个参数从理论上可以认为是常数，所以式(5-9)所表示的误差曲线也是常量，与通过流量计流量的大小无关。其误差特性曲线表现为一条平行于轴线的直线，我们把这种误差特性曲线称为理想的误差特性曲线。然而实际情况并非如此，通过采用气体流量标准装置对气体腰轮流量计的实际检验，其误差特性曲线则表现为：

a. 当小流量时，误差急剧向负方向倾斜。

b. 随着流量的增加，误差曲线逐渐向正差方向移动，并稳定在某一值上。

c. 当流量连续增加，流量计的压力损失增大，此时误差曲线却向上倾斜。其原因流量增大，差压增大使密度也增大，但通过间隙的泄漏流量没有增大，是由于间隙对气体流体具有节流作用，泄漏流量不仅不增加还呈下降趋势。

② 漏流量特性及对误差的影响

在容积式流量计中除了湿式气体流量计外，都不可避免存在漏流现象。腰轮流量计也不例外。漏流是一部分没有经过"计量室"计量而通过流量计测量元件与壳体之间的间隙，直接从入口流向出口的气体量，在流量计的示值上并未反映出来。显然，漏流量越大，流量计误差越大。

为了定量分析由于漏流量的存在对误差特性的影响，可假设通过间隙的漏流量为 q_ε，当气体流量以 q_V 通过流量计时，气体总量为 V，那么通过间隙的漏流量的总量 ΔV 可按下式计算，即：

$$\Delta V = \frac{V}{q_V} \cdot q_\varepsilon \tag{5-10}$$

实际通过流量计的总量：

$$V = N \cdot V_1 + \Delta V \tag{5-11}$$

将 $V = D \cdot N$ 和式(5-10)代入式(5-11)得：

$$V = \frac{V_1 \cdot V'}{d\left(1 - \dfrac{q_\varepsilon}{q_V}\right)} \tag{5-12}$$

将式(5-12)代入式(5-9)得：

$$E = \left[1 - \frac{V'}{d\left(1 - \dfrac{q_\varepsilon}{q_V}\right)} \right] \times 100\% \qquad (5\text{-}13)$$

显然从式(5-13)中可以看出，由于漏流 q_ε 的存在，误差不再是式(5-9)所表示的那样是一个常数，而且是一条随流量变化的曲线。

现通过流量 q_V 的变化，分析误差变化情况：

a. 当流量 q_V 很小时，小到极限情况即 $q_V = q_\varepsilon$，也就是说，通过流量计的流量都是漏过流量计的，流量计测量元件根本没有转动。此时式(5-13)的分母为零，误差 E 趋向负无穷大。这种情况的物理意义表示为，所有通过流量计的气体都是漏流的结果，流量计的示值为零。

b. 随着流量 q_V 的增加，式(5-13)分母括号内数值增加，误差曲线也逐渐向正方向移动。

c. 当流量 q_V 继续增加接近额定值 q_{max} 时，q_ε/q_V 已经变得很小，误差曲线逐渐趋向理想误差曲线，基本呈一条直线并向上倾斜。

这就是腰轮流量计计量气体与计量液体的差别之处。

③ 气体腰轮流量计的压力损失特性

当气体流过流量计时将产生不可恢复的压力降称为压力损失，一般用 Δp 表示。引起气体腰轮流量计压力损失的原因有两个方面，一是由于流量计测量元件动作的机械阻力引起的压力损失；二是由于气体的黏性造成的流动阻力引起的压力损失。由于气体的黏性相对于液体而言非常小，所以气体腰轮流量计的压力损失主要来源于机械阻力。

由于流量计内部的测量元件(转子)的动作是在气体压力差作用下进行的，流动的气体要使流量计运行，必然要消耗一部分能量，这部分能量消耗最终以流量计前后不可恢复的压力损失形式表现出来。流量越大，压力损失越大，黏性越高，压力损失也相应增大。

气体腰轮流量计的压力损失跟流量的关系呈非线性。压力损失随流量增大而增加；气体工作压力越高，压力损失也相应增大。

下面分析压力损失对流量计误差特性的影响。

对于给定的同一规格的流量计，它产生漏流的间隙是一定的，在一定的间隙下，通过流量计间隙的漏流量 q_ε 与流量计前后压力差有一定关系。当流量计内间隙相对较大，通过流量计的气体黏度又很小时，可以认为通过流量计间隙的漏流是湍流流动，几乎不受黏度影响，其漏流量可用式(5-14)表示：

$$q_\varepsilon = C \cdot \sqrt{\frac{\Delta p}{\rho}} \qquad (5\text{-}14)$$

式中　q_ε——漏流量；

　　　C——与流量计结构有关的常数；

　　　Δp——流量计前后压差；

　　　ρ——气体密度。

从式(5-14)可以看出随着压差 Δp 的增大漏流量也增加，而不是前面假设的漏流量为常数的情况。从式(5-14)表面上看流量计的压力损失增加，漏流量也随着增加，但其增加的速度并不像想象那样快，其原因是受密度的制约。因为气体的密度受压力影响较大，压力损失增加也就是工作压力增大的结果直接使气体密度值也相应增大，而使 $\Delta p/\rho$ 变小，从而抵消因压差增大、漏流量增加的结果。使误差特性 E 基本与 $\sqrt{1/\rho}$ 呈线性关系。

5.1.3 气体腰轮流量计的选择、使用

（1）流量计的形式

因为气体腰轮流量计有立式和卧式两种型式，选择哪种形式主要决定现场场地面积和立体空间状况。如场地狭小，只能选择立式，反之则可考虑卧式。

（2）流量计的性能要求

气体腰轮流量计性能要求方面主要考虑五方面因素，即测量准确度等级、流量范围、耐压性能、使用目的、压力损失。

① 准确度等级

按《气体腰轮流量计》(JB/T 7385—1994)规定准确度等级分 6 级，见表 5-3。

表 5-3　流量计公称通径、精度等级、公称工作压力、介质温度范围

项　　目	基 本 参 数
公称通径	5, 10, 15, 20, 25, (32), 40, 50, (65), 80, 100, (125), 150, 200, 250, 300, 350, 400, 500, 600, 800, 1000
精确度等级	0.5, 1.0, 1.5, 2.0, 2.5, 4.0
公称工作压力/MPa	0.01, 0.016, 0.025, 0.04, 0.06, 0.10, 0.16, 0.25, 0.40, 0.60, 1.0, 1.6, 2.5, 4.0, 6.4, 10, 16, 25, 32, 40, 64
介质温度范围/℃	−10~+40, −25~+55

　　注：1. 括号内的参数不优先选用；
　　　　2. 介质温度范围根据需要可由用户与制造厂另定。

由于流量计的准确度等级高低在价格上差异很大，因此选购时应慎重。针对不同的使用场合选用不同等级的流量计。如：

用于作为标准或校准用的流量计，其准确度等级要高些；用于商业贸易计量的流量计准确度等级也高些，但应低于标准流量计；用于企业内部核算用的流量计准确度等级相应可以低些。

对于连续性工作的流量计和间歇式工作的流量计在准确度等级选择工作上也应有所区别。因为连续性工作流量计流量适中、稳定，应选择准确度较高等级的流量计；而间歇式流量计，往往运行时排量较大，在流量上限运行，应选择准确度等级稍低的流量计。

② 流量范围

气体腰轮流量计的流量范围及对应的基本误差限在 JB/T 7385—1994 中已有规定，如表 5-4 所示。

表 5-4　流量计基本误差限及对应的流量范围

精确度等级		0.5	1.0	1.5	2.0	2.5	3.0
基本误差线	流量量程的 20%~80%	±0.5%	±1.0%	±1.5%	±2.0%	±2.5%	±4.0%
	小于流量量程的 20% 大于流量量程的 80%	±1.0%	±2.0%	±2.5%	±3.0%	±4.0%	±6.0%

在实际应用中，流量计的流量范围决定于如下几点：

a. 测量准确度要求。对于商品贸易计量，双方均对流量计的测量准确度提出较高的要求，在这种情况下，流量计运行时的流量范围相对较窄；反之，企业内部计量往往流量范围较大，这时流量计的准确度要求相应较低些。

b. 流量计运行特点。流量计分为连续运行和间歇运行。连续运行流量计的流量相对比较均衡，很少出现大起大落现象，而间歇运行(如码头装卸船、铁路栈桥装油罐车等的流量计，则流量范围大，时间短。在这种情况下很难要求流量计在低误差范围内运行，只能降低流量计的准确度等级，以适应这种工作环境。根据表 5-4 规定，在低排量($20\%q_{max}$下)和高排量($80\%q_{max}$以上)其误差限均应相应扩大。

为了保持流量计的良好性能和较长的使用寿命，按表 5-4 的要求，流量计量程控制在($20\%~80\%$)q_{max}范围内。

c. 由于气体腰轮流量计体积较大，特别在大排量运行时会产生较大的噪声及振动，所以一般适合中等排量使用；小排量也可以使用，但漏失量大。如需用于大排量测量时，宜选用45°组合腰轮结构的流量计，以达到既降低噪声、振动，又可在规定的误差限内运行的目的。

③ 耐压性能和压力损失

流量计的耐压等级是其重要技术指标，而且耐压等级在价格上差异很大。耐压等级见表 5-3。在实际工作中，对工作压力的不同要求，应选用不同压力等级的流量计。其原则是，一是不允许选用与工作压力相等或接近的压力等级流量计，安全系数太小，难以应对管道发生如憋压等意外事故；二是避免过于保守的倾向，为了安全而选用高压力等级的流量计，从而造成资金的浪费。一般应比工作压力高出 2 个等级即可，如正常工作压力 1.0MPa，则选用 2.5MPa 等级的就可满足需要。

合理选择流量计的压力等级，既满足实际需要，又可避免浪费，节约资金。

5.1.4　气体腰轮流量计的使用与维护

流量计的正确使用方法和及时维护对于准确计量、安全运行、延长其寿命是非常重要的。只有正确使用，才能使流量计在规定的误差范围内运行；只有及时维护，才能保证其正常运行。为此应注意如下问题：

(1) 试运行

新选型设计或重新安装的气体腰轮流量计系统，经安装验收检查无误后应进行试运行工作检验。

试运行应按下述程序进行：

① 关闭流量计前后的阀门(即开关阀和调节阀)，缓慢打开旁通阀，从旁通阀流过，冲洗管道中残留杂物并使气体流量计进出口压力平衡。若无旁通管路，则可用一个事先预制的

短管(长短、口径与流量计一致)代替流量计安装在管路中,使气体通过,待管路被冲洗干净后,取下短管换上流量计。

② 流量计正确安装后,投运前应加注润滑油。润滑油型号可按流量计制造厂家提供的型号选用,也可选用高速机械油。由于用于天然气流量的流量计大多安装在露天场合,而我国南北地域四季温差很大,因此润滑油选用时要注意这个问题。

流量计在运行中应经常观测润滑油颜色和视镜中的油位,发现润滑油的颜色异常时应及时更换新润滑油,当视镜中的油位低于视镜中心线时,应及时加注补充润滑油。加注润滑油量和加注方法按流量计产品说明书要求进行。

③ 启动流量计运行工作。对有电信号运转的智能型流量计,先接好信号线和电源线,接通电源使仪表正常工作。然后,缓慢打开流量计后面的调节阀(亦称出口阀),最后缓慢关闭旁通阀。用流量计出口的调节阀调节流量计,使流量计在正常流量运行。

④ 如果被测气体的温度较高,与环境温度的温差较大,则流量计运行前应注意对其计量系统进行预热,使流量计及其管路系统慢慢升温。防止出现因转子受热膨胀过快而外壳环境温度低、膨胀速度慢而使转子卡死故障。

⑤ 流量计运行后,定时巡视各项运行参数的变化,并做好记录:包括温度,压力流量等数据。同时检查整个计量系统振动、噪声、泄漏等工况以及过滤器前后压差状况。

经稳定运行一段时间后,试运行结束。

(2) 流量计正常运行维护工作

① 流量计正常运行后应经常注意被测气体的流量、温度、压力等参数是否符合流量计规定的使用范围。如果偏离较大,应查明原因,进行相应调节。

② 启动和停运流量计工作仍按试运时的顺序进行。严格执行岗位操作规程、流量计检定(或校正)操作规程、流量计故障处理、停运程序、备用流量计启动及旁通阀封印等规定。

③ 定期对整个计量系统进行检查、维护和检验。内容包括流量计、阀门和管路系统,过滤器等配套设备,温度计、压力表、密度计等测量仪表,安全阀、限流阀和整流器等保护设备,以及流量计显示仪表、记录装置、补偿装置等辅助仪表仪器等。

对于上述内容中属于国家规定的强制检定范围的计量仪表必须按期进行周期检定。

5.1.5 流量计算及测量不确定度估算

(1) 体积流量计算

① 操作条件下体积流量计算

a. 当流量计使用高频脉冲发生器时,输出信号为频率,操作条件下体积流量由式(5-15)计算。

$$q_{vf} = \frac{f}{K} \qquad (5-15)$$

式中　q_{vf}——操作条件下的体积流量,m³/s;

　　　　f——输出频率,s⁻¹,由频率计采集得到;

　　　　K——流量计系数,每单位体积输出脉冲数,m⁻³。

b. 当流量计使用低脉冲发生器时,输出信号为脉冲,操作条件下体积流量由式(5-16)计算。

$$q_{vf} = \frac{N}{K \cdot t} \tag{5-16}$$

式中　N——实际测量得到的脉冲数；

　　　t——实际测量时间，s。

② 标准参比条件下体积流量计算

流量计是利用计量固定单位体积量的原理测试流量的，测出的值是操作条件下的天然气流量。在标准参比条件下的流量应根据在线实测的流量计入口压力和温度，按气体状态方程进行计算。

标准参比条件下瞬时流量按式(5-17)或式(5-18)进行计算：

$$q_{vn} = q_{vp} \left(\frac{p_f}{p_n} \right) \left(\frac{T_n}{T_f} \right) \left(\frac{Z_n}{Z_f} \right) \tag{5-17}$$

式中　q_{vn}——标准参比条件下的体积流量，m^3/s；

　　　q_{vf}——操作条件下的体积流量，m^3/s；

　　　p_n——标准参比条件下的绝对压力，其值为 0.101325MPa；

　　　p_f——操作条件下的绝对静压力，MPa；

　　　T_n——标准参比条件下的热力学温度，其值为 293.5K；

　　　T_f——操作条件下的热力学温度，K；

　　　Z_n——标准参比条件下的压缩因子，按 GB/T 11062—2014 计算得出；

　　　Z_f——操作条件下的压缩因子，按 GB/T 17747.1~3—2011 计算。

$$q_{vn} = q_{vf} F_z^2 \left(\frac{p_f}{p_n} \right) \left(\frac{T_n}{T_f} \right) \tag{5-18}$$

式中　F_z——天然气超压缩系数。

天然气超压缩系数 F_z 是因天然气特性偏离理想气体定律而导出的修正系数，其定义见式(5-19)：

$$F_z = \sqrt{\frac{Z_n}{Z_f}} \tag{5-19}$$

标准参比条件下的体积累计流量按式(5-20)计算：

$$Q_n = \int_0^t q_{vn} dt \tag{5-20}$$

式中　Q_n——标准参比条件下在 $t_0 \sim t$ 一段时间内的体积累积流量，m^3。

（2）质量流量计算

流量计的瞬时质量流量按式(5-21)、式(5-22)或式(5-23)计算：

$$q_m = q_{vn} \cdot \rho_n \tag{5-21}$$

式中　q_m——质量流量，kg/s；

　　　ρ_n——标准参比条件下的天然气密度，kg/m^3。

$$q_m = q_{vn} \cdot \frac{p_n \cdot M}{T_n \cdot Z_n \cdot R} \tag{5-22}$$

式中　R——通用气体常数，其值为 0.00831451，$MPa \cdot m^3/(kmol \cdot K)$。

或

$$q_m = q_{vf} \cdot \frac{p_f \cdot M}{T_f \cdot Z_f \cdot R} \qquad (5-23)$$

（3）能量流量计算

能量流量可以通过体积流量或质量流量与被测天然气高位发热量 H_s 的乘积计算得到。

按体积流量计算的公式：

$$q_e = q_{vn} \cdot \widetilde{H}_s \qquad (5-24)$$

按质量流量计算的公式：

$$q_e = q_m \cdot H_s \qquad (5-25)$$

式中　q_e——能量流量，MJ/s；

　　　$\widetilde{H}_s$——标准参比条件下的体积高位发热量，MJ/m³；

　　　H_s——标准参比条件下的质量高位发热量，MJ/kg。

（4）流量测量不确定度估算

① 标准参比条件下的流量测量不确定度估算

可用式(5-26)估计标准条件下体积流量测量不确定度：

$$u_{q_{vn}} = \sqrt{u_{q_{vf}}^2 + u_{p_f}^2 u_{T_f}^2 + u_{Z_f}^2 + u_{Z_n}^2} \qquad (5-26)$$

式中　$u_{q_{vn}}$——标准参比条件下的流量测量不确定度；

　　　$u_{q_{vf}}$——操作条件下的体积流量测量不确定度，可由流量计的准确度等级确定；

　　　u_{p_f}——操作条件下的绝对静压测量不确定度，根据使用的温度测量仪表性能按式
(5-30)u_y 估算；

　　　u_{T_f}——操作条件下的热力学温度测量不确定度，根据使用的温度测量仪表性能按式
(5-30)u_y 估算；

　　　u_{Z_f}——操作条件下的压缩因子测量不确定度，压缩因子计算方法若采用 GB/T
17747.2—2011 或 GB/T 17747.3—2011，管输气一般取 0.1%，采用 AGANX-
19 则取 0.5%；

　　　u_{Z_n}——标准参比条件下压缩因子测量不确定度，与天然气组分分析方法和标准气体
有关，当95%的置信概率下的扩展不确定度见式(5-27)：

$$U_{q_{vn}} = 2u_{q_{vn}}（95\%的置信概率） \qquad (5-27)$$

式中　$U_{q_{vn}}$——标准参比条件下的体积流量测量不确定度。

② 质量流量测量不确定度估算

根据式(5-21)可用式(5-28)估算参比条件下质量流量的不确定度：

$$u_{q_m} = \sqrt{u_{q_{vn}}^2 + u_{\rho_n}^2} \qquad (5-28)$$

式中　u_{q_m}——标准参比条件下密度计算不确定度，按 GB/T 11062—2014 计算可取 0.3%。

③ 能量流量测量不确定估算

根据式(5-24)可用式(5-29)估算标准参比条件下能量流量测量不确定度：

$$u_{q_e} = \sqrt{u_{q_{vn}}^2 + u_{\widetilde{H}_s}^2} \qquad (5-29)$$

式中　$u_{\widetilde{H}_s}^2$——标准参比条件下的发热量计算不确定度，按 GB/T 11062—2014 计算可
取 0.1%。

④ 绝对静压或热力学温度测量不确定度估算

绝对静压或热力学温度测量不确定度按式(5-30)估算：

$$u_y = \frac{1}{\sqrt{3}} \xi_y \frac{Y_k}{Y_i}$$ （5-30）

式中　u_y——绝对静压测量或热力学温度测量的不确定度；

ξ_y——静压测量仪表或温度测量仪表的准确度等级；

Y_k——静压测量仪表或温度测量仪表量程；

Y_i——预定静压测量值或预定温度测量值。

5.2　气体涡轮流量计测量天然气流量

前面章节介绍过涡轮流量计具有很多优点，其适用性强，广泛应用于各种液体、气体的流量测量，如石油有机液体、无机液体、液化石油气、天然气、煤气及低温流体等。在国外液化石油气、天然气、成品油和轻质原油等转运站、流量站，大型长输原油管道的首末站都大量采用涡轮流量计，用于供需双方交接计量并依此进行贸易结算。

在欧洲，涡轮流量计早已大量用于天然气流量计量，仅荷兰在天然气管线上就采用了2600 多台各种口径、压力从 0.8~6.5MPa 的气体涡轮流量计。在美洲，涡轮流量计成为仅次于标准孔板流量计的天然气计量仪表。在国内随着天然气长输管道建设的蓬勃发展以及分输至中大城镇支线管网的扩展，涡轮流量计也开始大量用于天然气流量计量。

5.2.1　气体涡轮流量计结构特点

气体涡轮流量传感器的结构组成与液体涡轮流量传感器大体相同，但也有差别。以轴流式为例，如图 5-5 所示。其结构主要包括：壳体、前导流器、导流圈、涡轮(叶轮)、防尘迷宫件、轴承、主轴、内载式储油管、后导流器、加油系统、信号发生器、信号传感器、压力传感器、温度传感器、内藏式四通阀组件等。各主要零部件的功能如下：

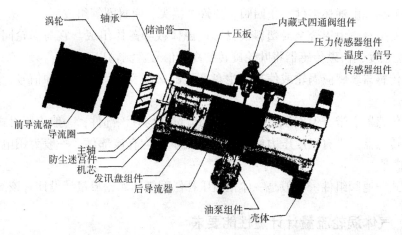

图 5-5　气体涡轮流量计传感器结构分解图

① 壳体。壳体是传感器的主要部件，它承受被测气体的压力，固定安装检测部件，连

接管线的作用。

② 前导流器。对被测气体起压缩、整流、导向作用，并起支撑叶轮的作用。材料一般选用铝合金、不导磁不锈钢、锌合金等。

③ 导流圈。对被测气体进行导向、节流，调整流量。对仪表流量范围分段有重要作用。材料用铝合金等。

④ 涡轮(叶轮)。是传感器的检测元件，接受流体的动量、克服阻力矩，是齿轮传动机构的动力源。涡轮有直板叶片或螺旋叶片等几种，它可由高导磁材料制成。其高频信号可由涡轮切割电感传感器产生，也可选用塑料或铝合金材料制造，并在其上镶嵌导磁体或磁体。对气体涡轮流量计而言，当通径 $DN \leqslant 200mm$ 时，材料可选用塑料或铝合金；当 $DN > 200mm$ 时，材料应选用铝合金。制造铝合金涡轮成本高，但稳定性好，强度高、维修费用低。

涡轮由支架中轴承支撑，与表体同轴。其叶片数目视口径大小而定。

⑤ 防尘迷宫件。避免灰尘进入机芯，起保护轴承作用。该部件的优劣直接影响涡轮流量计寿命。实际使用情况证明，静密封比动密封防尘效果更好，最好与涡轮一起设计形成径向迷宫。

⑥ 轴承。支撑主轴和叶轮旋转，减少转动轴摩擦阻力。需选用加工精度高，低噪声，有足够的刚度、强度、硬度以及耐磨耐腐蚀的不锈钢制作。它和主轴一起决定传感器的可靠性和使用期限。

⑦ 主轴。起传动支撑作用，它与轴承的装配结构、装配精度以及主轴本身的同轴度直接影响流量计准确度及使用寿命。材料选择与轴承要求一致。

⑧ 内藏式储油管。对于采用加油系统的涡轮流量传感器，一般采用该结构件，它是加油系统的缓冲装置。它可有效避免一次加油过量影响仪表准确度及污染机芯，也可有效避免使用过程中因失油造成轴承损伤。

⑨ 后导流器。支撑轴承、机芯、加油连接件，防止灰尘进入机芯；材料为铝合金或锌合金。反推式涡轮流量传感器的后导流器还要求能产生足够的反推力。

⑩ 加油系统。由油杯组件、止回阀、油管、接头、密封圈等组成。

⑪ 信号发生盘。由铝合金或塑料圆盘镶嵌磁体或导磁体组成。它与涡轮同步转动，周期性改变磁场强度，由磁传感器将叶轮旋转的高频信号检测输出。

⑫ 信号传感器。感应涡轮或信号发生盘产生的磁场变化，产生脉冲信号，并传递给前置放大器。

⑬ 压力传感器。带有温度压力修正功能的流量计均有该部件，一般为压阻式传感器。

⑭ 温度传感器。带有温度压力修正功能的流量计均有该部件，一般为铂电阻，也可用数字温度传感器。

⑮ 内藏式四通阀组件。一般是一体化温压补偿型气体涡轮流量计设计有该部件。

5.2.2 气体涡轮流量计计量性能要求

(1) 准确度等级

气体涡轮流量计在规定的流量范围内准确度等级、最大容许误差应符合表5-5规定。

气体涡轮流量计分界流量规定见表 5-6。

表 5-5　气体涡轮流量计准确度等级

准确度等级		0.2	0.5	1.0	1.5
最大允许误差	$q_t \leqslant q \leqslant q_{max}$	±0.2%	±0.5%	±1.0%	±1.5%
	$q_{min} \leqslant q \leqslant q_t$		±1.0%	±2.0%	±3.0%

表 5-6　气体涡轮流量计分界流量

量程比	5 : 1	10 : 1	20 : 1	30 : 1	≥50 : 1
q_t		$0.20q_{max}$	$0.20q_{max}$	$0.15q_{max}$	$0.10q_{max}$

（2）重复性

流量计的重复性不得超过相应准确度等级规定的最大允许误差绝对值的 1/3。

5.2.3　涡轮流量计选用原则及运行维护

（1）涡轮流量计选用原则

① 涡轮流量传感器最适宜测量洁净的单相气体，因此应根据被测气体的洁净程度（相比较而言，管输天然气优于井口天然气；液体石油气优于人工燃气；液化天然气优于管输天然气）选择与其相适应的流量传感器。

② 根据天然气或其他燃气计量性质，决定流量计的准确度等级，即企业（如油气田、长输管道、城镇燃气公司等）用于内部交接计量（其目的是为本企业内部核算），还是用于外部贸易交接计量（其目的是供需双方财务结算依据）。如果是企业内部交接计量，流量计准确度等级可相对低一些（如若企业资金充裕，也可购高准确度的流量计），外部贸易交接计量，则应按国家有关规定或双方协议确定配备准确度等级较高的流量计。

③ 应根据管网、管通干线、支线的流量范围（以及将来的发展趋势）选择流量计（主要包括口径、流量范围、压力等级）。

一般天然气长输管道（如西气东输、川气东送等）、城镇燃气管网主干线、油气田天然气管网主干线，压力较高、流量较大，应选用中高压、大口径流量计。而对于压力相对较低，流量中低下水平的支线管道，宜选用中低压、中小口径、中小排量的流量计。

在选择流量计流量范围上应注意 3 个问题：

第一，在市场经济条件下，影响天然气管道、管网输量均衡的因素增加，输气量波动性较大，为此应选择范围宽的流量计。

第二，从测量准确度角度，希望流量计运行在仪表系数处于线性的区域。

第三，从使用寿命和安全性来考虑，流量范围应有余地，一般认为在断续使用（如日运行 8h 以下），按实际使用时的最大流量的 1.3 倍选择传感器口径。在连续使用（每日运行 8h 以上）场合，按实际最大流量的 1.4~1.5 倍选择流量计口径。

一般情况下，传感器流量范围下限附近误差稍大，通常将实际最小流量的 0.8 倍作为选用传感器流量范围下限值。

④ 涡轮流量计选用在经济性方面主要考虑 3 个因素：

第一，购置费用。同一规格型号的流量计价格差异较大，比如进口产品往往比国产产品或合资产品价格高出 1 倍或 2 倍以上。如若再加上运输、调试、零配件购置储备，其总费用有大幅度增加。

第二，运行维护费用。有活动件的流量计比没有活动件的流量计其故障率、更换零部件频率也相应增大，由此使运行维护费用增加，同时又影响正常输供气。

第三，辅助设备购置，安装及管理费用。如有的类型流量计由于其本身流量特性要求流动状态、流场要符合某些技术要求而增加直管段、过滤器、整流器等，也相应增加了购置费、安装费等。

⑤ 流量计选型流程图如图 5-6 所示。影响气体涡轮流量计能否正常工作的因素较多，按其重要性的排序应是：介质条件、准确度等级、流量范围、压力等级、压力损失、环境条件等。在尽量满足上述条件下选择价廉耐用产品。

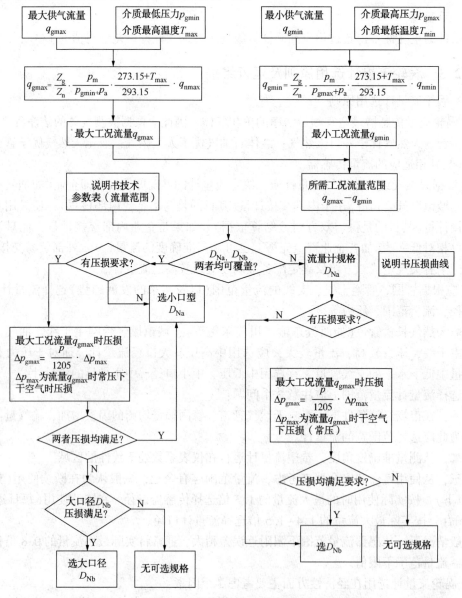

图 5-6　气体流量计选型流程图

选型实例

已知某一供气管线实际工作压力范围为表压 0.8～1.2MPa，介质温度范围为 -10～+40℃，供气峰值为标准体积流量 25000m³/h，供气峰值为标准体积流量 3000m³/h，经取样分析计算天然气之相对密度 $\rho_r = 0.591$，N_2 摩尔分数 $M_N = 1.6\%$，CO_2 摩尔分数为 $M_c = 0.8\%$，要求确定流量计规格。(当地大气压为 101.3kPa)

当介质压力为 0.8kPa，温度为 40℃时，天然气压缩因子影响最小，此时当处于供气峰期时，具有最大体积流量，而当介质压力为 1.2kPa，温度为 -10℃时，压缩因子影响最大，此时当处于供气低谷时，具有最小体积流量。

由 $\rho_r = 0.591$、$M_N = 1.6\%$、$M_c = 0.8\%$，当 $p = 0.8MPa$、$t = 40℃$ 时，按 AGANX-19 中的公式，求得：$Z_g/Z_n = 1.0127$，故最高工况体积流量为

$$q_{gmax} = \frac{Z_g}{Z_n} \cdot \frac{p_n}{p_g + p_n} \cdot \frac{T_g}{T_n} \cdot q_{nmax}$$

$$= 1.0127 \times \frac{101.325}{800 + 101.3} \times \frac{273.15 + 40}{193.15} \times 2500$$

$$= 461.46 (m^3/h) \tag{5-31}$$

当 $p = 1.2MPa$、$t = -10℃$ 时，求得：$Z_g/Z_n = 1.0355$，故最小体积流量为

$$q_{gmax} = \frac{Z_g}{Z_n} \cdot \frac{p_n}{p_g + p_n} \cdot \frac{T_g}{T_n} \cdot q_{nmin}$$

$$= 1.0355 \times \frac{101.325}{1200 + 101.3} \times \frac{273.15 - 10}{293.15} \times 3000$$

$$= 217.13 (m^3/h) \tag{5-32}$$

从使用条件和流量范围来看，选用气体涡轮流量计比较合适，查技术说明书的流量范围可得，只有 200C 型号满足此流量范围要求，同时由于介质压力较高，压损对工作不产生影响，故选用 200C 型号。

5.2.4　涡轮流量计运行与维护

涡轮流量计在运行与维护过程中应注意以下事项：

① 未安装旁路管道传感器，应以中等开度开启流量传感器上游阀，然后再缓慢开启下游调节阀。以较小流量运行一段时间(如 10min)，然后全开上游阀，再适当开大下游阀，调节到所需流量(注意调节流量只能用下游调节阀)。

② 对装有旁路管道的流量传感器，先全开旁路阀门，运行一段时间(5～10min)后，再以中等开度开启流量传感器上游阀，全关旁路阀，根据需要调节下游调节阀开度至所需流量。

③ 不能轻易打开流量计表头前后盖，不能轻易变更流量传感器中的接线盒参数。

④ 对于需要加油的流量计，一定要按规定的要求，定时定量加注润滑油。

⑤ 尽量使流量计在仪表系数曲线现行区域运行，杜绝和防止长时间超流量运行。

⑥ 对于电子显示的流量计，要经常检查电池是否欠压，及时更换电池。

⑦ 流量计按期送检。因长期运行、轴承磨损等原因，仪表系数 K 发生变化，要通过检定调校。

⑧ 要注意过滤器两端压差变化，以判断是否堵塞或是否需要停运并进行清理。

⑨ 若发生故障，显示机构不计数和时断时续不准确时，则应停运并及时启用备用流量计。事后应对故障流量计故障期间的影响流量正确估算，妥善公平处理。

⑩ 切忌用高温蒸汽清洗或流经流量传感器，以免损坏有关配件。

⑪ 经常检查现实仪表工作状况（通过"自校"档），评估显示仪表示值。如有怀疑存在不正常现象，应及时检查处理

5.2.5　流量计算方法及测量不确定度估算

（1）体积流量计算

① 操作条件下的体积流量计算实用公式见式（5-33）：

$$q_f = \frac{f}{K} \tag{5-33}$$

式中　q_f——操作条件下的体积流量，m^3/s；

　　　f——输出工作频率，Hz，由频率计采集得到；

　　　K——系数，m^{-3}，可按流量计铭牌上给出值，或翻查流量计参数设置值，或检定证书或校准证书给定值。

② 标准参比条件下的体积流量实用公式见式（5-34）：

$$q_n = q_f \left(\frac{p_f}{p_n}\right)\left(\frac{T_n}{T_f}\right)\left(\frac{Z_n}{Z_f}\right) = q_f F_z^2 \left(\frac{p_f}{p_n}\right)\left(\frac{T_n}{T_f}\right) \tag{5-34}$$

式中　q_n——标准参比条件下的体积流量，m^3/s；

　　　p_f——操作条件下的绝对静压力，MPa；

　　　Z_f——操作条件下的气体压缩因子；

　　　T_f——操作条件下的气体绝对温度，K；

　　　P_n——标准参比条件下的绝对静压力，MPa；

　　　Z_n——标准参比条件下的气体压缩因子；

　　　T_n——标准参比条件下的气体热力学温度，K；

　　　F_z——天然气超压缩系数。

天然气超压缩系数 F_z 是因天然气特性偏离理想气体定律而导出的修正系数，其定义式见式（5-35）：

$$F_z = \sqrt{\frac{Z_n}{Z_f}} \tag{5-35}$$

（2）质量流量计算

质量流量由式（5-36）计算：

$$q_m = q_n \cdot \rho_n \tag{5-36}$$

式中　q_m——瞬时质量流量，kg/s；

　　　ρ_n——标准参比条件下天然气密度，kg/m^3。

（3）能量流量计算

能量计量可以通过体积流量或质量流量与发热量 H_s 或 H_S 的乘积计算得到。

按体积流量计算的公式见式（5-37）：

$$q_e = q_n \cdot \widetilde{H}_s \tag{5-37}$$

按质量流量计算的公式见式(5-38)：

$$q_e = q_m \cdot H_s \tag{5-38}$$

式中　q_e——瞬时能量流量，MJ/s；

　　　$\widetilde{H}_s$——标准参比条件下天然气的体积发热量，可采用直接测量或按 GB/T 11062—2014 计算，MJ/m³；

　　　H_s——标准参比条件下天然气的质量发热量，可采用直接测量或按 GB/T 11062—2014 计算，MJ/kg。

（4）测量不确定度估算

① 未经实流校准的标准参比条件下流量测量综合不确定度

根据式(5-34)，可用式(5-39)和式(5-40)估算标准参比条件下流量测量综合不确定度。

$$u_{qn} = \sqrt{u_{qf}^2 + u_{pf}^2 + u_{Tf}^2 + u_{Zf}^2 + u_{Zn}^2 + u_{an}^2} \tag{5-39}$$

$$U_{qn} = 2u_{qn}（95\%的置信概率）\tag{5-40}$$

式中　U_{qn}——标准参比条件下流量测量扩展不确定度；

　　　u_{qn}——标准参比条件下的流量测量不确定度；

　　　u_{qf}——操作条件下流量测量不准确度，由流量计的准确度等级确定；

　　　u_{pf}——操作条件下的绝对静压测量不准确度，根据使用的静压测量仪表性能按式(5-41)估算；

　　　u_{Tf}——操作条件下的热力学温度测量不准确度，根据使用的温度测量仪表性能按式(5-41)估算；

　　　u_{Zf}——操作条件下的压缩因子测量不准确度，压缩因子计算方法若采用 GB/T 17747.2—2011 或 GB/T 17747.3—2011 则取 0.1%，采用 AGA.3NX-19 则取 0.5%；

　　　u_{Zn}——标准参比条件下的压缩因子测量不确定度，与天然气组分分析方法和标准气体有关，当组分分析按 GB/T 13610—2014 规定进行并使用二级标准气体时，可取 0.3%；

　　　u_{an}——安装引起的附加流量测量不准确度，取流量计最大允差的1/3。

② 质量流量测量不确定度估算

根据式(5-39)，可用式(5-41)估算标准参比条件下质量流量测量综合不确定度。

$$u_{qm} = \sqrt{u_{qvn}^2 + u_{\rho n}^2} \tag{5-41}$$

式中　u_{qvn}——标准参比条件下体积流量测量不确定度；

　　　$u_{\rho n}$——标准参比条件下密度计算不确定度，按 GB/T 11062—2014 计算可取 0.3%；

　　　u_{qm}——标准参比条件下质量流量测量综合不确定度。

③ 能量流量测量不确定度估算

根据式(5-39)，可用式(5-42)估算标准参比条件下能量流量测量综合不确定度。

$$u_{qe} = \sqrt{u_{qvn}^2 + u_{H_s}^2} \tag{5-42}$$

式中 $u_{H_s}^2$——标准参比条件下的发热量计算不确定度，按 GB/T 11062—2014 计算可取 0.3%。

④ 绝对静压或热力学温度测量不确定度估算

绝对静压或热力学温度测量不确定度按式(5-43)估算：

$$u_y = \frac{1}{\sqrt{3}} \xi_y \frac{Y_k}{Y_i} \tag{5-43}$$

式中 u_y——绝对静压测量或热力学温度测量不确定度；

ξ_y——静压测量仪表或温度测量仪表的准确度等级；

Y_k——静压测量仪表或温度测量仪表的刻度上限值；

Y_i——预定静压测量或预定温度测量值。

5.3 超声流量计测量天然气流量

超声波流量计(简称超声流量计，用 USF 表示)是通过检测流体流动时对超声束(或超声脉冲)的作用，以测量流体体积流量的仪表。

进入 21 世纪以来，由于电子技术尤其是计算机技术的发展，使超声流量计的性能水平迅速得到提升，不仅应用于液体流量测量，而且也应用于气体如天然气流量测量。并且达到相当高的准确度水平。国外在 1986 年开始用超声流量计测量天然气流量；我国 1996 年引进并尝试用于天然气计量。

超声流量计具有许多传统流量计不具备的特点：无可运动件、无压力损失；无示值漂移现象，量程宽，尤其适用于大口径天然气流量测量；重复性好，准确度高；几乎不受被测流体温度、压力、密度、黏度等参数的影响；安装费用低、维护工作量少，可带压更换换能器；全数字式计量系统，易于实现数字通信。

超声流量计已完全被气体工业界接受，它是自气体涡轮流量计后被气体工业界，尤其是石油天然气行业接受的最重要的气体流量器具，并已被公认为准确度较高、性能稳定的工作计量器具，也更广泛地被选用作为标准表使用。

5.3.1 超声流量计工作原理及结构特点

(1) 超声流量计工作原理

超声流量计由于其种类较多，其测量原理也是多种多样的。目前实用的是传播速度差法(包括时差法、相位差法和频差法)。GB/T 18604—2014 就是以时差法为原理的气体超声流量计测量天然气流量的标准。下面主要介绍时差法超声流量计工作原理。

① 一般原理

流量计以测量超声波在流动介质中传播时间与流量的关系为原理。在有气体流动的管道中，超声波顺流传播的速度要比逆流时快，流过管道的气体流速越快，超声波顺流和逆流传播的时间差越大。

通常认为声波在流体中的实际传播速度是介质静止状态下的声波传播速度 C_f 和流体轴向平均流速 v_m 在声波传播方向上的分量组成，如图 5-7 所示。顺流和逆流传播时间与各量之间的关系如下式表达：

140

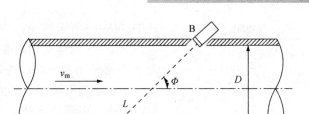

图 5-7 声波传播示意图

$$t_{顺} = t_{AB} = \frac{L}{C_f + v_m \cos\phi} \tag{5-44}$$

$$t_{逆} = t_{BA} = \frac{L}{C_f - v_m \cos\phi} \tag{5-45}$$

式中 $t_{逆}$——超声波在流体中逆流传播时间；

$\quad\quad t_{顺}$——超声波在流体中顺流传播时间；

$\quad\quad L$——声道长度；

$\quad\quad v_m$——流体的轴向平均流速；

$\quad\quad \phi$——声道夹角。

可利用上面两式导出流体流速，声波传播速度的表达式，即：

$$v_m = \frac{L}{2\cos\phi}\left(\frac{1}{t_{顺}} - \frac{1}{t_{逆}}\right) \tag{5-46}$$

$$C_f = \frac{L}{2}\left(\frac{1}{t_{顺}} - \frac{1}{t_{逆}}\right) \tag{5-47}$$

将测得的多个声道的流体流速利用数学函数关系联合起来，可得到管道平均流速 $\bar{v}$，乘以过流的面积 A，即可得到体积流量 Q_v。用下式表达：

$$Q_v = A \cdot \bar{v} \tag{5-48}$$

或

$$Q_v = \frac{v_m}{K} \cdot \frac{\pi D^2}{4} \tag{5-49}$$

式中 K——流速分布修正系数，$K = v_m / \bar{v}$；

$\quad\quad D$——管道内径；

$\quad\quad \bar{v}$——管道平均流速，$\bar{v} = f(v_1 + v_2 + \cdots v_n)$；

$\quad\quad n$——声道数。

流速分布修正系数 K 可用如下两种方法予以计算：

a. 比尔盖尔法，即

$$K = 1 + 0.01\sqrt{6.25 + 4.31Re^{-0.237}} \tag{5-50}$$

b. 经验公式法，即：

$$K = 1.119 + 0.011gRe \tag{5-51}$$

而雷诺数

$$Re = \frac{v \cdot D}{\mu} \tag{5-52}$$

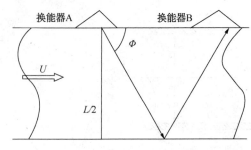

图 5-8　多声道超声波声速差法原理示意图

式中　D——管道内径；

　　　μ——流体运动黏度。

② 多声道超声波声速差法工作原理

多声道超声流量计其测量准确度远远高于单声道或双声道超声波流量计。多声道超声波声速差法流量计采用声速差法，就是通过准确测量超声波沿着气流顺向和逆向传播的声速差，测量各种口径管道内稳态或脉动气流的双向流流速量。其原理如图 5-8 所示。

图中，管道内径为 D，两换能器间的超声传播距离为 L，超声波传播方向与轴线之间的夹角为 ϕ，则管道换算成标准工况下的气体流量 Q 可表示为：

$$Q=\frac{\pi D^2}{4}\cdot\frac{1}{2\cos\phi}\cdot\left(\frac{1}{t_1-\tilde{l}_1}-\frac{1}{t_2-\tilde{l}_2}\right)\cdot\frac{p}{T}\cdot\frac{T_{\mathrm{n}}}{p_{\mathrm{n}}} \qquad (5-53)$$

式中　t_1、t_2——超声波顺向、逆向传播时间；

　　$\tilde{l}_1$、$\tilde{l}_2$——超声波顺向、逆向传播时电路、电缆及换能器等产生的声延时间；

　　p、T——管道中实测的气体压力和温度；

　　p_{n}、T_{n}——标准工况下气体的压力和温度。

在实际应用中，由于采用了多声道的方法来消除流速分布的不均匀的影响，提高了测量的准确度水平。

（2）超声流量计基本构成及主要技术性能

时差法超声流量计是由超声流量传感器（表体、超声换能器及安装部件）和变送器构成。

① 超声流量传感器

超声流量传感器是超声流量计的重要组成部分，包含换能器、管道（或标准管段）以及安装附件等。超声流量传感器可分为便携式和固定式。通常传感器中使用 1~5 对（甚至更多）换能器，以提高流速测量的精确度。

每一对换能器都是可逆的，可以交替发射和接收声信号。声波传播的路线通常称之为声道，按几何学声道应是线状的，单声道的形状有 Z 式、V 式、W 式等。2~5 声道的多平行于圆管直径等距排列，或采用矩阵式排列，使声道在流速剖面上呈网状发布，如图 5-9 和图 5-10 所示。

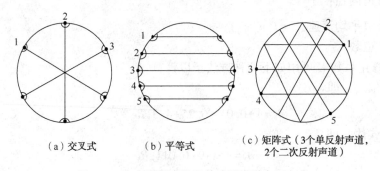

（a）交叉式　　　　　（b）平等式　　　　（c）矩阵式（3个单反射声道，
　　　　　　　　　　　　　　　　　　　　　　　2个二次反射声道）

图 5-9　多声道超声流量传感器声道布置方式

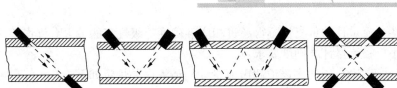

图 5-10　超声流量计的一些传感器声道的型式

② 超声换能器

超声换能器是一种电声转换器（分为发射换能器和接收换能器），常用压电换能器。它利用压电材料的压电效应，采用适应的发射电路把电能加到发射换能器的压电元件上，使其产生超声波振动。超声波以一定角度射入流体中传播，然后由接受换能器接收，并经压电元件变为电能，以便检测。发射换能器利用压电元件的逆压电效应，而接受换能器则是利用其压电效应。

超声换能器的核心是在压电元件，由 PZT（锆钛酸铅）、PVDF（聚偏氟乙烯）等压电材料制成。超声换能器常用的 PZT 压电薄片一般为圆片、半圆片、方形和矩形。薄片直径超过其厚度的 10 倍，以保证振动的方向性。

为固定压电元件，使超声波以合适的角度射入到流体中，需把压电元件固定在声道中，构成换能器整体。图 5-11 是几种实用超声流量传感器的结构示意图。

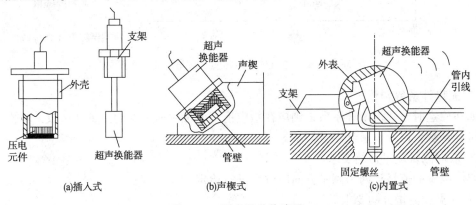

图 5-11　超声流量传感器

5.3.2　超声流量计计量性能及通用技术要求

（1）准确度等级

① 根据《超声流量计》（JJG 1030—2007）检定规程规定，流量计在 $q_t \leqslant q \leqslant q_{max}$ 的流量范围内，其最大允许误差，应符合表 5-7 中的规定。

表 5-7　超声流量计准确等级

准确度等级	0.2	0.5	1.0	1.5	2.0
最大允许误差 E	±0.2%	±0.5%	±1.0%	±1.5%	±2.0%

在 $q_{min} \leqslant q \leqslant q_t$ 的流量范围内，最大允许误差不超过表 5-7 规定的最大允许误差的 2 倍（注：q_t——分界流量；q——工作流量）。

② 重复性：流量计的重复性不得超过相应准确度等级规定的最大允许误差的绝对 1/3。

③ 对大小口径流量计准确度要求：

对于口径大于 300mm 的多声道超声流量计，最大误差规定如下：

$$q_t \leqslant q \leqslant q_{max}，误差为 \pm 0.7\%$$

$$q_{min} \leqslant q \leqslant q_t，误差为 \pm 1.4\%$$

计量性能要求见图 5-12。

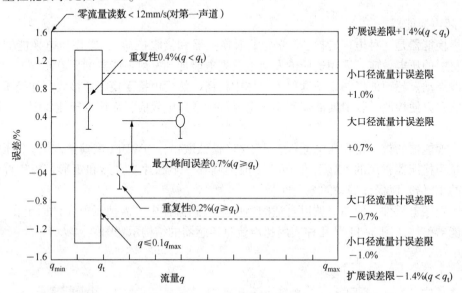

图 5-12　多声道气体超声流量计测量性能要求汇总

④ 流量计系数调整

如在检定时改变流量计系数，则应在检定证书上标明前一次的流量计系数，本次调整后的流量计系数，以及流量计系数调整量。

⑤ 双向测量流量计的要求

双向测量的流量计两个测量方向应分别进行检定。

⑥ 外夹式流量计的要求

外夹式流量计应对所有换能器进行检定，并尽量在与使用管径相同的管径下进行检定。如使用管径与检定管径之比大于 2 或者小于 1/2，使用时流量计应增加 0.5% 的附加误差。

（2）通用技术要求

① 随机文件

● 流量计应附有使用说明书。

● 外夹式流量计的使用说明书应详细说明流量计的安装方法和使用要求。

● 流量计使用说明书中应对换能器给出工作压力、温度范围，并提供换能器安装的几何尺寸。

● 流量计应附有出厂检定报告（或资料）。

② 流量计标记

流量计上应有铭牌，并应注明以下内容：

● 制造厂名；

- 产品名称和型号；
- 耐压等级；
- 制造计量器具许可证标志和编号；
- 标称直径和适用管径范围；
- 适用工作压力、温度范围；
- 在工作条件下最大、最小流量(或流速)；
- 分界流量；
- 准确度等级；
- 防爆等级和防爆合格证编号；
- 制造年月。

每一对超声换能器应在明显位置标有永久性的唯一性标识和安装标识。换能器的信号电缆与超声波换能器需一一对应时，应在明显位置标有永久性的唯一标识和安装标识。

③ 外观要求

- 新制造的流量计应有良好的表面处理，不得有毛刺、划痕、裂纹、锈斑和涂层脱落现象。
- 表体的连接部分的焊接应平整光洁，不得有虚焊、脱焊等现象。
- 接插件必须牢固可靠，不得因振动而松动或脱落。
- 显示的数字应醒目、整齐，表示功能的文字符号和标志应完整、清晰、端正。
- 密封性。通过检定介质到最大试验压力，历时 5min，流量计表体上各接头(接口)应无渗漏。

5.3.3 超声流量计使用与防护

(1) 调试与校验

超声流量计的调校包括：对流量显示的二次仪表的电子线路进行校验，对换能器的正常安装进行校验。对换能器的安装进行校验是使得发射换能器的声波信号经流体中的传播后能正常地被接受换能器接收。而对带测量管段的超声流量计，由于发射换能器与接收换能器的相对位置固定，因此其调校相对简便，主要针对二次仪表的线路进行校验。

超声流量计的调校因仪表的测量电路不同而异，具体的测量步骤应严格按照测量说明书要求进行。但一般涉及以下 8 个方面：

① 零点调整

当实际的流速为零时，仪表的流量也应调整为零。通常零点的调整是由自动调整功能完成的，但对于高精度的测量，可以停止自动调零功能，在零点上设置零点偏差，以后的测量，仪表将自动输出扣除零点偏差后的数值。

② 阻尼设定

适当的阻尼设定可用来精确地观察测量值的变化过程，或用来获得测量值的平均值。通常，当自动零点功能起作用时，所获得的响应时间大约是阻尼设定时间的 10 倍。为了观察测量值的真实变化，或为了以适当阻尼的观察测量值时，应设定合适的阻尼时间。

③ 工作参数(量)的设定

工作参数(量)的设定，包括模拟输出范围(4~20mA)的设定、显示单位的设定、流量

(或流速)范围的设定等。

④ 在不正常测量情况下的输出设定

当管内无流体等不正常情况下，可设定：保持流量值不变、高限度输出、低限度输出、零输出等。同时，累积脉冲输出时，输出截止，内部累积也截止。

⑤ 空探测点的设定

可设定当管道内无流体(空管)时输出一个报警信号。

⑥ 连续通信的设定

可设定 RS-232C 的通信波频率、奇偶性和停止位。

⑦ 低流量切除

流量低到一定值时，可设置一切断点切断流量显示。切断点一般可设定在 $0 \sim 0.999 \mathrm{m/s}$ 之间。当阀门关闭时，由于管内流体有对流现象，这时就有流量显示，所以有必要设置低流量切断功能。某些仪表的切断点初始值设定为 $0.01 \mathrm{m/s}$，可人为改变设置。

⑧ 累积输出单位的设定时间的设定以及状态输出的设定都是仪表调整中的内容，应根据说明书的要求进行设定。

(2) 运行

① 定标

定标就是把仪表准确计算流量所需的参数，通过一定的形式和方法输入转换器的过程，以达到定刻度的目的。

对于直接测量的线平均流速(传播时间法)，要计算流量就要有有关参数，如流体中声速、黏度、单位脉冲等。

大多数便携式仪表只需在测量现场把所需定标参数通过键盘输入转换器即可。固定安装的仪表有通过键盘输入者，也有通过转换器内的各种形式开关或电位器等进行定标；而用平行法布置的双声道、四声道和八声道传播时间法仪表的定标，则由厂家通过 EPROM 编程等来完成。

定标的具体步骤和方法，按产品使用说明书进行。

带管段的中小口径超声流量计，通常出厂前已完成定标和校验，因此不必在运行前再去做定标工作。

② 超声流量计的日常维护

超声流量计的日常管理主要是根据其自诊断系统反馈的信息有针对性地进行检查和维护。虽然不同厂家制造的超声流量计对检查运行状况参数的要求有所不同，但主要是温度、压力、天然气组成及流量计的性能参数。通常定期检查的项目及检查方法见表5-8。

表5-8 超声流量计日常维护需要检查的参数和方法

需要检查的运行参数	检查方法	备注
气体工作温度	按相关要求检查温度测量系统工作是否正常	必查
气体工作压力	按相关要求检查压力测量系统工作是否正常	必查
天然气组成	检查计算机内输入的天然气组成数据是否正确，或在线分析系统的分析数据是否正确	必查
超声流量计系数	检查超声流量计系数是否与检定证书一致	必查

续表

需要检查的运行参数	检查方法	备注
各声道运行状态	检查各声道的参数，确认各声道运行是否正常	必查
零流速读数值	在零流速下各声道所测得的气体流速是否小于规定值	选择
声速	检查超声流量计各声道所测的声速是否稳定在一定范围内，如果发生跳变，表明存在故障	必查
增益值/噪声（信噪比/信号质量）	增益值主要压力和超声探头表面污物的影响，通常情况下增益应该是相对稳定的。若（信噪比/信号质量）超出超声流量计说明书中规定的技术范围，则说明超声流量计不能正常工作。检查反映背景噪声和/或电噪声量的参数是否稳定在正常范围值，若增益或信噪比等超出流量说明书中规定的范围，则表明探头表面因被污染而不能正常工作	必查
气体工作流速	检查超声流量计所测的气体工作流速是否在超声流量说明规定的正常工作范围内	必查
流量参数核查	首次安装时必须检查超声流量计算机内设置的各项参数是否正确	首次必查

5.3.4 流量计算方法以及测量不确定度估算

（1）标准参比条件下的瞬时流量按式（5-54）计算，即：

$$Q = Q_t (p_t/p_n)(T_n/T_f)(Z_n/Z_f) \qquad (5-54)$$
$$Q_t = VA$$

式中 Q_n——标准参比条件下的瞬时流量，m^3/h；

$\quad Q_t$——工作条件下的体积流量，m^3/h；

$\quad V$——流体轴向平均流速，m/s；

$\quad A$——流通面积，m^2；

$\quad p_n$、p_f——标准条件下的绝对压力（0.101325MPa）、工作条件下的绝对静压力（MPa）；

$\quad T_n$、T_f——标准参比条件下的热力学温度（293.15K）、工作条件下的热力学温度，K；

$\quad Z_n$、Z_f——标准参数条件下的压缩因子和工作条件下的压缩因子，按 GB/T 17747—2011 计算得出。

（2）标准参比条件下的累积流量按式（5-55）计算：

$$Q_n = \int_0^t q_n \mathrm{d}t \qquad (5-55)$$

式中 Q_n——标准参比条件下在 $0 \sim t$ 一段时间内的累积量，m^3；

$\quad \int_0^t$——对 $0 \sim t$ 时间段的积分；

$\quad \mathrm{d}t$——时间的积分增量。

（3）平均流速和声速计算

当管道中的气流速度不为零时，沿气流方向中的顺流传播的超声脉冲将加快速度，而逆流传播的超声脉冲将减慢。因此，顺流传播的时间 $t_{顺}$ 将缩短，逆流传播时间 $t_{逆}$ 会增长。根据两个传播时间，可以计算出流体流速，即：

$$V = \frac{L^2(t_{逆} - t_{顺})}{2t_{逆} \, t_{顺}} \qquad (5-56)$$

从上式可知，不要求知道声速就可测量气体流速。声速按照式(5-57)计算：

$$C = \frac{L(t_逆 + t_顺)}{2t_逆 \, t_顺}$$ (5-57)

式(5-54)表明，用声道长度除以传播时间，流量计就能够测量声速。将实测的声速值与理论计算相比较，可判断流量计是否正常工作。

(4) 天然气中声速

天然气中的声速不是一成不变的，对于15℃时的混合气声速约为420m/s。在实际采用超声流量计测量天然气流速过程中，天然气的声速不仅与气体温度有关，还与压力、密度及气体组分有关。

(5) 流量测量不确定估算

① 不经实流校准的标准参比条件下的流量测量不确定度，按式(5-58)估算：

$$U_{qn} = \sqrt{U_{qf}^2 + U_{pf}^2 + U_{Tf}^2 + U_{Zf}^2 + U_{Zn}^2 + U_{an}^2}$$ (5-58)

式中 U_{qn}——标准参比条件下的流量测量不确定度；

U_{qf}——工作条件下的流量测量不确定度。

对大口径多声道气体超声流量计，当 $q_t \leqslant q \leqslant q_{max}$ 时可取 0.7%，当 $q_{min} \leqslant q \leqslant q_t$ 时可取 1.4%；对小口径多声道气体超声流量计，当 $q_t \leqslant q \leqslant q_{max}$ 时可取 1.0%，当 $q_{min} \leqslant q \leqslant q_t$ 时可取 1.4%。

单声道气体超声流量计的 U_{qf} 值由制造厂提供。

U_{pf}——工作条件下的绝对静压测量不确定度，根据使用的静压测量仪表性能按式(5-56)估算；

U_{Tf}——工作条件下的热力学温度测量不定度，根据使用的温度测量仪表性能按式(5-56)估算；

U_{Zf}——工作条件下的压缩因子测量不确定度，根据工作条件和天然气组分按 GB/T 17747—2011 确定，对管输条件下的天然气一般取 0.1%；

U_{Zn}——标准参比条件下的压缩因子测量不确定度，与天然气组分分析方法和标准气体有关。当组分分析按 GB/T 13610—2014 规定进行，并使用二级标准气体时，可取 0.05%；

U_{an}——安装引起的附加流量测量不确定度，取 0.3%。

②绝对静压和热力学温度测量不确定度按式(5-59)估算：

$$U_y = \frac{2}{3}\xi_y \frac{Y_k}{Y_i}$$ (5-59)

式中 U_y——绝对静压测量或热力学温度测量的不确定度；

ξ_y——静压测量仪表或温度测量仪表的准确度等级；

Y_k——静压测量仪表或温度测量仪表的刻度上限值；

Y_i——预定静压测量值或预定温度测量值。

③ 经实流校准后的标准参比条件下的流量测量不确定度估算

实流校准分离线和在线两种方式，均应具有可溯源性。校准方式不同，方法也不同。

a. 离线实流校准应按 GB/T 18604—2001 的附录 C 规定进行。标准参比条件的流量测量不确定度按式(5-60)估算：

$$U_{qn} = \sqrt{U_{qfx}^2 + U_{pf}^2 + U_{Tf}^2 + U_{Zf}^2 + U_{Zn}^2 + U_{an}^2} \qquad (5-60)$$

式中　　U_{qfx}——校准条件下的流量测量不确定度，按式(5-59)估算；

　　其余符号含义同式(5-58)。

　　b. 在线实流校准，其校准条件与工作条件几乎相同或相近。标准参比条件下的流量测量不确定度 U_{qn} 按式(5-61)估算：

$$U_{qn} = \sqrt{U_{qfx}^2 + U_{pf}^2 + U_{Tf}^2 + U_{Zf}^2 + U_{Zn}^2} \qquad (5-61)$$

　　c. 校准条件下的流量测量不确定度估算，校准条件下的流量测量不确定 U_{qfx} 按式(5-62)估算：

$$U_{qfx} = \sqrt{U_x^2 + U_s^2} \qquad (5-62)$$

式中　　U_x——校准用标准装置的流量测量不确定度；

　　U_s——校准数据的不确定度，可近似取校准数据处理的流量计示值误差值。

第6章 天然气流量计量标准装置及流量计检定

6.1 天然气流量计量标准装置

随着我国天然气工业的迅速发展和进口天然气数量的急剧增加，以及天然气长输管道建设规模日益扩大，不论油气田、天然气长输管道还是城市燃气部门，为确保商业贸易计量的公平、公正，都需要加强用于测量天然气流量的流量计的监管，其主要措施是建立天然气流量标准装置。在这种形势下，建立各种气体流量标准装置，尤其是天然气在线实流检定装置是各有关企业的紧迫需求和完善气体流量量值传递体系的必然的举措。

气体流量标准装置虽然属于高端计量技术设备，但随天然气工业的发展已经普及到全国许多油气田、天然气管道及城市燃气等企业和部门。正因如此，从事天然气、城镇燃气计量的人员，为适应形势的发展和将来工作的需要，应相应学习、了解、掌握一些气体流量计量标准装置的知识。

气体流量标准装置有很多类型，在压力不高、流量不大的情况下，钟罩式气体流量标准装置是比较简便的，所以国内外使用得最多；而质量-时间法（m·t法）装置具有适合天然气工业中高压、大流量、大口径测量的特点，所以在国内受到欢迎，并陆续建立多套m·t法装置。本章主要对这两种气体流量标准装置加以介绍。

6.1.1 钟罩式气体流量标准装置

钟罩式气体流量标准装置一般工作压力小于10000Pa，最大流量由钟罩的体积大小及测试技术决定。目前国内用钟罩作为气体流量标准装置的最大流量可达4500m³/h，装置的准确度优于±0.5%。如果环境条件控制再好一些，如温度控制在（20±1）℃，则准确度可达到±0.05%～±0.2%。

（1）计量性能要求

① 准确度等级

按《钟罩式气体流量标准装置检定规程》（JJG 165—2005）规定，装置的准确度等级应符合表6-1的规定。

表6-1 钟罩式气体流量标准装置准确度等级相关技术指标

装置准确度等级	装置流量测量不确定度 $U(k=2)$/%	压力波动/Pa	温度差控制/℃
0.2	≤0.2	≤20	≤0.2
0.5	≤0.5	≤50	≤0.5
1.0	≤1.0	≤50	≤1.0

注：优于0.2级的装置检定后应有详细的不确定度分析。

② 压力波动要求

由于装置各部件装配的不均匀性以及机械摩擦的变化因素，装置在工作过程中压力有波动，即压力波动。压力波动应符合表 6-1 的规定。

③ 密封性

装置在关闭进出口阀门后应密封。

④ 温度差控制

应严格控制装置温度，以保证钟罩内的气体温度和液槽内的液体温度之差符合表 6-1 的规定。0.2 级的装置应测得温度，钟罩内应有上、下两个测温点。低于 0.2 级的装置可以用室温代替气体温度。

⑤ 计时器

计时器的启、停应由钟罩上的光电发讯器发出的信号控制。计时间的准确度应优于测量时间的 0.1%，分辨力小于或等于 0.01s。

⑥ 装置的配套设备

温度计：分度值小于或等于 0.2℃。

压力计：分辨力小于或等于 10Pa。

大气压力计：准确度优于 0.1%。

（2）钟罩式气体流量标准装置的结构与原理

① 装置的结构

装置一般由钟罩、液槽、发信机构、压力补偿机构、气源和试验管道等构成。如测量瞬时流量，则应配备计时器。若有编码器等能自动检测钟罩位置，则可代替发讯机构。钟罩式气体流量标准装置结构如图 6-1 所示。钟罩 1 是一个上部有顶盖，下部开口的容器，液槽 2 内盛满水或不易挥发的油。有的钟罩在液槽底部焊接一个圆筒形开口容器，叫作"干槽"。由于液封的作用，使钟罩内成为一个密封容器，导气管 3 插入钟罩 1 内，顶端露出液面，其高度以钟罩下降到最低点时不碰到钟罩顶盖为宜。为了避免钟罩下降时晃动，钟罩两边和钟罩内下部装有导轮 6 及立柱上的导轨 7，导轮沿着导轨 7 和导气管 3 滚动。钟罩上部系有钢丝绳或柔绳，通过定滑轮 9 和 10。配重物 11 用来调整钟罩内压力，补偿机构 12 用来当钟罩下降时，补偿液槽内液体对钟罩产生的浮力，使钟罩内压力保持恒定。温度计 13 和压力计 14 分别测量钟罩内气体温度和压力。在标尺 15 上装有下挡板 4 和上挡板 5，两挡板之间为一定的容积，在液槽边缘装有光电发信器 16 与计时器连动，温度计 17 和压力计 18 分别测量被检流量计的温度和压力。鼓风机 19 用以向钟罩内充气，使钟罩上升。压板 20、阀门 21 和调节阀 22 以及液位计 8 用来固定钟罩，向钟罩鼓风和调流用。

② 工作原理

如图 6-1 所示，打开阀门 21，关闭阀门 23，开动鼓风机（也可用压板 20），空气通过导气管进入钟罩 1，使钟罩上升，当钟罩上升到最高位置时，即下挡板露出一段距离以后，鼓风机停止送风，关闭阀门 21。停一段时间，待钟罩内气体温度稳定后，开始检定流量计。打开阀门 23 和调节阀 22，钟罩式气体流量标准装置本身是一个恒压源并给出标准容积的装置。

该装置利用钟罩本身的重量超过配重物及其他重力并为一个常数，该常数确定了钟罩内的压力补偿机构 12 是克服浮力的影响，使该常数不随钟罩浸入水中的深度而改变钟罩内压力，保证了流量稳定性。打开阀门 23 和调节阀 22，钟罩以一定速度下降，钟罩内气体通过

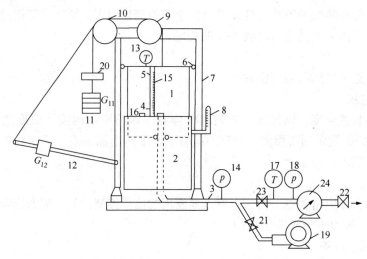

图 6-1 钟罩式气体流量标准装置结构

1—钟罩；2—液槽；3—导气管；4—下挡板；5—上挡板；6—导轮；7—导轨；8—液位计；9，10—定滑轮；
11—配重物；12—补偿机构；13、17—温度计；14、18—压力计；15—标尺；16—光电发信器；19—鼓风机；
20—压板；21、23—阀门；22—调节阀；24—被检流量计

导气管经被检定的流量计流入大气。当下挡板 4 遮住光电发讯器时，计时器开始计时，被检流量计同时也开始计数，钟罩继续下降。当上挡板 5 遮住光电发讯器时，计时器停止计时，被检流量计同时也停止计数。记下 13 和 14 钟罩内的温度 t_s 和压力值 p_s 以及 17 和 18 流量计前的温度值 t_m、压力值 p_m 和大气压力 p_a，两挡板间的钟罩容积 V_B 事先已标定过。

（3）流量计算公式

① 检定时钟罩的容积按式（6-1）计算：

$$V_B = V_N [1 + (\alpha_B + \alpha_{SC})(t - 20)] \tag{6-1}$$

式中　V_B——检定条件下钟罩的容积；

　　　V_N——钟罩的标准容积；

　　　α_B——钟罩材料的线胀系数；

　　　α_{SC}——标尺的线胀系数；

　　　t——检定时的温度。

② 流过被检流量计的气体体积按式（6-2）计算：

$$V_m = V_B \frac{\rho_B}{\rho_m} = V_B \frac{p_B T_m Z_m}{p_m T_B Z_B} \tag{6-2}$$

式中　V_m——流过流量计的气体体积；

　　　ρ_B——钟罩内气体密度；

　　　ρ_m——流量计处气体密度；

　　　p_B——钟罩内气体绝对压力；

　　　p_m——流量计处气体绝对压力；

T_B、T_m——钟罩内和流量计处热力学温度；

Z_B、Z_m——钟罩和流量计状态下气体的压缩系数。

③ 流过流量计的气体标准体积按式（6-3）计算：

$$(V_m)_N = V_B \frac{p_B T_N Z_N}{p_N T_B Z_B} \qquad (6-3)$$

式中 $(V_m)_N$——流过流量计的气体标准体积;

    p_N——标准压力,取 101325Pa;

    T_N——标准温度(热力学温度),取 293.15K;

    Z_N——标准状态下空气的压缩系数,取 0.99963。

④ 流过流量计的体积流量按式(6-4)计算:

$$q_V = \frac{V_m}{t} \qquad (6-4)$$

式中 q_V——流过流量计的体积流量;

    t——检定时间。

⑤ 流过流量计的标准体积流量按式(6-5)计算:

$$(q_V)_N = \frac{(V_m)_N}{t} \qquad (6-5)$$

式中 $(q_V)_N$——流过流量计的标准体积流量。

⑥ 流过流量计的质量按式(6-6)计算:

$$m_m = V_m \rho_m = V_m \rho_N \frac{p_m T_N}{p_N T_m Z_m} \qquad (6-6)$$

式中 m_m——流过流量计的质量;

    ρ_N——气体在标准状态下的密度,对空气 $\rho_N = 1.2046 \text{kg/m}^3$。

⑦ 流过流量计的质量流量按式(6-7)计算:

$$q_m = \frac{m_m}{t} \qquad (6-7)$$

式中 q_m——流过流量计的质量流量。

⑧ 仪表系数按下式计算:

$$k = \frac{N}{V_m}$$

式中 k——仪表系数;

    N——流量计的脉冲数。

⑨流量计体积流量误差按式(6-8)计算:

$$E_{qv} = \frac{q_{v1} - q_v}{q_v} \times 100\% \qquad (6-8)$$

式中 E_{qv}——体积流量相对误差;

    q_{v1}——流量计指示体积流量。

⑩ 流量计质量流量误差按式(6-9)计算:

$$E_{qm} = \frac{q_{m1} - q_m}{q_m} \times 100\% \qquad (6-9)$$

式中 E_{qm}——质量流量相对误差;

    q_{m1}——流量计指示质量流量。

（4）钟罩式气体流量标准装置检定

随着钟罩加工、测量水平的提高和检测手段的丰富，有多种方法可供选择。按《钟罩式气体流量标准装置检定规程》（JJG 165—2005）的规定，检定钟罩标准容积方法有容积法（分为动态容积法和静态容积法）、尺寸测量法和动态质量法。

现主要介绍动态容积法。

动态容积法检定系统如图 6-2 所示。

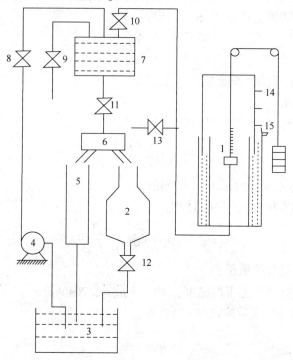

图 6-2　动态容积法检定系统

1—钟罩；2—标准量器（量入式）；3—水池；4—水泵；5—回流管；6—换向器；

7—密封容器；8~13—阀门；14、15—上、下挡板

检定用仪器设备见表 6-2。

表 6-2　检定用仪器设备

容　积　法		尺寸测量法
动态容积法	静态容积法	
二等标准金属量器（量入式）	二等标准金属量器（量出式）	专用直径尺最大允许误差±0.2mm
换向器	—	专用浮标
温度计两支 （分度值为 0.1℃，量程为 0~50℃）		尺子（或测高仪）深度千分尺 最大允许误差±0.2mm
秒表分度值优于 0.1s		—
标准计时器（检定瞬时流量装置需配置）分度值优于 0.01s		

检定过程如下：

① 检定前向液槽内充液到一定高度，并在水池内储存足够量的清洁水。放置一段时间，

使钟罩内的气体温度、水池内的水温和液槽内的液体温度三者之差符合表 6-1 的规定。

② 装好钟罩检定段的上、下挡板。若分几个检定段，则装好每段的上、下挡板。

③ 选择适当量限的标准量器，标准量器的容积与钟罩的检定段容积比一般不小于 1∶5。

④ 参见图 6-2，先打开阀门 8、9 和 11，把换向器换向到回流管，接着启动水泵，关闭阀门 11。待密封容器内充满水后，关闭阀门 8、9 和水泵。

⑤ 开启阀门 13，将钟罩升到最高位置。关闭阀门 13，打开阀门 10，使钟罩与密封容器上部空间相连(两者间的连接管段容积要尽量小)。待钟罩稳定后(记下稳定时间，每次检定的稳定时间应与以后使用中稳定时间一致)开始检定。测出大气压力和钟罩内气体温度。

⑥ 打开阀门 11，使密封容器内的水以适当流量经换向器和回流管流入水池中。这时钟罩缓慢下降，当下挡板触发光电发信器时，光电发信器发出信号使换向器换向，将水流导向到标准量器中。此时，钟罩继续下降，当上挡板触发光电发信器时，光电发信器再次将换向器换向，水又经回流管导入水池中。

⑦ 关闭阀门 11，读出标准量器的容积值。至此完成第一次检定。

⑧ 在检定段的每一次检定过程中，如果大气压力或钟罩内气温变化超过表 6-1 的规定，将此次数据舍去。

⑨ 按⑤~⑧所述程序做第二次、第三次直至第 $n(n \geqslant 6)$ 次检定。

⑩ 图 6-2 所示的方法称为右向检定。将图 6-2 中的标准量器和回流管互换位置，仿照⑤~⑧所述程序做左向检定(检定次数与右向检定相同)。

⑪ 若用两个准确度相同的标准量器分别放在换向器的左右侧(标准量器兼有回流管的作用)，而且在一次检定中换向器的换向次数是奇数，可仿照⑤~⑨进行检定而不做左右向检定。此时，标准量器的容积为一次检定中两个标准量器所测容积的总和。

⑫ 不符合⑪规定，并且只做右向检定，则需测出换向器平均左、右行程时间差以计算换向器的不确定度[换向器的检定方法见《钟罩式气体流量标准装置检定规程》(JJG 165—2005)附录 C]。

⑬ 按式(6-10)计算标准容积：

$$V_i = V_{si}[1+(\alpha_1+2\alpha_2-3\alpha_3)(20-\theta_i)] \qquad (6-10)$$

式中　　V_i——第 i 次检定的标准容积；

　　　　V_{si}——第 i 次检定由标准量器读取的容积；

α_1、α_2、α_3——标尺、钟罩和标准量器的线膨胀系数；

　　　　θ_i——第 i 次检定测得的钟罩内气体温度。

若 $|(20-\theta_i)|<5$，可认为 $V_i=V_{si}$。

按式(6-11)计算标准容积平均值 $\overline{V}$：

$$\overline{V} = \frac{1}{n}\sum_{i=1}^{n} V_i \qquad (6-11)$$

6.1.2　m·t 法气体流量标准装置

(1) m·t 法装置结构与工作原理

① 结构

图 6-3 所示的是进气式 m·t 法装置的结构及工作原理图。

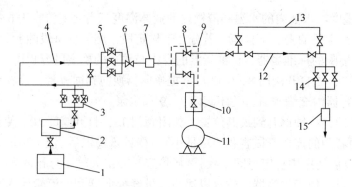

图6-3　m·t法装置

1—空气压缩机和空气处理(净化)设备；2—储存容器；3—压力控制系统A；4—控制环路管；
5—压力控制系统B；6—阀x；7—临界流文丘里喷嘴；8—球阀；9—换向系统；
10—称量容器脱开系统；11—称量容器和秤；12—流量计试验段；13—流量计旁路；14—调节阀；15—消声器

主要包括如下设备、配套系统：

a. 空气压缩机和空气处理设备

该装置的空气压缩机流量不大，但出口压力很高(14MPa)。经过净化设备处理以后，流进储存容器的气体是干净的空气(含油量不高于5%，露点不高于-40℃，固体微粒不大于0.11μm)。

b. 储存容器

因为空气压缩机的流量小于检定流量，所以每次检定前需要用储存容器储备足够的气体，以便在检定期间能维持需要的流量。储存容器的容积为16m³，内部压力控制到7MPa。

c. 控制环路管

控制环路管也是一个储存容器，其直径ϕ300，容积约为7m³(长度约99m)。内部空气的压力控制到6MPa。储存容器和控制环路管都有保温措施，检定前使环路管内的空气温度相等而且稳定。

d. 压力控制系统

（a）压力控制系统A：控制进入控制环路管的空气压力不变。

（b）压力控制系统B：控制进入其下游(喷嘴)压力保持不变。压力系统A和B相互配合，以调节其下游的压力高低和流量大小。

（c）阀x：阀x是开关阀。检定前关闭阀x，使储存容器和控制环路管内的空气达到需要的压力和相等的温度。检定时打开阀x。

（d）调节阀：用于调节流量计试验段的压力。

e. 临界流文丘里喷嘴

由于空气不断进入下游的标准容器内，使其压力越来越高，所以必须在容器的上游安装临界流文丘里喷嘴，否则容器内的压力升高，将向上游传播，使管道流量下降，这就是临界流文丘里喷嘴的控流作用。

f. 换向系统

换向系统是两个联动的球阀，它们用一个气动设备控制。在一个球阀打开的同时，另一个球阀就关闭，使从临界流文丘里喷嘴流出的空气，不是进入称量容器，就是进入流量计试验段。换向系统在换向过程中，启动或停止计时器计时。

g. 称量容器脱开系统

该系统由一组气动球阀和密封系统组成，使得在检定前和检定后将称量容器从管路中脱开，进行称量。

h. 称量容器和秤

称量容器是一个直径为 1.5m 的钢球。当不称量时，用一个千斤顶将此钢球撑起，称量时放落在秤上。秤应有足够的灵敏度和称量限量。

i. 流量计试验段

当把被检流量计装在试验段上时，可用次级标准临界文丘里喷嘴(用 m·t 法装置检定过)进行检定。也可用 m·t 法装置检定，即用喷嘴控制一个流量不变，读出流量计的指示流量之后，换向到称量容器，用称量法测出实际流量，然后将指示流量与实际流量进行比较。

② 工作原理

m·t 法装置根据质量流量的定义，即在测量给定时间 t 内，通过临界流喷嘴流进称量容器内的气体质量 m，其数学表达式见式(6-12)：

$$q_m = m/t \tag{6-12}$$

式中　q_m——气体质量流量，kg/s；

　　　m——称量出的标准容器内的气体质量，kg；

　　　t——测量时间，s。

检定前，整个系统的状态：阀 x 关闭，调节阀打开，换向系统通向流量计试验段，称重容器与管路脱开并由千斤顶撑起。

a. 称皮重

操纵千斤顶，将称量容器放落在秤上称量，记下称得的皮重。然后将其撑起，并与管路接通。

b. 储存空气

空气压缩机将经净化处理后的干净空气压进储存容器和控制环管路，使其压力达到规定的压力。然后稳定一段时间，使控制环路管内的空气温度相等。

c. 检定

缓慢地打开阀 x。这时储存容器内的空气通过压力控制系统 A，由控制环路管的进口进入其中，控制环路管内的等温空气由其出口流出，经压力控制系统 B、阀 x、临界流文丘里喷嘴、换向系统、流量计试验段、调节阀和消声器，流到大气中。

由于压力控制系统 A 和 B 的控制，使管路中的空气压力为需要的压力，并保持不变。由于控制环路管的控制，使从其出口流出的空气温度不变。由于临界流文丘里喷嘴的控制，使空气流量不变。当气流稳定后，启动换向系统，使气流从流向大气换到流向称量容器，同时启动计时器计时，在换向的同时，记下喷嘴和称量容器之间这段管道内的压力和温度。

当喷嘴下游的压力快要升高到与其上游压力之比达到临界压力比时，启动换向系统，使空气再流向大气，同时停止记时器记时，并记下上述一段管道内的压力和温度。

d. 称总重

用脱开系统将称量容器从管路上脱开，并放在秤上称其总重，然后将空气放掉。

③ 质量流量计算

由于 m·t 法是直接称出气体质量，即式(6-13)：

$$q_m = \frac{m + \Delta m}{t \cdot C_t} \qquad (6-13)$$

式中　q_m——质量流量，kg/s；

m——由秤称出的空气净质量，kg；

Δm——从喷嘴出口到称量容器进口这段管路内附加的空气质量，kg；

t——计时器测得的时间，s；

C_t——时间修正系数。

其中，

$$C_t = 1 + \frac{\Delta t}{t} \qquad (6-14)$$

式中　Δt——换向系统的时间系统差。

由于称重是在空气中进行，因此需进行空气浮力修正，即式(6-15)：

$$m = (m_2 - m_1) C_b \qquad (6-15)$$

其中：

$$C_b = 1 - \frac{\rho_a}{\rho_w}$$

式中　m_2——检定后称量总质量时在秤上所加砝码质量，kg；

m_1——检定前称量空皮质量时在秤上所加的砝码质量，kg；

C_b——浮力修正系数；

ρ_a——大气密度(一般可取 1.2kg/m³)，kg/m³；

ρ_w——砝码材质密度，kg/m³。

（2）m·t法天然气流量标准装置

由于国内天然工业的快速发展，急需用于高压、大流量的天然气流量标准装置，而目前应用较多的钟罩式等装置均有其局限性，为此国内某企业研制出专门用于天然气流量测量的m·t法流量标准装置。

①主要技术指标

m·t法天然气流量标准装置技术指标见表6-3。

表6-3　m·t法天然气流量标准装置主要技术指标

项目	指标	项目	指标
装置不确定度	0.1%	流量复现范围	0.05~2.2kg/s(250~10000m³/h)
流量稳定度工作压力范围	0.5%	天平净秤量范围	10~100kg
装置不确定度	0.4~3.8MPa(表压)	天平不确定度	2g

注：标准参比条件为20℃，0.101325MPa。

②测量原理

根据质量流量的定义，在测量给定的时间 t 内，通过临界流喷嘴流进称量容器的气体质量 m。其质量流量计算见式(6-16)：

$$q_m = m/t \qquad (6-16)$$

式中　q_m——气体质量流量，kg/s；

　　　　m——流经临界流喷嘴的气体质量，kg；

　　　　t——测量时间。

用此方法可校准(或检定)临界流喷嘴或其他次级标准。

③ 装置的组成及测量系统

m·t 法天然气流量标准装置组成如图 6-4 所示。

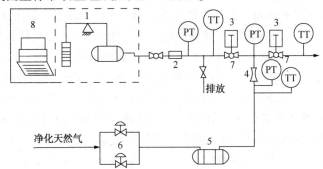

图 6-4　m·t 法天然气流量标准装置组成示意图

1—专用电子天平；2—管道伸缩器；3—光电轴角编码器；4—临界流喷嘴；5—精细过滤器；

6—稳压设备；7—换向阀；8—计算机测试系统

本标准装置主要包括专用电子天平、称量容器、换向阀组、测量时间的计时系统及隔爆型光电编码器。其他设备包括工艺充气管路、密封排放与放空管路，喷嘴、控制及测量计算机系统、测量压力和温度的防爆型变送器，以及安全隔离防爆墙，强制通风设备、可燃气体自动报警设备、气源处理、天然气流量稳定设备等。

④ 气体质量测量

要测量出流经临界流喷嘴的气体质量，须首先测量充入称量容器内的气体质量，同时测量出喷嘴与称量容器之间的气体存积量。

a. 气体称重。本装置采用气体流量专用电子天平，测量称量容器的气体质量，该天平由机械及电子两部分组成，如图 6-5 所示。

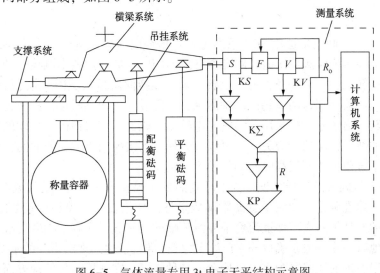

图 6-5　气体流量专用 3t 电子天平结构示意图

机械部分采用杠杆平衡原理,主要包括横梁系统、吊挂系统、支撑系统和电控系统等。电子测量部分采用高准确度电子天平上所通用的电磁平衡式传感器,该传感器运用闭环式电磁平衡原理。由于称量容器重达 3t,而称量的天然气质量仅为 10~100kg,为了缩小自动称量范围,该天平采用了独特的四刀不等臂杠杆结构,使用平衡砝码将称量容器及其支架和配衡砝码支架的质量平衡掉,使用配衡砝码与被测气体质量平衡,把自动称量的范围缩小为 ±5kg 以内,这样既能满足称量范围的要求,又能将电子测量技术用于吨位天平上,不仅提高称量的准确度,而且可以实现快速称量,并通过计算机进行空气浮力修正,由计算机直接给出。

b. 气体附加质量测量。在临界流喷嘴(或其他次级标准)至换向阀和换向阀到称量容器之间存在两段连接管道,如图 6-6 所示。在校验开始和结束时,由于两段管道内气体状态不同,而附加质量 Δm_A 和 Δm_B,为了准确测定 Δm_A 和 Δm_B 进行质量补偿,首先尽可能地缩小该管路的几何容积,其几何容积仅为称量容积的 0.514%,并分别在这两段管道内安装了高准确度的温度及压力变送器,并将信号送入计算机,用 p. V. T. t 方法来确定 Δm_A 和 Δm_B 的量值。通过计算机的运算,最后将被测天然气质量流量结果按规定格式打印出来。

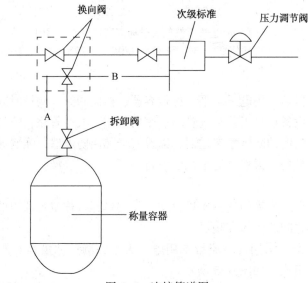

图 6-6　连接管道图

c. 时间测量。时间测量选用 SEO 系列光电轴角编码器和光电开关组成换向阀开关计时传感器,精确地控制换向阀启闭时计时器所计的时间。换向阀由两个电控气动球阀构成,两个球阀是同步旋转的,一个打开,另一个就关闭。该换向阀是从美国 CS 公司引进的。为保证两光电轴角编码器分别与两球阀回转轴同轴,专门设计了同轴联接器,使光电轴角编码器与球阀同轴旋转。由于系统中采用了精密光电轴角编码器,使得换向阀转动的微小角度与编码器输出的脉冲数成精确的对应关系,可以很方便地测出换向阀的切换时间,为测量换向系统时间差提供了方便,从而提高时间测量的准确度。

d. 杜绝非计量漏失及气质处理。为了准确测量流经临界流喷嘴(或其他次级标准)的天然气质量流量,除准确称量和测量管路附加质量外,杜绝临界流喷嘴(或其他次级标准)至称量容器之间的非计量漏失,保证流经临界流喷嘴的天然气不含有影响装置准确度的固体或液体颗粒及其他有害成分也是确保 m·t 法天然气标准装置达到规定指标的重要方面。为此,在相关管路采用引进的泄漏量为零、可检泄的特种阀门。在气质净化处理方面,采用四级过滤、分离、无油增压、分子筛脱硫脱水、碳钢管道和容器内涂防腐等多项综合措施，保证气质符合要求。

e. 复现天气流量量值。流经临界流喷嘴（或其他次级标准）的天然气流量的稳定与否是建立天然气流量量值的关键之一。流经临界流喷嘴（或其他次级标准）的流量受滞止压力、温度、相对密度（组分）影响。在最大流量短暂的充气时间（30s）内，来自高压储气库的天然气是相对稳定的。为使温度相对稳定，使 m·t 法装置各部分均置于室内同一温度场内，同时采用足够换热面积与大气换热，使气流进入喷嘴前温度基本稳定。稳定临界流喷嘴前的压力是稳定流量的主要措施。为此，采用了合适的储气容器及稳压容器。引进了可调比均为100∶1 的 3 级（6 台）调节阀组，形成满足标校压力、流量要求的稳压系统，使充气过程中的压力波动在压力均值的±0.5%以内。

f. 装置安全措施。在爆炸危险场合均采用防爆电器设备，并根据电子天平称量部分不防爆的实际情况，采用强制通风、甲烷浓度自动检测报警、安全隔离等措施，同时在工艺管路采取安全防范措施，特别是充气管路上设置了防止误操作引发意外事故的专用截断阀，防止天平脱钩称量时，天然气进入质量-时间房内。

6.2　天然气次级流量标准装置

我国天然气行业对天然气流量计量标准装置建立与完善一直都予以高度的重视。借鉴国外先进经验，已逐步建立较完整的系统，以适应量值传递的需要。为此已建立了多套从一级标准装置到次级标准装置。一般来说，一级标准装置精度高，是溯源之基准，只能建立在实验室或固定某一场所，确保高精度的运行工作条件。而次级标准装置是将一级标准装置传递给工作标准（或工作流量计）之桥梁，因此称为传递标准。

近些年来，天然气计量仪表的应用早已不局限于油气田狭窄的区域，而是随着天然气长输管道和城镇燃气管网建设规模的日益扩大而延伸至更广阔的区域范围。因此，天然气流量仪表的检定、校验也不再只局限于流量实验室内离线检定，而是以较快的速度向现场在线实流检定方向发展。

常用的次级标准装置种类主要有气体标准体积管、标准表法气体流量标准装置、活塞式气体流量标准装置等。目前虽然可供选用的天然气次级标准装置种类较多，但从适用和应用发展的趋势情况来看，标准表法气体校准装置应用较为普遍。标准表法中所选用的标准表主要以音速文丘里喷嘴为主，其次是涡轮流量计、容积式流量计、涡街流量计，超声流量计一般作为校核仪表使用。

本章主要介绍标准表法气体流量标准装置。

所谓标准表，在这里就是指标准流量计，把性能优良的流量计作为标准计量器具，用于检定其他工作流量计。标准表法标准装置与原级标准装置相比，准确度有所降低。但在满足准确度要求的条件下，该装置具有节约、有利于大流量检定的优点。

6.2.1　原理与结构

（1）原理

标准表法标准装置的工作原理是基于连续性方程。标准表与被检表串联于管道中，当流量稳定时，流过标准表的质量流量等于流过被检表的质量流量。比较两表的指示值(必要时加以状态修正)，就得出被检表的示值误差。

(2) 结构

标准表法标准装置结构包括两方面内容：其一是标准装置的构成，即由流体源、试验管路、标准流量计、计时器和控制系统等五部分组成；其二是流量计的安排方式，标准表法标准装置中流量计的安排方式主要有三种方式，即：

① 并联安排

并联安排是一般标准表法标准装置的结构形式，如图6-7所示。把若干台不同规格的标准表并联，这样可以选用几台小规格的标准表去检定一台大规格的被检表，实现所谓"小表检大表"的目的。这种安排方法有其优点，但也有其缺点，即需要阀门的密封性能好。当选用其中若干台标准表去检定其中一台被检表时，备用的标准表和待检表所在管线必须密封，不能漏气。

② 单台安排

即相同规格的标准表和被检表串联在一条单独的管道上。这种安排不存在前述的密封问题，但是适应性差，即有多少规格的被检表就需要准备多少规格的标准表，有多大规格的被检表，就需要多大规格的标准表。另外也给检定管路配备带来困难。

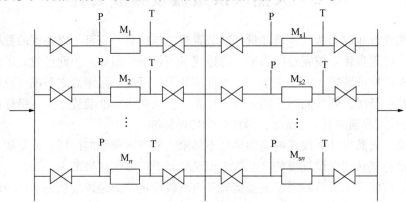

图6-7　标准表法装置(并联)一例

M_1，M_2，…，M_n—被检表；M_{s1}，M_{s2}，…，M_{sn}—标准表；T—测温仪器；⋈—阀门

③ 标准表与原级标准装置并用

由于标准表系传递标准，因此其本身还需要用原级标准装置对它进行检定。有些原级标准装置在试验管路上安装标准表，便于定期用原级标准装置检定标准表。而平时，主要是用标准表标准装置去检定工作流量计。

6.2.2　标准表法标准装置的核心部件

(1) 标准表的要求

在标准表法标准装置中最核心与关键的部分就是标准表。标准表的选择原则如下：

① 重复性好

流量计的准确度一般由两部分构成：一是重复性，即在一个流量下短时间试验，其示值误差或仪表系数的一致程度；二是线性度，即在整个流量范围内，其示值误差或仪表系数随流量变化的程度。当然，线性度好的标准表使用起来更加可靠，但更重要的是重复性好。因为重复性好的标准表，可以按流量大小进行示值误差或仪表系数修正，以提高准确度。

② 复现性好

标准表法标准装置，特别是前述的"单台安排"的标准装置，如果被检流量计只是一种，应优先选用与被检表同种类、同规格的流量计作为标准表。因为同种类、同规格的标准表流量范围相同，便于流量覆盖，原理、性能一致，便于示值比较和计算。

（2）标准表组合

前述的"并联安排"的标准表法标准装置如图 6-7 所示，要适当配备标准表的规格，使其尽量满足以下要求：

① 最小规格标准表的最小流量应不大于被检表的最小流量。

② 所有标准表的上限流量之和不小于被检表的最大流量。

③ 被检表的任一流量，都可以由单台或多台组合的标准表得到。

④ 在满足前三个条件下，配备标准表的台数应最少，以节约开支和减少占地面积。

6.2.3　检定

标准表可以像普通工作流量计那样进行检定和使用，但准确度与普通工作流量计的差异很大。由于流量计的线性度问题，准确度一般较低，满足不了要求。

为了消除线性度等影响，提高标准表的准确度，常采用以下两种检定办法：

（1）定点使用的检定

所谓定点使用，是指只使用标准表的几个固定流量点，这样就可以有针对性地检定这几个流量点，按各流量点检定的实际值使用。用这种检定方法检定的结果，其准确度最高。

（2）非定点使用的检定

所谓非定点使用，是使用标准表流量范围内的所有流量点，不只是使用检定点。对这样使用的标准表，在流量范围内应尽可能多检几个流量点，然后把这些流量点检定的实际值用如下几种方法之一进行处理：

① 绘制以流量为横坐标的实际值平滑曲线，使用标准表时可按流量查找曲线上的实际值。

② 用最小二乘法拟流量为自变量的实际值函数公式，使用标准表时，根据流量按公式计算实际值。

③ 用折线法，即各检定流量点的实际值用其检定结果，而相邻两检定点之间任意流量点的实际值，用这两检定点的实际值线性内插。这就是说，把各检定流量点的实际值连成折线，把折线上的值取为非检定流量点的实际值。

以上三种方法中所谓的实际值，其含义为：如果标准表有仪表系数，则指检定得到的实际仪表系数；如果标准表没有仪表系数，则指标准表的指示值加上由检定得到的修正值。

6.2.4　误差计算

（1）标准表的误差 E 按式（6-17）计算：

$$E = \left(E_s^2 + E_L^2 \right)^{\frac{1}{2}} \tag{6-17}$$

式中　E_s——检定标准表所用标准装置的误差；

E_L——定点使用时，为各流量点重复性中最大值，非定点使用时，为曲线误差(方法一)或拟合公式误差(方法二)或折线误差(方法三)。

(2) 并联标准表的误差。

设几台并联标准表 M_{s1}、M_{s2}、……、M_{sn} 的流量分别为 q_1、q_2、……、q_n，相对误差分别为 E_1、E_2、……、E_n，则标准表总流量 q 按式(6-18)计算：

$$q = q_1 + q_2 + \cdots\cdots + q_n \qquad (6-18)$$

总流量误差 E 按式(6-19)计算：

$$E = \frac{1}{q} \left[(q_1 \cdot E_1)^2 + (q_2 \cdot E_2)^2 + \cdots\cdots + (q_n \cdot E_n)^2 \right]^{\frac{1}{2}} \qquad (6-19)$$

按式(6-19)计算，不同标准表组合，或者相同标准表不同流量下组合，计算出的误差都不一样，所以在实际工作中往往做如下简化处理：

设

$$q_1 = q_2 = \cdots\cdots = q_n = \frac{q}{n}$$

E_m 为各标准表误差 E_1、E_2、……、E_n 中绝对值最大的一个误差，代入式(6-19)：

$$E = \frac{1}{q} \cdot \frac{q}{n} (E_1^2 + E_2^2 + \cdots\cdots + E_n^2)^{\frac{1}{2}}$$

$$E \leq \frac{1}{n} (n \cdot E_m^2)^{\frac{1}{2}} = \frac{\sqrt{n}}{n} |E_m| < |E_m|$$

这就是说，并联标准表总流量的误差不会超过标准表误差中一个最大的误差。这是因为并联标准表中，正负误差可以互相抵消，所以总误差就变小了。从这个意义上说，用若干台小标准表并联比使用一台大标准表更有利于提高准确度。目前，容积式流量计和超声流量计应用在校验场合较多。

6.3 气体流量计的检定

气体流量计，尤其是用于天然气或城镇燃气流量计量的流量计，是贸易计量的主要器具。正确地使用和定期检定气体流量计不仅保证流量量值的准确一致，有利于加强企业管理、提高经济效益，而且与广大居民切身利益息息相关。这就是检定流量计的重要意义。

流量计检定的有关术语：

① 回转体积：流量计完成一个工作循环所排出的气体体积，即除指示装置和中间传动机构外所有运动部件的运动第一次回到初始位置排出的气体体积。

② 给定气量：为确定流量计的误差而规定的测量气体量。

③ 测试元件：能够准确读出气体体积的容器。

④ 基准条件：把被测气体的体积转换到基准体积的条件(例如基准压力 101325Pa、基准温度 20℃)。

⑤ 参比条件：为确保测量结果能相互比对而规定的一组温度、湿度、气压值或范围。

⑥ 非参比条件：除了参比条件以外的，流量计能保持在规定最大允许误差范围内而规定的一组温度、湿度值，即为流量计的正常工作条件。

6.3.1　容积式气体流量计的检定

依据《气体容积式流量计检定规程》(JJG 633—2005)对腰轮流量计等进行检定校准。

(1) 计量性能要求

流量计准确度等级一般应符合表 6-4。

表 6-4　最大允许误差

准确度等级	0.2	0.5	1	1.5	2	2.5
最大允许误差/%	±0.2	±0.5	±1	±1.5	±2	±2.5

注：若以分界流量(Q_t)，把流量范围划分为高区和低区，则 Q_t 值应 ≤ $0.2Q_{max}$，低区的最大允许误差应不超过 2 倍的高区最大允许误差。

如果流量计有两个指示装置，其中一个指示的是在测量条件下的体积量，另一个指示基准条件下的体积量，则最大允许误差是适用于指示装置在测量条件下的体积量。来自两个指示装置所确定的示值误差之差不应超过表 6-5 所规定的误差。

表 6-5　最大允许误差

转换类型	误差的最大差值/%			
	首次检定使用中检验		首次检定使用中检验	
	参比条件	非参比条件	参比条件	非参比条件
温度	0.5	1.0	0.7	1.5
温度和压力	0.5	1.3	1.2	1.9
温度、压力和理想气体定律偏差	1.0	1.5	1.5	2.2

注：两个指示值可使用一个显示仪。使用中的值为推荐值。

(2) 检定原理

流量计的基本检定方法就是用管道将被检流量计和标准器串联起来，在流过一定量的气体时，比较两者的指示量而得到其示值误差，检定方法的种类，按使用的标准器分类，见表 6-6。

表 6-6　标准器及检定方法

传递方法	标准器	检定方法
比较法	标准流量计	动态
体积法	活塞式气体流量标准装置	动态或静态
	钟罩式气体流量标准装置	动态或静态

① 动态法检定原理及典型试验装置

气体在规定流量下流经被检流量计，同步累计流过流量计和标准器的气体体积、时间、脉冲等初态值；当流过流量计的气量达到给定气量时，同时停止累计；比较两者的指示量，以及检测期间记录的温度、压力、湿度等参数，按规定的计算公式计算得到流量计的示值误差。动态法检定为容积式流量计的首选检定方法，其典型试验装置——音速喷嘴气体流量标准装置结构如图 6-8 所示。

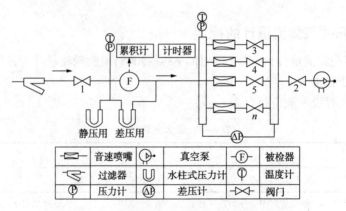

音速喷嘴		真空泵		被检器
过滤器		水柱式压力计		温度计
压力计		差压计		阀门

图 6-8 音速喷嘴气体流量标准装置结构图

② 静态法检定原理

在被检流量计和标准器静止状态下，记录两者的初始值；开启排气阀，使流量计在预定流量下运行，当气量达到给定气量时关闭排气阀；读取被检流量计和标准器的终态值，比较两者的指示量，根据检测期间记录的温度、压力、湿度等参数，按规定的计算公式计算得到流量计的示值误差。其典型试验装置——钟罩式气体流量标准装置结构如图 6-9 所示。

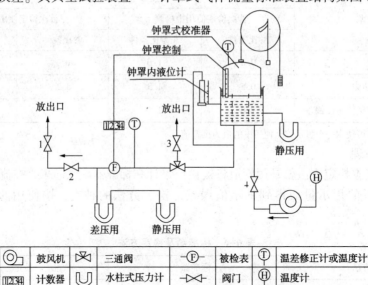

鼓风机		三通阀		被检表		温差修正计或温度计
计数器		水柱式压力计		阀门		温度计

图 6-9 钟罩式气体流量标准装置检定原理图

（3）检定条件

① 标准器

检定用计量标准器的流量范围应与被检流量计的流量范围相适应，其扩展不确定度应小于或等于被检流量计最大允许误差限绝对值的二分之一。

② 辅助计量器具

参与误差计算的计量器具，必须持有有效检定证书或校准证书，同时还应满足下列要求。

温度计：温度计的分度值在 0.1℃以下；

湿度计：相对湿度在 20%~90% 的范围内，误差为 ±5%，极差在 7% 以内；

气压计：气压计的相对不确定度优于 2.5%；

压力计：数显压力计的最小读数 10Pa 以下，水柱式压力计的分度值在 20Pa 以下。

③ 检定环境条件

环境温度：15~25℃；

相对湿度：40%~70%；

大气压力：86~106kPa。

（4）检定程序

① 安装

流量计的安装应符合使用说明书的要求，或按流量计上安装要求标记进行安装；定位使用的，按定位状态进行安装试验。安装流量计的试验管道通径应与流量计的公称口径一致，安装后流量计轴线与管道轴线目测应同轴；流量计入口端的密封件不应突入管内，管道内壁应清洁无积垢。湿式气体流量计内部液温与检定介质温度和周围环境气温相差不应超过 1℃。

② 气密性检查

流量计及检定系统中的测温、测压仪器、各连接管路在检定压力下具有良好的气密性。

③ 预运行

在试验开始之前，被检流量计应通气预运行。原则上应在明示最大流量下通流 8min，或保证预运行的气量不小于 50 倍回转体积。对湿式气体流量计，预运行后应重新使测试元件对准零位，在保证进气口和出气口通大气的情况下重新校准封液基准水位后，方可进行误差检定。

④ 检定流量

一般在流量计指示流量范围内，对 Q_{max}（最大流量），$0.2Q_{max}$ 和 Q_{min}（最小流量）三流量点进行误差试验，若流量计以 Q_t（分界流量）划分最大允许误差，则检定流量点为 Q_{max}、Q_t 和 Q_{min}。对准确度等级为 0.2 和 0.5 级的流量计应增加 $0.7Q_{max}$ 和 $0.4Q_{min}$ 两流量检定点；湿式气体流量计，检测 Q_{max} 和 $0.2Q_{max}$ 两流量点，试验时，各流量点的实际流量与规定检定流量偏差不超过 5%，每一流量点至少试验 2 次。

⑤ 温度测量

流进被检流量计的气体温度测量，应在每一试验流量一次误差测量过程中测量 2 次以上，取其平均值。测温位置规定在流量计的上游侧。对湿式气体流量计，应增测出口处气体温度。

⑥ 压力测量

流过被检流量计的空气压力测量，在每一检定流量一次检定过程中测量 1 次，测压位置规定在流量计的上游侧。对湿式气体流量计，应增测出口处气体压力。

⑦ 差压测量

必要时，应在各试验流量下测量被检流量计入口和出口的压力差（差压）。

⑧ 误差测量

一次试验过程中，流量计的测试元件起、停应处同一位置；给定气量或设定脉冲数应等于回转体积的整数倍，或设定的给定气量大到足以使由于回转体积变化带来的影响可忽略不计。各流量点的示值误差为多次独立测量误差的算术平均值(尽量不要在相同的流量下进行连续的误差测量)。

a. 单次测量的示值误差按式(6-20)计算：

$$\delta = \frac{Q_m - Q_s}{Q_s} \times 100\% \tag{6-20}$$

式中　　δ——流量计的示值误差；

$\quad\quad Q_m$——流量计的累积流量值，m^3 或 L；

$\quad\quad Q_s$——与 Q_m 同一温度和压力状态下的标准器累积流量值，m^3 或 L。

当标准器内气体状态参数与进入被检流量计的状态参数不同时，应按公式将标准器的示值换算成被检流量计入口状态下的示值，然后再将按式(6-21)计算得到的 Q_s 值，代入公式(6-20)计算流量计的示值误差。

$$Q_s = \frac{(273.15 + t_m)}{(273.15 + t_s)} \times \frac{(p_n + p_s - \varphi_s p_{Hsmax}) Z_m}{(p_n + p_s - \varphi_m p_{Hmmax}) Z_s} Q \tag{6-21}$$

式中　　　　Q——标准器累积流量示值，m^3 或 L；

$\quad\quad\quad p_n$——大气压力，Pa；

$\quad\quad t_s$、t_m——标准器内和被检流量计入口处的气体温度，℃；

$\quad\quad p_s$、p_m——标准器内和被检流量计入口处的气体表压力，Pa；

$\quad\quad \varphi_s$、φ_m——标准器内和被检流量计入口处的气体相对湿度；

p_{Hsmax}、p_{Hmmax}——标准器内和被检流量计入口处的水蒸气压力，Pa；

$\quad\quad Z_s$、Z_m——标准器内和被检流量计入口处的气体压缩系数，当标准器与被检流量计间的压力差小于一个大气压时，可视 $Z_s = Z_m$。

注：对湿式气体流量计，试验时无论是作为标准表还是作为被检表，均按该流量计封液温度与出口气体温度的平均值作为流过流量计的气体温度。

b. 对输出频率信号的流量计，每流量点，每次检定的系数计算公式为：

$$K_{ij} = \frac{N_{ij}}{Q_{sij}} \tag{6-22}$$

式中　　K_{ij}——第 i 流量点，第 j 次检定的系数，m^{-1} 或 L^{-1}；

$\quad\quad N_{ij}$——第 i 流量点，第 j 次检定的脉冲数；

$\quad\quad Q_{sij}$——第 i 流量点，第 j 次检定的 Q_s 值。

流量计的平均仪表系数按式(6-23)计算：

$$K = \frac{(K_i)_{max} + (K_i)_{min}}{2} \tag{6-23}$$

式中　　K——流量计的仪表系数，m^{-1} 或 L^{-1}；

$(K_i)_{max}$——各流量点的系数 K_i 中最大值，m^{-1} 或 L^{-1}；

$(K_i)_{min}$——各流量点的系数 K_i 中最小值，m^{-1} 或 L^{-1}。

c. 流量计的示值误差计算见式(6-24)及式(6-25)：

$$E_L = \left| \frac{K_i - K}{K} \right| \times 100\% \tag{6-24}$$

$$E_{\mathrm{L}} = \frac{(K_i)_{\max} - (K_i)_{\min}}{(K_i)_{\max} + (K_i)_{\min}} \times 100\% \qquad (6-25)$$

式中　E_{L}——流量计的线性质；

　　　K_i——每个流量点的平均系数，m^{-1} 或 L^{-1}。

d. 重复性计算：

依据流量点的示值误差，计算流量计的重复性。

$$E_{\mathrm{r}} = \frac{\delta_{0\max} - \delta_{0\min}}{d_{\mathrm{n}}} \times 100\% \qquad (6-26)$$

式中　E_{r}——流量计的重复性；

　　　$\delta_{0\max}$——检定流量点中的最大一个误差；

　　　$\delta_{0\min}$——检定流量点中的最小一个误差；

　　　d_{n}——极差系数。

（5）检定结果的处理

对检定合格的流量计出具检定合格证书，必要时设置新的仪表系数，检定不合格的出具检定结果通知书。

（6）检定周期

准确度等级为 0.2 级和 0.5 级的流量计，检定周期为二年，其余等级的流量计检定周期为三年。

6.3.2　涡轮流量计的检定

涡轮流量计是速度式流量计中应用最为广泛的流量计。正因如此，涡轮流量计的检定从《速度式流量计》（JJG 198—1994）分离出来，并单独制定专用标准，即《涡轮流量计》（JJG 1037—2008）。涡轮流量计的检定方法采用直接测量法，就是将被检量与标准量进行比较的测量方法。涡轮流量计在流量标准装置上进行检定，装置上的流量标准量与被检流量计示值进行比较。

（1）计量性能要求

① 准确度等级气体涡轮流量计在规定的流量范围内准确度等级、最大允许误差符合表 6-7 的规定，分界流量 q_{t} 规定见表 6-8。

表 6-7　气体涡轮流量计准确度等级

准确度等级		0.2	0.5	1.0	1.5
最大允许误差	$q_{\mathrm{t}} \leqslant q \leqslant q_{\max}$	$\pm 0.2\%$	$\pm 0.5\%$	$\pm 1.0\%$	$\pm 1.5\%$
	$q_{\min} \leqslant q \leqslant q_{\mathrm{t}}$		$\pm 1.0\%$	$\pm 2.0\%$	$\pm 3.0\%$

表 6-8　气体涡轮流量计分界流量

量程比	5 : 1	10 : 1	20 : 1	30 : 1	40 : 1
q_{t}		$0.20q_{\max}$	$0.20q_{\max}$	$0.15q_{\max}$	$0.10q_{\max}$

② 重复性

流量计的重复性不得超过相应准确度等级规定的最大允许误差绝对值的 $\dfrac{1}{3}$。

（2）检定条件

① 计量器具控制

主要是检定该流量计时所用的标准器及附属设备（或标准装置）的规定。如检水流量计时规定用水流量标准装置（包括静、动态称量或容积法等）。

a. 流量标准装置（以下简称装置）及其配套仪表均应具有有效的检定证书。

b. 装置的扩展不确定度应不大于流量计最大允许误差绝对值的$\frac{1}{3}$。

c. 装置在流量计上、下游侧应有足够长的直管段，其内径与流量计的标称通径一致，必要时可在上游侧安装流量调整器，流量计安装在检定装置上不应泄漏。

d. 每次测量时间应不少于装置允许的最短测量时间，且对 A 类流量计应保证一次检定中流量计输出的脉冲数的测量结果由分辨率带来的相对不确定度不大于被检流量计最大允许误差绝对值的 1/10；对 B 类流量计应保证一次检定中流量计输出累积值的分辨率不大于被检流量计最大允许误差绝对值的 1/10。

② 检定用介质

a. 通用条件

（a）检定用流体应为单相气体或液体，充满试验管道，其流动应为定常流。

（b）检定用流体应是清洁的，无可见颗粒、纤维等物质，需要时可在流量计的上游安装过滤器。

（c）液体流量计应使用液体作为检定介质，气体流量计应使用气体作为检定介质，且检定介质与实际使用介质的密度、黏度等物理参数相接近。

（d）当使用易燃易爆介质检定流量计时，所用检定装置和设备应符合安全防爆要求。

b. 检定用液体

（a）检定用液体在管道系统和流量计内任一点上的压力应高于其饱和蒸气压。对于易气化的检定用液体，在流量计的下游应有一定的背压。推荐背压为最大流量时流量计压力损失的 2 倍与最高检定温度下检定用液体饱和蒸气压力的 1.25 倍之和。

（b）在每个流量点的检定过程中，液体温度变化应不超过±0.5℃。

（c）液体中应不夹杂气体，需要时可在流量计的上游安装消气器。

c. 检定用气体

（a）气体中应无游离水或油等杂质存在。

（b）如果使用空气作为检定用介质，在任何条件下都不应出现由空气中水蒸气所引起的凝结。

（c）如果天然气作为检定用介质，气体组分要相对稳定，符合 GB 17820—2012 二类气的要求。取样按 GB/T 13609—2012 执行。

（d）在每个流量点的每一次检定过程中，检定用气体的温度变化应不超过±0.5℃。

（e）在每个流量点的每一次检定过程中，检定用气体的压力变化应不超过±0.5%。

③ 检定环境条件

a. 环境温度 5~45℃；相对湿度一般 15%~95%；大气压力一般为 70~106kPa。对于气体流量计时规定环境条件为：大气温度一般应为 5~35℃；大气相对湿度一般为 45%~85%；大气压力一般为 86~106kPa；电源电压应为 190~240V；电源频率为（50±2.5）Hz 等。

b. 交流电源电压应为(220 ± 22)V，电源频率应为(50 ± 2.5)Hz，也可根据流量计的要求使用合适的交流或直流电源（如24V直流电源）。

c. 外界磁场应小到对流量计的影响可忽略不计。

d. 机械振动和噪声应小到对流量计的影响可忽略不计。

④ 对被检流量计的要求

a. 流量计与前、后直管段要同轴安装，其试验管段的连接部位应没有泄漏，连接处的密封垫不得凸入流体管道内。

b. 需要测量流经流量计的流体温度时，可直接从流量计表体上的测温孔测温。如流量计表体上无测温孔，应根据流量计本身要求和有关规定确定温度的测量位置，应将温度测量点设在流量计下游。所用温度计的测量误差应在流量计最大允许误差的$\frac{1}{5}$以内。

c. 气体涡轮流量计至少应提供一个取压孔，以便能在检定条件下测量（对于不可能提供取压孔的流量计允许间接测量）涡轮叶片处的静压力。该取压孔的接头处应有"p_m"标志。如果流量计上有多个取压孔，则各取压孔处压力读数的差值在密度为$1.2kg/m^3$空气的最大流量时应在100Pa以内。

d. 需要测量流经流量计的流体压力时，可直接从流量计表体上的取压孔取压。如流量计表体上无取压孔，应根据流量计本身要求确定压力的测量位置。所用压力计的测量误差应在流量计最大允许误差$\frac{1}{5}$以内。

e. 用于检定的电气设备应接地。

f. 检定时原则上须将构成流量计的所有部件一起送检。

（3）检定项目和方法

① 检定项目

首次检定和后续检定项目均为外观及随机文件、示值误差、重复性。

② 随机文件和外观检查

a. 检查随机文件，应符合相关规程的要求。

b. 用目测的方法检查流量计外观，应符合相关规程的要求。

③ 示值误差检定

a. 运行前检查

连接、开机、预热，按流量计说明书中指定的方法检查流量计相关参数。

注：流量计应在可达到的最大检定流量的70%~100%范围内运行至少5min，等流体温度、压力和流量稳定后方可进行正式检定。

b. 流量计检定

（a）流量计的检定应包含以下流量点：q_{min}、q_t、$0.40q_{max}$和q_{max}；对于准确度等级优于0.5%的流量计，增加$0.25q_{max}$和$0.70q_{max}$两个流量点，对于准确度等级优于0.5%，且量程比大于20∶1的流量计，再增加一检定点，其流量为$0.1q_{max}$。

（b）检定过程中，每调整一个流量点，都应待压力、温度、流量稳定后方可进行检定。

（c）在检定过程中，每个流量点的每次实际检定流量与设定流量的偏差应不超过±5%。

（d）每个流量点的检定次数应不少于3次，对于准确度等级优于0.5级的流量计，每个流量点的检定次数不少于6次。

c. 检定方法

（a）把流量调到规定的流量值，稳定后启动装置(或装置的记录功能)和被检流量计(或被检流量计的输出功能)。

（b）记录标准装置和被检流量计的初始示值，按装置操作要求运行一段时间后，同时停止标准装置(或标准装置的记录功能)和被检流量计(或被检流量计的输出功能)。还应根据需要测量并记录流体温度、表压力、大气压力和检定时间等。

（c）记录标准装置和被检流量计的最终示值。

（d）分别计算流量计和标准装置记录的累积流量值或瞬时流量值。

（4）示值误差计算

① 使用仪表系数 K 计算示值误差

按式(6-27)计算每次检定的仪表系数 K_{ij}：

$$K_{ij} = \frac{N_{ij}}{V_{ij}} \tag{6-27}$$

式中　K_{ij}——第 i 检定点第 j 次检定的系数，m^{-3} 或 L^{-1}；

$\quad\quad N_{ij}$——第 i 检定点第 j 次检定的流量计显示仪表测得的脉冲数；

$\quad\quad V_{ij}$——第 i 检定点第 j 次检定时标准装置测得的实际体积，m^3 或 L；

$\quad\quad i$——1，2，…，m，m 为检定点数，$m \geqslant 3$；

$\quad\quad j$——1，2，…，n，n 为检定次数，$n \geqslant 3$。

按式(6-28)计算每个检定点的平均仪表系数 K_i：

$$K_i = \frac{1}{n} \sum_{j=1}^{n} K_{ij} \tag{6-28}$$

式中　K_i——检定点平均仪表系数，m^{-3} 或 L^{-1}；

$\quad\quad n$——每个流量检定点的检定次数。

按式(6-29)计算流量计的仪表系数 K：

$$K = \frac{(K_i)_{max} + (K_i)_{min}}{2} \tag{6-29}$$

式中　K——流量计的仪表系数，m^{-3} 或 L^{-1}；

$(K_i)_{max}$——流量计在 $q_t \sim q_{max}$ 流量范围各流量检定点得到的 K_i 中的最大值，m^{-3} 或 L^{-1}；

$(K_i)_{min}$——流量计在 $q_t \sim q_{max}$ 流量范围各流量检定点得到的 K_i 中的最小值，m^{-3} 或 L^{-1}。

流量计仪表最大值误差 E：

$$E = \frac{(K_i)_{max} - (K_i)_{min}}{(K_i)_{max} + (K_i)_{min}} \tag{6-30}$$

a. 气体涡轮流量计仪表系数的计算：

$$K_{ij} = \frac{N_{ij}[(p_a)_{ij} + (p_m)_{ij}][273.15 + (\theta_s)_{ij}](z_s)_{ij}}{V_{ij}[(p_a)_{ij} + (p_s)_{ij}][273.15 + (\theta_m)_{ij}](z_m)_{ij}} \tag{6-31}$$

式中　$(p_a)_{ij}$、$(p_m)_{ij}$、$(p_s)_{ij}$——第 i 检定点第 j 次检定时的大气压力、流量计处和标准装置处的气体表压力，Pa；

$\quad\quad\quad\quad (\theta_s)_{ij}$、$(\theta_m)_{ij}$——第 i 检定点第 j 次检定时标准装置和流量计处的液体温度，℃；

$(z_m)_{ij}$、$(z_s)_{ij}$——第 i 检定点第 j 次检定时流量计处和标准装置处的气体压缩系数。

b. 液体涡轮流量计仪表系数的计算：

$$K_{ij}=\frac{N_{ij}}{V_{ij}}\{1+\beta[(\theta_s)_{ij}-(\theta_m)_{ij}]\}\{1-k[(p_s)_{ij}-(p_m)_{ij}]\} \tag{6-32}$$

式中　　　β——检定用液体在检定状态下的体膨胀系数，$℃^{-1}$；

$(\theta_s)_{ij}$、$(\theta_m)_{ij}$——第 i 检定点第 j 次检定时标准装置和流量计处的液体温度，$℃$；

k——检定用液体在检定状态下的压缩系数，Pa^{-1}；

$(p_s)_{ij}$、$(p_m)_{ij}$——第 i 检定点第 j 次检定时标准装置和流量计处的液体表压力，Pa。

注：当标准装置与被检流量计间温度、压力的差异所引起的单位流体体积的变化量小于流量计准确度的 $\frac{1}{10}$ 时，计算流量计的仪表系数时可不做温度、压力的修正，此时式（6-32）变为式（6-27）。

② 使用累积流量计算标值误差

当流量计使用说明书中未加规定时，按式（6-33）或式（6-34）计算流量计的相对示值误差。

$$E_{ij}=\frac{V_{ij}-(V_s)_{ij}}{(V_s)_{ij}}\times100\% \tag{6-33}$$

式中　E_{ij}——第 i 检定点第 j 次检定被检流量计的相对示值误差，%；

V_{ij}——第 i 检定点第 j 次检定时流量计显示的累积流量值，m^3；

$(V_s)_{ij}$——第 i 检定点第 j 次检定时标准器换算到流量计处状态的累积流量值，m^3。

第 i 检定点被检流量计的相对示值误差按式（6-34）计算：

$$E_i=\frac{1}{n}\sum_{j=1}^{n}E_{ij} \tag{6-34}$$

③ 流量计每个检定点的相对示值误差

应符合规程 JJG 1037—2008 中第 5.1 条款的要求。

④ 流量计每个检定点的相对示值误差流量计最大示值误差的确定

气体涡轮流量计的最大示值误差为不同流量段内各检定点示值误差值中绝对值为最大的检定点的示值误差，液体涡轮流量计的最大示值误差为全量程内各检定点示值误差值中绝对值为最大的检定点的示值误差。流量计的相对示值误差 E 为流量计各流量点的相对示值误差中的最大误差。

⑤ 流量计的重复性

流量计重复性的计算：

$$(E_r)_i=\left[\frac{1}{n-1}\sum(E_{ji}-\overline{E}_i)^2\right]^{\frac{1}{2}} \tag{6-35}$$

流量计的重复性

$$(E_r)=[(E_r)_i]_{max} \tag{6-36}$$

式中　E_r——流量计的重复性。

流量计的重复性应符合规程 JJG 1037—2008 中第 5.2 条款的要求。

⑥ 流量计系数修正

流量计经检定后可按适合的方法对流量计进行系数修正，新流量计系数置入流量计后，应在 q_t 以下及以上分别选至少 1 个流量点进行测试以确认其修正效果，并将新系数在检定证书中写明。

⑦ 检定结果的处理

a. 按照检定规程的规定和要求，检定合格的流量计发给检定证书；检定不合格的流量计发给检定结果通知书，并注明不合格项目。

b. 检定周期：流量计的检定周期一般为 2 年，准确度等级不低于 0.5 级的检定周期为 l 年。

6.3.3　超声流量计的检定

超声气体流量计按实际用途基本上分为两类：一类用于气体流量测量；另一类用做气体流量标定装置或贸易计量。前者通常在使用的现场，将输气管打孔进行安装，后者均为标准管段式。具体用途：用于气体贸易时的流量计量，校验一般气体流量计的标准表，地下储气罐双向流的测量，气体分配时的计量，控制空气压缩机等。

超声气体流量计所测气体基本是天然气、空气两种。天然气是一种混合气体，主要成分是甲烷（占 95%以上）、乙烷、丙烷、N_2、CO_2 等气体。15℃时声速在 420m/s 左右。其声速与成分、压力、密度、温度有关。

由于超声流量计适于不易接触和观察的流体以及大管径流量测量，得到广泛的重视和推广应用。《超声流量计》（JJG 1030—2007）专用检定规程的颁布使其从《速度流量计》（JJG 198—1994）中独立出来。从超声流量计的结构和测量原理来看，这种速度型流量仪表可以实现"干标"（即静态标定）。这里主要是介绍 JJG 1030—2007 中超声流量计的检定方法以及"干标"法。

（1）计量性能要求

① 准确度等级

流量计在 $q_t \leqslant q \leqslant q_{max}$ 的流量范围内，其最大允许误差应符合表 6-9 规定，在 $q_{min} \leqslant q \leqslant q_t$ 的流量范围内，最大允许误差不超过最大允许误差的 2 倍；且对气体 q_t 应不大于 3m/s，对液体 q_t 应不大于 0.6m/s。连续 2 次检定之间仪表系数的调整量应不大于准确度等级所对应的最大允许误差。q_t 为分量流量。

② 重复性

流量计的重复性不得超过相应准确度等级规定的最大允许误差的 1/3。

表 6-9　超声流量计的最大允许误差

准确度等级	0.1	0.2	0.3	0.5	1.0	1.5	2.0	(2.5)
最大允许误差	±0.1%	±0.2%	±0.3%	±0.5%	±1.0%	±1.5%	±2.0%	±(2.5)%

注：优先采用不带括号的等级。

（2）检定条件

① 流量标准装置的要求

a. 流量标准装置（以下简称装置）及其配套仪表均应有有效的检定证书。

b. 装置测量结果的不确定度应不大于被检流量计最大允许误差绝对值的 1/3。

c. 当检定用液体和蒸气压高于环境大气压力时，装置应是密闭式的。

d. 需要测量流经流量计的流体温度时，可直接从流量计表体上的测温孔测温。如流量计表体上无测温孔，应根据流量计本身要求和有关规定确定温度的测量位置。如无特殊要求，对于单向测量的流量计，应将温度测量位置设在流量计下游$(3\sim5)D$处（D为管道内径）；对于双向测量的流量计，应设在距流量计至少$5D$处。所用温度计的测量误差对检定结果造成影响应在流量计最大允许误差的$1/5$以内。

e. 需要测量流经流量计的流体压力时，可直接从流量计表体上的取压孔取压。如流量计表体上无取压孔，应根据流量计本身要求确定压力的测量位置。如无特殊要求，装置应在流量计上游侧$10D$处安装压力计。取压孔轴线应垂直于测量管轴线，直径为$4\sim12mm$。所用压力计的测量误差对检定事实上结果造成的影响应在流量计最大允许误差的$1/5$以内。

② 检定用流体

a. 通用条件

（a）检定用流体应为单相气体或液体，充满试验管道，其流动应无旋涡。

（b）检定用流体应是清洁的，无可见颗粒、纤维等物质。

（c）液体流量计应使用液体作为检定介质，气体流量计应使用气体作为检定用介质，且检定介质与实际使用介质的密度、黏度等物理参数相接近。

b. 检定用液体

（a）检定用液体在管道系统和流量计内任一点上的压力应高于其饱和蒸气压。对于易气化的检定用液体，在流量计的下游应有一定的背压。推荐背压为最高检定温度下检定用液体饱和蒸气压力的1.25倍。

（b）在每个流量点的每次检定过程中，液体温度变化应不超过$\pm0.5℃$。

（c）液体中不夹杂气体。

c. 检定用气体

（a）对于工作压力在$0.4MPa$及以上的流量计，管道内气体的压力不低于$0.1MPa$，并尽量使其与实际使用条件相一致。对工作压力在$0.4MPa$以下的流量计，管道内气体的压力不得高于$0.4MPa$，可在常压下进行检定。

（b）无游离水或油等杂质存在，粉尘等固体物的粒径应小于$5\mu m$。

（c）对准确度等级不低于1.0级的流量计，在每个流量点的每一次检定过程中，检定用气体的温度变化应不超过$\pm0.5℃$，对准确度等级低于1.0级的流量计，在每个流量点的每一次检定过程中，检定用气体的温度变化应不超过$\pm1℃$。

（d）检定用气体为天然气时，天然气气质应符合 GB 17820—2012 二类气的要求，天然气的相对密度为$0.55\sim0.80$。

（e）检定用气体为天然气时，在检定过程中，气体的组分应相对稳定。天然气取样按 GB/T 13609—2012 执行，天然气组成分析按 GB/T 13610—2014 执行。

（f）在每个流量点的检定过程中，压力波动应不超过$\pm0.5MPa$。

③ 检定环境条件

a. 环境温度一般为$5\sim45℃$，湿度一般为$35\%\sim95\%RH$；大气压力一般为$86\sim106kPa$。

b. 交流电源电压应为$(220\pm22)V$，电源频率应为$(50\pm2.5)Hz$，也可根据流量计的要求使用合适的交流或直流电源（如$24V$直流电源）。

c. 外界磁场应小到对流量计的影响可忽略不计。

d. 机械振动和噪声应小到对流量计的影响可忽略不计。

e. 当以天然气等可燃性或可爆炸性流体为介质进行检定的场合，所有检定装置及其辅助设备、检测场地等都应满足 GB 50251—2015 的要求，所有设备、环境条件必须符合 GB 3836.1~20 的相关安全防爆要求。

④ 安装条件

a. 流量计的安装应符合 JJG 1030—2007 规程中附录 D 的要求。

b. 检定时原则上须将构成流量计的所有部件一起送检。

c. 每次测量时间应不少于装置和被检流量计允许的最短测量时间。

d. 当采用被检表脉冲输出进行检定时，一次检定中所记脉冲数不得少于最大允许误差绝对值倒数的 10 倍。

e. 用于检定的所有电气设备应在同点接地线。

（3）检定项目和方法

① 检定项目

首次检定、后续检定和使用中检验的检定项目列于表 6-10。

表 6-10　检定项目表

检定项目	首次检定	后续检定	使用中检验
随机文件及外观	+	+	+
密封性	+	+	+
流量计参数	-	-	+
示值误差	+	+	-
重复性	+	+	-
流量计系数修正	+	+	-

注："+"表示需检项目，"–"表示不需检项目。

② 随机文件和外观检查

检查随机文件，应符合 JJG 1030—2007 中 6.1 的要求。

用目测的方法检查流量计外观，应符合第 JJG 1030—2007 中 6.2 和 6.3 的要求。

③ 示值误差检定

a. 运行前检查连接、开机、预热，按流量计说明书中指定的方法检查流量计参数的设置。

b. 密封性检定

用目测的方法检查流量计密封性，应符合 JJG 1030—2007 中 6.5 的要求。

注：流量计应在可达到的最大检定流量的 70%~100% 范围内运行，至少 5min，等流体温度、压力和流量稳定后方可进行正式检定。

c. 流量点的控制和检定系数

（a）检定一般包含下列流量点：q_{min}、q_t、$0.40q_{max}$ 和 q_{max}；对于准确度等级不低于 0.5%，且量程比不大于 20∶1 的流量计，增加 $0.25q_{max}$ 和 $0.70q_{max}$ 两个流量点；对于准确度等级优于 0.5%，且量程比大于 20∶1 的流量计，再增加一检定点，其流量为 $0.1q_{max}$。

（b）当装置最大检定流量不能达到 q_{max} 时，q_{max} 可取装置的最大流量，但检定的最大流量：液体应不小于 $10q_t$；气体应不小于 $4q_t$。

（c）在检定过程中，每个流量点的每次实际检定流量与设定流量的偏差应不超过设定流量约 $\pm5\%$ 或不超过 $\pm1\%q_{max}$，最小流量点对应的流体流速应不小于流量计铭牌标示的最小流速。

（d）每个流量点的检定次数应不小于 3 次，对于型式评价和准确度等级不低于 0.5 级的流量计，每个流量点的检定次数应不少于 6 次。

d. 检定程序

（a）把流量调到规定的流量值，达到稳定后，记录标准器和被检流量计的初始示值，同时启动标准器（或标准器的记录功能）和被检流量计（或被检流量计的输出功能）。

（b）按装置操作要求运行一段时间后，同时停止标准器（或标准器的记录功能）和被检流量计或被检流量计的输出功能）。

（c）记录标准器和被检流量计的最终示值。

（d）分别计算流量计和标准器记录的累积流量值或瞬时流量值。

e. 示值误差的计算

（a）流量计单次检定的示值误差：

$$E_{ij} = \frac{Q_{ij} - Q_{sij}}{Q_{sij}} \times 100\% \text{ 或 } E_{ij} = \frac{q_{ij} - q_{sij}}{q_{sij}} \times 100\%$$

式中　E_{ij}——第 i 检定点第 j 次检定被检流量计的相对示值误差，%；

　　　Q_{ij}——第 i 检定点第 j 次检定时流量计显示的累积流量值，是仪表系数与输出脉冲数的乘积，m^3；

　　　Q_{sij}——第 i 检定点第 j 次检定时标准器换算到流量计处状态的累积流量值，m^3；

　　　q_{ij}——第 i 检定点第 j 次检定时流量计显示的瞬时流量值，可为一次实验过程中多次读取的瞬时流量值的平均，m^3/h；

　　　q_{sij}——第 i 检定点第 j 次检定时标准器换算到流量计处状态的瞬时流量值，m^3/h。

其中：

$$q_{sij} = \frac{Q_{sij}}{t} \tag{6-37}$$

对于气体流量计，按式（6-38）计算 Q_{sij}：

$$Q_{sij} = V_{sij} \frac{T_m}{T_s} \cdot \frac{p_s}{p_m} \cdot \frac{z_m}{z_s} \tag{6-38}$$

式中　T_s、T_m——第 i 检定点第 j 次检定时标准器和流量计处的流体热力学温度，K；

　　　z_s、z_m——第 i 检定点第 j 次检定时标准器和流量计处的气体压缩系数。

（b）各检定流量点的相对示值误差：流量计各检定流量点的相对示值误差按式（6-39）计算

$$E_i = \frac{1}{n} \sum E_{ij} \tag{6-39}$$

式中　E_i——第 i 检定点被检流量计的相对示值误差，%；

　　　n——第 i 检定点检定次数；

　　　E_{ij}——第 i 检定点第 j 次检定时流量计的相对示值误差，%。

（c）流量计的相对示值误差：

$$E = (E_i)_{max} \tag{6-40}$$

式中　$(E_i)_{max}$——流量计各检定点相对示值误差中最大值。

（d）流量计的（测量）重复比

当每个流量点重复检定 n 次时，该流量点的重复性按式（6-41）评定：

$$(E_r)_i = \frac{1}{k_i} \left[\frac{1}{n-1} \sum_{j=1}^{n} (k_{ij} - k_i)^2 \right]^{\frac{1}{2}} \times 100\% \tag{6-41}$$

$$k_i = \frac{1}{n} \sum_{j=1}^{n} k_{ij} \tag{6-42}$$

$$k_{ij} = \frac{Q_{ij}}{Q_{sij}} \tag{6-43}$$

式中　$(E_r)_i$——第 i 检定点的（测量）重复性；

　　　k_i——第 i 检定点的平均流量计系数；

　　　k_{ij}——第 i 检定点第 j 次检定的流量计系数。

流量计的（测量）重复性：

$$E_r = [(E_r)_i]_{max} \tag{6-44}$$

流量计经检定后可按适合的方法对流量计进行系数修正，新流量计系数置入流量计后，应在 q_t 以下及以上分别选至少 1 个流量点进行测试以确认其修正效果。

附　　录

中华人民共和国法定计量单位使用方法

一、总则

1. 中华人民共和国法定计量单位(简称法定单位)是以国际单位制单位为基础,同时选用了一些非国际单位制的单位构成的。法定单位的使用方法以本文件为准。

2. 国际单位制是在米制基础上发展起来的单位制。其国际简称为 SI。国际单位制包括 SI 单位、SI 词头和 SI 单位的十进倍数与分数单位三部分。

按国际上的规定,国际单位制的基本单位、辅助单位、具有专门名称的导出单位以及直接由以上单位构成的组合形式的单位(系数为 1)都称之为 SI 单位。它们有主单位的含义,并构成一贯单位制。

3. 国际上规定的表示倍数和分数单位的 16 个词头,称为 SI 词头。它们用于构成 SI 单位的十进倍数和分数单位,但不得单独使用。质量的十进倍数和分数单位由 SI 词头加在"克"前构成。

4. 本文件涉及的法定单位符号(简称符号),系指国务院 1984 年 2 月 27 日命令中规定的符号,适用于我国各民族文字。

5. 把法定单位名称中方括号里的字省略即成为其简称。没有方括号的名称,全称与简称相同。简称可在不致引起混淆的场合下使用。

二、法定单位的名称

6. 组合单位的中文名称与其符号表示的顺序一致。符号中的乘号没有对应的名称,除号的对应名称为"每"字,无论分母中有几个单位,"每"字只出现一次。

例如:比热容单位的符号是 $J/(kg \cdot K)$,其单位名称是"焦耳每千克开尔文"而不是"每千克开尔文焦耳"或"焦耳每千克每开尔文"。

7. 乘方形式的单位名称,其顺序应是指数名称在前,单位名称在后。相应的指数名称由数字加"次方"二字而成。

例如:断面惯性矩的单位 m^4 的名称为"四次方米"。

8. 如果长度的 2 次和 3 次幂是表示面积和体积,则相应的指数名称为"平方"和"立方",并置于长度单位之前,否则应称为"二次方"和"三次方"。

例如:体积单位 dm^3 的名称是"立方分米",而断面系数单位 m^3 的名称是"三次方米"。

9. 书写单位名称时不加任何表示乘或除的符号其其他符号。

例如:电阻率单位 $\Omega \cdot m$ 的名称为"欧姆米"而不是"欧姆·米"、"欧姆-米","〔欧姆〕〔米〕"等。

例如:密度单位 kg/m^3 的名称为"千克每立方米"而不是"千克/立方米"。

三、法定单位和词头的符号

10. 在初中、小学课本和普通书刊中有必要时，可将单位的简称（包括带有词头的单位简称）作为符号使用，这样的符号称为"中文符号"。

11. 法定单位和词头的符号，不论拉丁字母或希腊字母，一律用正体，不附省略点，且无复数形式。

12. 单位符号的字母一般用小字体，若单位名称来源于人名，则其符号的第一个字母用大写体。

例如：时间单位"秒"的符号是 s。

例如：压力、压强的单位"帕斯卡"的符号是 Pa。

13. 词头符号的字母当其所表示的因数小于 10^6 时，一律用小写体，大于或等于 10^6 时用大写体。

14. 由两个以上单位相乘构成的组合单位，其符号有下列两种形式：N·m　Nm

若组合单位符号中某单位的符号同时又是某词头的符号，并有可能发生混淆时，则应尽量将它置于右侧。

例如：力矩单位"牛顿米"的符号应写成 Nm，而不宜写成 mN，以免误解为"毫牛顿"。

15. 由两个以上单位相乘所构成的组合单位，其中文符号只用一种形式，即用居中圆点代表乘号。

例如：动力黏度单位"帕斯卡秒"的中文符号是"帕·秒"而不是"帕　秒"、"〔帕〕〔秒〕"、"帕·〔秒〕"、"帕－秒"、"（帕）（秒）"、"帕斯卡·秒"等。

16. 由两个以上单位相除所构成的组合单位：其符号可用下列三种形式之一：

km/m^3　$kg·m^{-3}$　kgm^{-3}

当可能发生误解时，应尽量用居中圆点或斜线（/）的形式。

例如：速度单位"米每秒"的法定符号用 $m·s^{-1}$ 或 m/s，而不宜用 ms^{-1}，以免误解为"每毫秒"。

17. 由两个以上单位相除所构成的组合单位，其中文符号可采用以下两种形式之一：

千克/米³　千克·米⁻³

18. 在进行运算时，组合单位中的除号可用水平横线表示。

例如：速度单位可以写成 m/s 或米/秒。

19. 分子无量纲而分母有量纲的组合单位即分子为 1 的组合单位的符号，一般不用分式而用负数幂的形式。

例如：波数单位的符号是 m^{-1}，一般不用 1/m。

20. 在用斜线表示相除时，单位符号的分子和分母都与斜线处于同一行内。当分母中包含两个以上单位符号时，整个分母一般应加圆括号。在一个组合单位的符号中，除加括号避免混淆外，斜线不得多于一条。

例如：热导率单位的符号是 W/(K·m)，而不是 W/K·m 或 W/K/m。

21. 词头的符号和单位的符号之间不得有间隙，也不加表示相乘的任何符号。

22. 单位和词头的符号应按其名称或者简称读音，而不得按字母读音。

23. 摄氏温度的单位"摄氏度"的符号℃，或作为中文符号使用，可与其他中文符号构成组合形式的单位。

24. 非物理量的单位(如：件、台、人、圆等)可用汉字与符号构成组合形式的单位。

四、法定单位和词头的使用规则

25. 单位与词头的名称，一般只宜在叙述性文字中使用。单位和词头的符号，在公式、数据表、曲线图、刻度盘和产品铭牌等需要简单明了表示的地方使用，也可用于叙述性文字中。

应优先采用符号。

26. 单位的名称或符号必须作为一个整体使用，不得拆开。

例如：摄氏温度单位"摄氏度"表示的量值应写成并读成"20 摄氏度"，不得写成并读成"摄氏 20 度"。

例如：30km/h 应读成"三十千米每小时"。

27. 选用 SI 单位的倍数单位或分数单位，一般应使量的数值处于 0.1～1000 范围内。

例如：$1.2×10^4N$ 可以写成 12kN。

0.00394m 可以写成 3.94mm。

11401Pa 可以写成 11.401kPa。

$3.1×10^{-8}s$ 可以写成 31ns。

某些场合习惯使用的单位可以不受上述限制。

例如：大部分机械制图使用的长度单位可以用"mm(毫米)"；导线截面积使用的面积单位可以用"mm^2(平方毫米)"。

在同一个量的数值表中或叙述同一个量的文章中，为对照方便而使用相同的单位时，数值不受限制。

词头 h、da、d、c(百、十、分、厘)，一般用于某些长度、面积和体积的单位中，但根据习惯和方便也可用于其他场合。

28. 有些非法定单位，可以按习惯用 SI 词头构成倍数单位或分数单位。

例如：mCi，mGal，mR 等。

法定单位中的摄氏度以及非十进制的单位，如平面角单位"度"、"〔角〕分"、"〔角〕秒"与时间单位"分"、"时"、"日"等，不得用 SI 词头构成倍数单位或分数单位。

29. 不得使用重叠的词头。

例如：应该用 nm，不应该用 mμm；应该用 am，不应该用 μμm，也不应该用 nnm。

30. 亿(10^8)、万(10^4)等是我国习惯用的数词，仍可使用，但不是词头。习惯使用的统计单位，如万公里可记为"万 km"或"10^4km"；万吨公里可记为"万 t·km"或"10^4t·km"。

31. 只是通过相乘构成的组合单位在加词头时，词头通常加在组合单位中的第一个单位之前。

例如：力矩的单位 kN·m，不宜写成 N·km。

32. 只通过相除构成的组合单位或通过乘和除构成的组合单位在加词头时，词头一般应加在分子中的第一个单位之前，分母中一般不用词头。但质量的 SI 单位 kg，这里不作为有词头的单位对待。

例如：摩尔内能单位 kJ/mol 不宜写成 J/mmol。

例如：比能单位可以是 J/kg。

33. 当组合单位分母是长度、面积和体积单位时，按习惯与方便，分母中可以选用词头构成倍数单位或分数单位。

例如：密度的单位可以选用 g/cm^3。

34. 一般不在组合单位的分子分母中同时采用词头，但质量单位 kg 这里不作为有词头对待。

例如：电场强度的单位不宜用 kV/mm，而用 mV/m；质量摩尔浓度可以用 mmol/kg。

35. 倍数单位和分数单位的指数，指包括词头在内的单位的幂。

例如：$1cm^2 = 1(10^{-2}m)^2 = 1 \times 10^{-4}m^2$，

而 $1cm^2 \neq 10^{-2}m^2$。$1\mu s^{-1} = 1(10^{-6}s)^{-1} = 10^6 s^{-1}$。

36. 在计算中，建议所有量值都采用 SI 单位表示，词头应以相应的 10 的幂代替（kg 本身是 SI 单位，故不应换成 $10^3 g$）。

37. 将 SI 词头的部分中文名称置于单位名称的简称之前构成中文符号时，应注意避免与中文数词混淆，必要时应使用圆括号。

例如：旋转频率的量值不得写为 3 千秒$^{-1}$。

如表示"三每千秒"，则应写为"3(千秒)$^{-1}$"（此处"千"为词头）；

如表示"三千每秒"，则应写为"3 千(秒)$^{-1}$"（此处"千"为数词）。

例如：体积的量值不得写为"2 千米^3"。

如表示"二立方千米"，则应写为"2(千米)^3"（此处"千"为词头）；

如表示"二千立方米"，则应写为"2 千(米)^3"（此处"千"为数词）。

附表 1-1　浮顶油罐容积表

罐号：1

高度/m	容积/L	高度/m	容积/L	高度/m	容积/L	高度/m	容积/L
0.000	3214	3.159	1260765	6.500	2588392	9.900	3938200
0.079	36570	3.200	1277061	6.600	2628102	10.000	3977899
0.100	44912	3.300	1316807	6.700	2667812	10.100	4017598
0.200	84638	3.400	1356554	6.800	2707522	10.200	4057297
0.300	124364	3.500	1396300	6.900	2747231	10.300	4096996
0.400	164106	3.600	1436047	7.000	2786941	10.400	4136695
0.500	203848	3.700	1475793	7.100	2826651	10.500	4176395
0.600	243591	3.800	1515540	7.200	2866361	10.600	4216094
0.700	283333	3.900	1555286	7.300	2906070	10.700	4255793
0.800	323075	4.000	1595033	7.400	2945780	10.800	4295492
0.900	362817	4.100	1634779	7.500	2985490	10.900	4335191
1.000	402544	4.200	1674526	7.600	3025200	11.000	4374890
1.100	442270	4.300	1714272	7.700	3064910	11.066	4401092
1.200	481995	4.400	1754019	7.800	3104619	11.100	4414590
1.300	521720	4.500	1793765	7.853	3125665	11.200	4454289
1.400	561446	4.600	1833512	7.900	3144321	11.300	4493988
1.500	601171	4.700	1873258	8.000	3184013	11.400	4533687
1.555	623020	4.764	1898696	8.100	3223706	11.500	4573386
1.600	639400	4.800	1913000	8.200	3263398	11.600	4613085
1.602	639818	4.900	1952732	8.300	3303091	11.700	4652784
1.700	660321	5.000	1992464	8.400	3342783	11.800	4692484
1.706	661576	5.100	2032197	8.500	3382476	11.900	4732183
1.800	720485	5.200	2071929	8.600	3422168	12.000	4771882
1.900	760241	5.300	2111661	8.700	3461860	12.100	4811581
2.000	799996	5.400	2151394	8.800	3501553	12.200	4851280
2.100	839752	5.500	2191126	8.900	3541245	12.300	4890979
2.200	879508	5.600	2230858	9.000	3580938	12.400	4930679
2.300	919263	5.700	2270591	9.100	3620630	12.500	4970378
2.400	959019	5.800	2310323	9.200	3660323	12.600	5010077
2.500	998775	5.900	2350056	9.300	3700015	12.671	5038263
2.600	1038530	6.000	2389788	9.400	3739708	12.700	5049772
2.700	1078286	6.100	2429520	9.456	3761935	12.800	5089457
2.800	1118042	6.200	2469253	9.500	3779403	12.900	5129143
2.900	1157797	6.247	2487927	9.600	3819102	13.000	5168828
3.000	1197553	6.300	2508973	9.700	3858801	13.100	5208514
3.100	1237309	6.400	2548683	9.800	3898500	13.200	5248199

高度/m	容积/L	高度/m	容积/L	高度/m	容积/L	高度/m	容积/L
13.300	5287884	14.800	5883305	16.300	6478927	17.800	7074562
13.400	5327570	14.900	5923013	16.400	6518636	17.900	7114272
13.500	5367255	15.000	5962720	16.500	6558345	18.000	7153981
13.600	5406941	15.100	6002428	16.600	6598054	18.100	7193690
13.700	5446626	15.200	6042135	16.700	6637763	18.200	7233399
13.800	5468311	15.300	6081843	16.800	6677472	18.300	7273108
13.900	5525997	15.400	6121551	16.900	6717181	18.400	7312817
14.000	5565682	15.500	6161258	17.000	6756890	18.500	7352526
14.100	5605367	15.600	6200966	17.100	6796599	18.600	7392235
14.172	5633941	15.700	6240674	17.200	6836308	18.700	7431944
14.200	5645059	15.779	6272043	17.300	6876017	18.800	7471653
14.300	5684767	15.800	6280382	17.385	6909770	18.900	7511362
14.400	5724474	15.900	6320091	17.400	6915726	18.995	7549086
14.500	5764182	16.000	6359800	17.500	6955435		
14.600	5803890	16.100	6399509	17.600	6995144		
14.700	5843597	16.200	6439218	17.700	7034853		

附表 1-2 浮顶罐小数表

罐号：1

0.079~1.555m				3.160~4.764m			
cm	容积	mm	容积	cm	容积	mm	容积
1	3973	1	397	1	3975	1	397
2	7946	2	795	2	7949	2	795
3	11920	3	1192	3	11924	3	1192
4	15893	4	1589	4	15899	4	1590
5	19866	5	1987	5	19873	5	1987
6	23839	6	2384	6	23848	6	2385
7	27813	7	2781	7	27823	7	2782
8	31786	8	3179	8	31797	8	3180
9	35759	9	3576	9	35772	9	3577

1.556~1.602m				4.765~6.247m			
cm	容积	mm	容积	cm	容积	mm	容积
1	3504	1	350	1	3973	1	397
2	7009	2	701	2	7946	2	795
3	10513	3	1051	3	11920	3	1192
4	14018	4	1402	4	15893	4	1589
5	17522	5	1752	5	19866	5	1987
6	21027	6	2103	6	23839	6	2384
7	24531	7	2453	7	27813	7	2781
8	28036	8	2804	8	31786	8	3179
9	31540	9	3154	9	35759	9	3576

1.603~1.555m				6.248~7.853m			
cm	容积	mm	容积	cm	容积	mm	容积
1	3599	1	360	1	3971	1	397
2	7198	2	720	2	7942	2	794
3	10797	3	1080	3	11913	3	1191
4	14396	4	1440	4	15884	4	1588
5	17995	5	1800	5	19855	5	1985
6	21594	6	2159	6	23826	6	2383
7	25193	7	2519	7	27797	7	2780
8	28792	8	2879	8	31768	8	3177
9	32391	9	3239	9	35739	9	3574

1.707~3.159m				7.854~9.456m			
cm	容积	mm	容积	cm	容积	mm	容积
1	3976	1	398	1	3969	1	397
2	7951	2	795	2	7938	2	794
3	11927	3	1193	3	11908	3	1191
4	15902	4	1590	4	15877	4	1588
5	19878	5	1988	5	19846	5	1985
6	23853	6	2385	6	23815	6	2382
7	27829	7	2783	7	27785	7	2778
8	31805	8	3180	8	31754	8	3175
9	35780	9	3578	9	35723	9	3572

9.457~11.066m				14.173~15.779m			
cm	容积	mm	容积	cm	容积	mm	容积
1	3970	1	397	1	3971	1	397
2	7940	2	794	2	7942	2	794
3	11910	3	1191	3	11912	3	1191
4	15880	4	1588	4	15883	4	1588
5	19850	5	1985	5	19854	5	1985
6	23819	6	2382	6	23825	6	2382
7	27789	7	2779	7	27795	7	2780
8	31759	8	3176	8	31766	8	3177
9	35729	9	3573	9	35737	9	3574

11.067~12.671m				15.780~17.385m			
cm	容积	mm	容积	cm	容积	mm	容积
1	3970	1	397	1	3971	1	397
2	7940	2	794	2	7942	2	794
3	11910	3	1191	3	11913	3	1191
4	15880	4	1588	4	15884	4	1588
5	19850	5	1985	5	19855	5	1985
6	23819	6	2382	6	23825	6	2382
7	27789	7	2779	7	27796	7	2780
8	31759	8	3176	8	31767	8	3177
9	35729	9	3573	9	35738	9	3574

12.672~14.172m				17.386~18.995m			
cm	容积	mm	容积	cm	容积	mm	容积
1	3969	1	397	1	3971	1	397
2	7937	2	794	2	7942	2	794
3	11906	3	1191	3	11913	3	1191
4	15874	4	1587	4	15884	4	1588
5	19843	5	1984	5	19855	5	1985
6	23811	6	2381	6	23825	6	2383
7	27780	7	2778	7	27796	7	2780
8	31748	8	3175	8	31767	8	3177
9	35717	9	3572	9	35738	9	3574

附表 1-3 浮顶罐静压力修正表

罐号：1

ΔV dm / m	0	1	2	3	4	5	6	7	8	9
1	21	23	25	27	29	31	34	39	46	53
2	60	67	74	81	89	96	103	110	117	124
3	131	138	147	159	171	182	194	206	218	229
4	241	253	264	276	288	300	311	323	337	355
5	372	390	408	426	443	461	479	497	514	532
6	550	567	585	606	629	652	675	699	722	745
7	768	791	814	838	861	884	907	930	954	980
8	1012	1043	1074	1105	1136	1168	1199	1230	1261	1292
9	1323	1355	1386	1417	1448	1484	1525	1566	1607	1648
10	1689	1730	1771	1812	1853	1894	1935	1976	2016	2057
11	2098	2143	2194	2245	2296	2347	2399	2450	2501	2552
12	2603	2654	2706	2757	2808	2859	2910	2965	3027	3089
13	3152	3214	3277	3339	3402	3464	3526	3589	3651	3714
14	3776	3839	3904	3976	4049	4121	4194	4266	4339	4411
15	4483	4556	4628	4701	4773	4846	4918	4990	5065	5148
16	5231	5314	5397	5480	5563	5646	5728	5811	5894	5977
17	6060	6143	6226	6309	6393	6487	6581	6674	6768	6861
18	6955	7048	7142	7236	7329	7423	7516	7610	7703	7797

注：1. 本容积表所示容积为20℃时的容积，不在20℃时可按：$V_t = V_{20} \times [1+0.000036(t-20)]$计算。

2. 静压力容积修正表系按水的密度计算的，使用时应先将相应的容积与罐内液体密度相乘，并将乘得的结果加入容积表所示容积内。

3. 罐大修或严重变形后应申请复检。

4. 浮顶重量为21400kg。

5. 罐的安全高度由使用单位自行决定。

6. 液高在1.600~1.800m范围内的容量值不得作计量使用。

7. 参照高度19.201m。

附表 1-4　立式油罐容积表

单位：　　　　　　　　　　　　　　　　　　　　　　　　　　　　　　罐号：2

高度/m	容积/L	高度/m	容积/L	高度/m	容积/L	高度/m	容积/L
0.025	2876	2.923	528771	5.800	1049103	8.700	1572244
0.100	16500	3.000	542709	5.900	1067170	8.800	1590257
0.200	34665	3.100	560809	6.000	1085237	8.900	1608269
0.300	52830	3.200	578910	6.100	1103304	9.000	1626281
0.400	70995	3.300	597010	6.200	1121371	9.100	1644294
0.500	89153	3.400	615111	6.300	1139438	9.186	1659784
0.600	107312	3.500	633211	6.400	1157505	9.200	1662302
0.700	125471	3.600	651312	6.500	1175573	9.300	1680283
0.800	143630	3.700	669412	6.600	1193640	9.400	1698265
0.900	161788	3.800	687513	6.686	1209177	9.500	1716246
1.000	179947	3.900	705613	6.700	1211703	9.600	1734228
1.100	198112	4.000	723714	6.800	1229739	9.700	1752209
1.200	216277	4.100	741814	6.900	1247775	9.800	1770191
1.300	234442	4.184	757019	7.000	1265811	9.900	1788172
1.400	252607	4.200	759911	7.100	1283847	10.000	1806154
1.463	264051	4.300	777987	7.200	1301883	10.100	1824435
1.500	270760	4.400	796064	7.300	1319920	10.156	1834205
1.600	288891	4.500	814141	7.400	1337956	10.200	1842111
1.700	307023	4.600	832217	7.500	1355992	10.300	1860081
1.800	325154	4.700	850294	7.600	1374028	10.400	1878050
1.900	343286	4.800	868371	7.700	1392064	10.500	1896020
2.000	361417	4.900	886447	7.800	1410100	10.600	1913990
2.100	379549	5.000	904524	7.900	1428137	10.700	1931959
2.200	397680	5.100	922601	7.936	1434630	10.800	1949929
2.300	415812	5.200	940677	8.000	1446158	10.900	1967898
2.400	833943	5.300	958754	8.100	1464170	11.000	1985868
2.500	452075	5.400	876831	8.200	1482182	11.100	2003838
2.600	470206	5.434	982977	8.300	1500195	11.200	2021807
2.700	788338	5.500	994901	8.400	1518207	11.300	2039777
2.800	506469	5.600	1012968	8.500	1536220	11.400	2057746
2.900	524601	5.700	1031035	8.600	1554232	11.500	2058465

计量检定部门：　　　　　　　　　　　　　　　　测量人：

附表 1-5 立式油罐小数表

单位：   容积单位：L 罐号：2

液高	cm 容积	mm 容积	液高	cm 容积	mm 容积	液高	cm 容积	mm 容积
	0.025~1.463m			1.464~2.923m			2.924~4.184m	
1	1816	182	1	1813	181	1	1810	181
2	3632	363	2	3626	363	2	3620	362
3	5449	545	3	5439	544	3	5430	543
4	7265	726	4	7253	725	4	7240	724
5	9081	908	5	9066	907	5	9050	905
6	10897	1090	6	10879	1088	6	10860	1086
7	12714	1271	7	12692	1269	7	12670	1267
8	14530	1453	8	14505	1451	8	14480	1448
9	16346	1635	9	16318	1632	9	16290	1629
	4.185~5.434m			5.435~6.686m			6.687~7.936m	
液高	cm 容积	mm 容积	液高	cm 容积	mm 容积	液高	cm 容积	mm 容积
1	1808	181	1	1807	181	1	1804	180
2	3615	362	2	3613	361	2	3607	361
3	5423	542	3	5420	542	3	5411	541
4	7231	723	4	7227	723	4	7214	721
5	9038	904	5	9034	903	5	9018	902
6	10846	1085	6	10840	1084	6	10822	1082
7	12654	1265	7	12647	1265	7	12625	1263
8	14461	1446	8	14454	1445	8	14429	1443
9	16269	1627	9	16260	1626	9	16233	1623
	7.937~9.186m			9.187~10.156m			10.157~11.404m	
液高	cm 容积	mm 容积	液高	cm 容积	mm 容积	液高	cm 容积	mm 容积
1	1801	180	1	1798	180	1	1797	180
2	3602	360	2	3596	360	2	3594	359
3	5423	540	3	5394	539	3	5391	539
4	7205	720	4	7193	719	4	7188	719
5	9006	901	5	8991	899	5	8985	898
6	10807	1081	6	10789	1079	6	10782	1078
7	12609	1261	7	12587	1259	7	12579	1258
8	14410	1141	8	14385	1439	8	14376	1438
9	16211	1621	9	16183	1618	9	16173	1617

计量检定部门：   测量人：

附表1-6 静压力容积修正量表

单位：   罐号：2

液高/m	0.0	0.1	0.2	0.3	0.4	0.5	0.6	0.7	0.8	0.9
1.0	6	7	7	8	8	10	14	18	22	26
2.0	30	34	38	42	46	50	54	58	62	66
3.0	72	79	86	94	101	108	115	122	130	137
4.0	144	151	159	170	180	190	201	211	222	232
5.0	243	253	264	274	285	298	311	325	339	353
6.0	366	380	394	408	421	435	449	463	480	497
7.0	514	531	548	565	582	599	616	633	650	667
8.0	686	707	727	747	767	788	808	828	848	869
9.0	889	909	930	953	976	999	1023	1046	1069	1092
10.0	1115	1138	1163	1189	1215	1241	1267	1293	1319	1345
11.0	1371	1397	1423	1449	1475					

计量检定部门：   测量人：

附表 1-7　卧式油罐容积表

单位：

罐号：3　　　　　　　　　　　　　　　　　　　　　　　　　　容积单位：L

cm	0	1	2	3	4	5	6	7	8	9
0		20	53	94	143	199	261	328	399	476
10	557	642	730	823	919	1018	1121	1227	1336	1448
20	1563	1680	1800	1923	2049	2176	2307	2440	2575	2712
30	2851	2993	3137	3282	3430	3580	3732	3886	4041	4198
40	4358	4519	4681	4846	5012	5179	5349	5520	5692	5866
50	6041	6218	6397	6577	6758	6940	7124	7310	7496	7684
60	7873	8063	8255	8448	8642	8837	9033	9230	9429	9628
70	9829	10031	10233	10437	642	10847	11054	11261	11470	11679
80	11889	12100	12312	12525	12738	12953	13168	13384	13600	13817
90	14036	14254	14474	14694	14915	15136	15358	15581	15804	16028
100	16252	16477	16703	16929	17155	17382	17610	17838	18066	18295
110	18524	18754	18984	19214	19445	19676	19908	20140	20372	20604
120	20837	21070	21303	21537	21770	22004	22238	22473	22707	22942
130	23177	23412	23647	23882	24117	24352	24588	24823	25059	25294
140	25530	25766	26001	26237	26472	26708	26943	27179	27413	27649
150	27883	28118	28353	28588	28822	29056	29290	29524	29757	29991
160	30224	30457	30689	30921	31153	31385	31616	31847	32078	32308
170	32538	32767	32996	33224	33453	33680	33907	34134	34360	34586
180	34811	35035	35259	35483	35706	35928	36150	36371	36591	36811
190	37030	37248	37465	37682	37898	38114	38328	38542	38755	38967
200	39178	39389	39598	39807	40015	40222	40428	40632	40836	41039
210	41241	41442	41642	41841	42038	42235	42431	42625	42818	43010
220	43201	43390	43578	43765	43951	44135	44318	44500	44680	44859
230	45036	45212	45387	45560	45731	45901	46069	46235	46400	46563
240	46725	46885	47043	47199	47353	47505	47656	47804	47950	48095
250	48237	48377	48515	48651	48784	48915	49044	49170	49294	49415
260	49533	49649	49761	49871	49978	50082	50182	50279	50373	50463
270	50549	50631	50709	50782	50850	50914	50971	51022	51066	51102
280	51126									

总容积：51130.65L　　　　　　大圆筒容积：46383.84L　　　　　小圆筒容积：0L

伸长容积：735.8803L　　　　　顶部总容积：4060.928L　　　　　附件总体积：50L

大圆筒内径：2805.382mm　　　小圆筒内径：0mm　　　　　　　伸长内径：2794.268mm

下尺点内径：2803mm　　　　　圈厚：4mm　顶厚：5mm　　　　倾斜比：0

测量员：

附表1-8 简明铁路罐车容积表

表号 A700-799

高度	容积	系数	高度	容积	系数	高度	容积	系数
2800	60698	29.9697	2325	53862	26.5404			
2790	60662	29.9495	2324	53841	26.5313			
2780	60614	29.9293	2323	53820	26.5222			
2770	60557	29.8889	2322	53799	26.5131			
2760	60491	29.8586	2321	53779	26.5040			
2750	60418	29.8283	2320	53758	26.495	470	6582	3.3061
2740	60339	29.7879	2319	53737	26.4848	460	6378	3.2061
2730	60254	29.7374	2318	53716	26.4747	450	6177	3.1061
2720	60163	29.6970	2317	53696	26.4646	440	5978	3.0061
2710	60067	29.6465	2316	53675	26.4545	430	5781	2.9061
2700	59966	29.5960	2315	53654	26.4444	420	5585	2.8061
2699	59955	29.5909	2314	53633	26.4343	410	5392	2.7061
2698	59945	29.5859	2313	53612	26.4242	400	5201	2.6061
2697	59934	29.5808	2312	53592	26.4141	390	5011	2.5172
2696	59924	29.5758	2311	53571	26.4040	380	4824	2.4828
2695	59913	29.5707	2310	53550	26.3939	370	4639	2.3394
2694	59902	29.5657	2309	53529	26.3838	360	4456	2.2505
2693	59892	29.5606	2308	53508	26.3717	350	4276	2.1616
2692	59881	29.5556	2307	53487	26.3606	340	4097	2.0727
2691	59871	29.5505	2306	53466	26.3495	330	3921	1.9838
2690	59860	29.5455	2305	53446	26.3384	320	3747	1.8949
2689	59849	29.5404	2304	53425	26.3273	310	3576	1.8061
2688	59838	29.5354	2303	53404	26.3162	300	3408	1.7172
2687	59827	29.5303	2302	53383	26.3051	290	3241	1.6404
2686	59816	29.5253	2301	53362	26.2939	280	3078	1.5636
2685	59805	29.5202	2300	53341	26.2828	270	2917	1.4869
2684	59794	29.5152	2290	53129	26.1747	260	2758	1.4101
2683	59783	29.5101	2280	52916	26.0667	250	2603	1.3333
2682	59772	29.5051	2270	52701	25.9586	240	2450	1.2566
2681	59761	29.5000	2260	52485	25.8505	230	2301	1.1798
2680	59750	29.4950	2250	52267	25.7424	220	2154	1.1030
2679	59739	29.4889	2240	52047	25.6343	210	2010	1.0263
2678	59727	29.4828	2230	51826	25.5263	200	1870	0.9495
2677	59716	29.4768	2220	51604	25.4182	190	1733	0.8889
2676	59704	29.4707	2210	51380	25.3101	180	1599	0.8283
2675	59693	29.4646	2200	51154	25.2020	170	1469	0.7677
2674	59682	29.4586	2190	50927	25.0859	160	1342	0.7071
2673	59670	29.4525	2180	50699	24.9697	150	1219	0.6465
2672	59659	29.4465	2170	50469	24.8535	140	1100	0.5859
2671	59647	29.4404	2160	50238	24.7374	130	985	0.5253

高度	容积	系数	高度	容积	系数	高度	容积	系数
2670	59636	29. 4343	2150	50006	24. 6212	120	874	0. 4646
2669	59624	29. 4303	2140	49772	24. 5051	110	768	0. 4040
2668	59612	29. 4263	2130	49538	24. 3889	100	666	0. 3434
2667	59600	29. 4222	2120	49301	24. 2727	90	569	0. 2929
2666	59588	29. 4182	2110	49064	24. 1566	80	477	0. 2424
2665	59576	29. 4141	2100	48826	24. 0404	70	391	0. 2020
2664	59563	29. 4101	2090	48586	23. 9202	60	310	0. 1616
2663	59551	29. 4061	2080	48345	23. 8000	50	236	0. 1212
2662	59539	29. 4020	2070	48103	23. 6798	40	169	0. 0909
2661	59527	29. 3980	2060	47860	23. 5596	30	110	0. 0505
			2050	47615	23. 4394	20	60	0. 0303
			2040	47370	23. 3192	10	21	0. 0101
			2030	47123	23. 1990			
			2020	46876	23. 0788			
			2010	46627	22. 9586			

注：1. 此表为教学表，未将正规容积表完整录入。

　　2. 高度单位为 mm，容积单位为 L，下同。

附表 1-9　G70D 容积计量表

车号：6277975 　　　　　　　　　　　　　　　　　　　　　容积表号：TQ053

高度/cm	容积/L	高度/cm	容积/L	高度/cm	容积/L
0	0	260	62978	301	71172
1	10	261	63221	302	71312
2	28	262	63463	303	71447
3	52	263	63703	304	71579
4	81	264	63942	305	71706
5	113	265	64178	306	71829
6	149	266	64413	307	71948
7	189	267	64646	308	72061
8	232	268	64877	309	72170
9	277	269	65106	310	72273
10	326	270	65333	311	72371
11	378	271	65558	312	72464
12	433	272	65782	313	72550
13	490	273	66003	314	72629
14	550	274	66221	315	72701
15	613	275	66438	316	72765
16	678	276	66653	317	72819
17	746	277	66865	318	72863
18	816	278	67075	319	72891
19	888	279	67283	319.25	72898
20	964	280	67489		
21	1041	281	67692		
22	1121	282	67892		
23	1203	283	68091		
24	1288	284	68286		
25	1375	285	68479		
26	1464	286	68670		
27	1555	287	68858		
28	1649	288	69043		
29	1745	289	69225		
30	1843	290	69405		
31	1944	291	69581		
32	2046	292	69755		
33	2151	293	69926		
34	2258	294	70093		
35	2367	295	70257		
36	2479	296	70418		
37	2592	297	70576		
38	2708	298	70731		
39	2826	299	70881		
40	2946	300	71028		

注：此表为教学表，未将正规容积表完整录入。

附表 1-10　汽车油罐车容量表(测实表)

车号 4		下尺点总高 1339mm		帽口高 233mm		钢板厚 4mm		内竖直径 1102mm	
高度/cm	容量/L	高度/cm	容量/L	高度/cm	容量/L	高度/cm	容量/L	高度/cm	容量/L
1	18	88	4288	95	4597	102	4851
2	36	89	4336	96	4635	103	4882
3	54	90	4382	97	4673	104	4912
4	72	91	4427	98	4711	105	4940
5	90	92	4473	99	4749	106	4964
6	112	93	4517	100	4787	107	4984
7	142	94	4557	101	4821	108	5003

附表 1-11　汽车油罐车容量表(测空表)

车号 5		下尺点总高 1400mm		帽口高 240mm		钢板厚 4mm		内竖直径 1156mm	
高度/cm	容量/L	高度/cm	容量/L	高度/cm	容量/L	高度/cm	容量/L	高度/cm	容量/L
139	20	54	5038	47	5469	40	5854
138	41	53	5099	46	5529	39	5904
137	61	52	5161	45	5585	38	5947
136	81	51	5223	44	5640	37	5989
135	102	50	5284	43	5696	36	6031
134	122	49	5346	42	5750	35	6071
133	141	48	5407	41	5803	34	6111

附表 1-12   102 船舱容量表

船名：102   舱号：左1

起迄点/mm	高差/mm	部分容量/L	毫米容量/L	累计容量/L
0 以下				374.0
1~707	707	20532.7	29.042	20906.7
708~1087	380	11120.1	29.264	32026.8
1088~1187	100	2897.3	28.973	34924.1
1188~2130	943	27595.5	29.264	62519.6
2131~2500	370	10715.3	28.960	73234.9

船名：102   舱号：右1

起迄点/mm	高差/mm	部分容量/L	毫米容量/L	累计容量/L
0 以下				345.5
1~708	708	20526.6	28.992	20872.1
709~1088	380	1115.9	29.252	31988.0
1089~1188	100	2878.0	28.780	34866.0
1189~2156	968	28316.4	29.252	63182.4
2157~2526	370	10710.6	28.948	73893.0

附表 1-13 大庆液化舱容量表

船名：大庆　　　　　　　　　　　　　　　　舱号：第一油仓左　总高：8.21m

空高/m	容量/m³	实际高/m	容量/m³
2.2	180.40	0.0	0.82
2.1	185.14	0.1	1.58
2.0	189.88	0.2	3.40
1.9	194.62	0.3	6.27
1.8	199.36	0.4	10.20
1.7	204.10	0.5	15.18
1.6	208.84	0.6	21.21
1.5	213.58	0.7	28.30
1.4	318.32		
1.3	223.06		
1.2	227.80		
1.1	232.32		
1.0	236.84		
0.9	241.36		
0.8	245.88		
0.7	250.40		
0.6	254.92		
0.5	259.44		
0.4	263.96		
0.3	268.48		
0.2	273.00		
0.1	277.40		

附表 1-14 液货舱纵倾修正值表

前后吃水差/m	0.3	0.6	0.9	1.2	1.5	1.8
1~6 舱号/dm	+0.05	+0.10	+0.15	+0.18	+0.23	+0.28

附表 1-15　表 59B 产品标准密度表

温度/℃	视密度											温度/℃
	713.0	715.0	717.0	719.0	721.0	723.0	725.0	727.0	729.0	731.0	733.0	
	20℃密度											
2.00	820.4	822.4	824.4	826.5	828.5	830.5	832.6	834.6	836.6	838.6	840.6	2.00
2.25	820.6	822.6	824.6	826.7	828.7	830.7	832.7	834.8	836.8	838.8	840.8	2.25
2.50	820.7	822.8	824.8	826.8	828.9	830.9	832.9	835.0	837.0	839.0	841.0	2.50
2.75	820.9	822.9	825.0	827.0	829.0	831.1	833.1	835.1	837.1	839.1	841.2	2.75
3.00	821.1	823.1	825.1	827.2	829.2	831.2	833.3	835.3	837.3	839.3	841.3	3.00
3.25	821.3	823.3	825.3	827.4	829.4	831.4	833.4	835.5	837.5	839.5	841.5	3.25
3.50	821.4	823.5	825.5	827.5	829.6	831.6	833.6	835.6	837.6	839.7	841.7	3.50
3.75	821.6	823.6	825.7	827.7	829.7	831.8	833.8	835.8	837.8	839.8	841.8	3.75
4.00	821.8	823.8	825.9	827.9	829.9	831.9	834.0	836.0	838.0	840.0	842.0	4.00
4.25	822.0	824.0	826.0	828.1	830.1	832.1	834.1	836.2	838.2	840.2	842.2	4.25
4.50	822.1	824.2	826.2	828.2	830.3	832.3	834.3	836.3	838.3	840.3	842.4	4.50
4.75	822.3	824.4	826.4	828.4	830.4	832.5	834.5	836.5	838.5	840.5	842.5	4.75
5.00	822.5	824.5	826.6	828.6	830.6	832.6	834.7	836.7	838.7	840.7	842.7	5.00
5.25	822.7	824.7	826.7	828.8	830.8	832.8	834.8	836.8	838.9	840.9	842.9	5.25
5.50	822.9	824.9	826.9	828.9	831.0	833.0	835.0	837.0	839.0	841.0	843.0	5.50
5.75	823.0	825.1	827.1	829.1	831.1	833.2	835.2	837.2	839.2	841.2	843.2	5.75
6.00	823.2	825.2	827.3	829.3	831.3	833.3	835.4	837.4	839.4	841.4	843.4	6.00
6.25	823.4	825.4	827.4	829.5	831.5	833.5	835.5	837.5	839.5	841.5	843.6	6.25
6.50	823.6	825.6	827.6	829.6	831.7	833.7	835.7	837.7	839.7	841.7	843.7	6.50
6.75	823.7	825.8	827.8	829.8	831.8	833.9	835.9	837.9	839.9	841.9	843.9	6.75
7.00	823.9	825.9	828.0	830.0	832.0	834.0	836.0	838.0	840.1	842.1	844.1	7.00
7.25	824.1	826.1	828.1	830.2	832.2	834.2	836.2	838.2	840.2	842.2	844.2	7.25
7.50	824.3	826.3	828.3	830.3	832.4	834.4	836.4	838.4	840.4	842.4	844.4	7.50
7.75	824.4	826.5	828.5	830.5	832.5	834.6	836.6	838.6	840.6	842.6	844.6	7.75
8.00	824.6	826.6	828.7	830.7	832.7	834.7	836.7	838.7	840.7	842.8	844.8	8.00
8.25	824.8	826.8	828.8	830.9	832.9	834.9	836.9	838.9	840.9	842.9	844.9	8.25
8.50	825.0	827.0	829.0	831.0	833.1	835.1	837.1	839.1	841.1	843.1	845.1	8.50
8.75	825.1	827.2	829.2	831.2	833.2	835.2	837.2	839.3	841.3	843.3	845.3	8.75
9.00	825.3	827.3	829.4	831.4	833.4	835.4	837.5	839.5	841.4	843.4	845.4	9.00
9.25	825.5	827.5	829.5	831.6	833.6	835.6	837.6	839.6	841.6	843.6	845.6	9.25
9.50	825.7	827.7	829.7	831.7	833.7	835.8	837.8	839.8	841.8	843.8	845.8	9.50
9.75	825.8	827.9	829.9	831.9	833.9	835.9	837.9	839.9	841.9	844.0	846.0	9.75
10.00	826.0	828.0	830.1	832.1	834.1	836.1	838.1	840.1	842.1	844.1	846.1	10.00
10.25	826.2	828.2	830.2	832.3	834.3	836.3	838.3	840.3	842.3	844.3	846.3	10.25
10.50	826.4	828.4	830.4	832.4	834.4	836.4	838.5	840.5	842.5	844.5	846.5	10.50

续表

温度/℃	\n\n713.0	715.0	717.0	719.0	721.0	视　密　度\n723.0	725.0	727.0	729.0	731.0	733.0	温度/℃
						20℃密度						
10.75	826.5	828.6	830.6	832.6	834.6	836.6	838.6	840.6	842.6	844.6	846.6	10.75
11.00	826.7	828.7	830.8	832.8	834.8	836.8	838.8	840.8	842.8	844.8	846.8	11.00
11.25	826.9	828.9	830.9	832.9	835.0	837.0	839.0	841.0	843.0	845.0	847.0	11.25
11.50	827.1	829.1	831.1	833.1	835.1	837.1	839.1	841.1	843.2	845.2	847.2	11.50
11.75	827.3	829.3	831.3	833.3	835.3	837.3	839.3	841.3	843.3	845.3	847.3	11.75
12.00	827.4	829.4	831.5	833.5	835.5	837.5	839.5	841.5	843.5	845.5	847.5	12.00
12.25	827.6	829.6	831.6	833.6	835.7	837.7	839.7	841.7	843.7	845.7	847.7	12.25
12.50	827.8	829.8	831.8	833.8	835.8	837.8	839.8	841.8	843.8	845.8	847.8	12.50
12.75	828.0	830.0	832.0	834.0	836.0	838.0	840.0	842.0	844.0	846.0	848.0	12.75
13.00	828.1	830.1	832.2	834.2	836.2	838.2	840.2	842.2	844.2	846.2	848.2	13.00
13.25	828.3	930.3	832.3	834.3	836.3	838.3	840.3	842.4	844.4	846.4	848.4	13.25
14.50	708.0	710.0	712.0	714.0	716.0	718.0	720.0	722.0	724.1	726.1	728.1	14.50
14.75	708.2	710.2	712.2	714.2	716.3	718.3	720.3	722.3	724.3	726.3	728.3	14.75
15.00	708.4	710.5	712.5	714.5	716.5	718.5	720.5	722.5	724.5	726.5	728.5	15.00
15.25	708.7	710.7	712.7	714.7	716.7	718.7	720.7	722.7	724.7	726.7	728.7	15.25
15.50	708.9	710.9	712.9	714.9	716.9	718.9	720.9	722.9	724.0	726.0	729.0	15.50
15.75	709.1	711.1	713.1	715.2	717.2	719.2	721.2	723.2	725.2	727.2	729.2	15.75
16.00	709.4	711.4	713.4	715.4	717.4	719.4	721.4	723.4	725.4	727.4	729.4	16.00
16.25	709.6	711.6	713.6	715.6	717.6	719.6	721.6	723.6	725.6	727.6	729.6	16.25
16.50	709.8	711.8	713.8	715.8	717.8	719.8	721.8	723.9	725.9	727.9	729.9	16.50
16.75	710.0	712.0	714.1	716.1	718.1	720.1	722.1	724.1	726.1	728.1	730.1	16.75
17.00	710.3	712.3	714.3	716.3	718.3	720.3	722.3	724.3	726.3	728.3	730.3	17.00
17.25	710.5	712.5	714.5	716.5	718.5	720.5	722.5	724.5	726.5	728.5	730.5	17.25
17.50	710.7	712.7	714.7	716.7	718.7	720.7	722.7	724.8	726.8	728.8	730.8	17.50
17.75	711.0	713.0	715.0	717.0	719.0	721.0	723.0	725.0	727.0	729.0	731.0	17.75
18.00	711.2	713.2	715.2	717.2	719.2	721.2	723.2	725.2	727.2	729.2	731.2	18.00
18.25	711.4	713.4	715.4	717.4	719.4	721.4	723.4	725.4	727.4	729.4	731.4	18.25
18.50	711.6	713.6	715.6	717.6	719.6	721.6	723.6	725.7	727.7	729.7	731.7	18.50
18.75	711.9	713.9	715.9	717.9	719.9	721.9	723.9	725.9	727.9	729.9	731.9	18.75
19.00	712.1	714.1	716.1	718.1	720.1	722.1	724.1	726.1	728.1	730.1	732.1	19.00
19.25	712.3	714.3	716.3	718.3	720.3	722.3	724.3	726.3	728.3	730.2	732.3	19.25
19.50	712.5	714.5	716.5	718.5	720.5	722.5	724.5	726.6	728.6	730.6	732.6	19.50
19.75	712.8	714.8	716.8	718.8	720.8	722.8	724.8	726.8	728.8	730.8	732.8	19.75
20.00	713.0	715.0	717.0	719.0	721.0	723.0	725.0	727.0	729.0	731.0	733.0	20.00
20.25	713.2	715.2	717.2	719.2	721.2	723.2	725.2	727.2	729.2	731.2	733.2	20.25
20.50	713.5	715.5	717.5	719.5	721.5	723.5	725.5	727.5	729.5	731.5	733.5	20.50
20.75	713.7	715.7	717.7	719.7	721.7	723.7	725.7	727.7	729.7	731.7	733.7	20.75
21.00	713.9	715.9	717.9	719.9	721.9	723.9	725.9	727.9	729.9	731.9	733.9	21.00

续表

温度/℃	视 密 度											温度/℃
	713.0	715.0	717.0	719.0	721.0	723.0	725.0	727.0	729.0	731.0	733.0	
	20℃密度											
21.25	714.1	716.1	718.1	720.1	722.1	724.1	726.1	728.1	730.1	732.1	734.1	21.25
21.50	714.4	716.4	718.4	720.4	722.4	724.4	726.4	728.4	730.4	732.4	734.4	21.50
21.75	714.6	716.6	718.6	720.6	722.6	724.6	726.6	728.6	730.6	732.6	734.6	21.75
22.00	714.8	716.8	718.8	720.8	722.8	724.8	726.8	728.8	730.8	732.3	734.8	22.00
22.25	715.0	717.0	719.0	721.0	723.0	725.0	727.0	729.0	731.0	733.0	735.2	22.25
22.50	715.3	717.3	719.3	721.3	723.3	725.3	727.2	729.2	731.2	733.2	735.5	22.50
22.75	715.5	717.5	719.5	721.5	723.5	725.5	727.5	729.5	731.5	733.5	735.5	22.75
23.00	715.7	717.7	719.7	721.7	723.7	725.7	727.7	729.7	731.7	733.7	735.7	23.00
23.25	715.9	717.9	719.9	721.9	723.9	725.9	727.9	729.9	731.9	733.9	735.9	23.25
23.50	716.2	718.2	720.2	722.2	724.2	726.2	728.1	730.1	732.1	734.1	736.1	23.50
23.75	716.4	718.4	720.4	722.4	724.4	726.4	728.4	730.4	732.4	734.4	736.4	23.75
24.00	716.6	718.6	720.6	722.6	724.6	726.6	728.6	730.6	732.6	734.6	736.6	24.00
24.25	716.9	718.9	720.8	722.8	724.8	726.8	728.8	730.8	732.8	734.8	736.8	24.25
24.50	717.1	719.1	721.1	723.1	725.1	727.1	729.0	731.0	733.0	735.0	737.0	24.50
24.75	717.3	719.3	721.3	723.3	725.3	727.3	729.3	731.3	733.3	735.3	737.2	24.75
25.00	717.5	719.5	721.5	723.5	725.5	727.5	729.5	731.5	733.5	735.5	737.5	25.00
25.25	717.8	719.8	721.7	723.7	725.7	727.7	729.7	731.7	733.7	735.7	737.7	25.25
25.50	718.0	720.0	722.0	724.0	726.0	728.0	729.9	731.9	733.9	735.9	737.9	25.50
25.75	718.2	720.2	722.2	724.2	726.2	728.2	730.2	732.2	734.2	736.1	738.1	25.75

附表 1-16　表 60B 产品体积修正系数表

温度/℃	20℃ 密度											温度/℃
	710.0	712.0	714.0	716.0	718.0	720.0	722.0	724.0	726.0	728.0	730.0	
	20℃体积修正系数											
15.00	1.0065	1.0065	1.0065	1.0064	1.0064	1.0064	1.0064	1.0063	1.0063	1.0063	1.0062	15.00
15.25	1.0062	1.0062	1.0061	1.0061	1.0061	1.0061	1.0060	1.0060	1.0060	1.0060	1.0059	15.25
15.50	1.0059	1.0058	1.0058	1.0058	1.0058	1.0057	1.0057	1.0057	1.0057	1.0056	1.0056	15.50
15.75	1.0055	1.0055	1.0055	1.0055	1.0054	1.0054	1.0054	1.0054	1.0054	1.0053	1.0053	15.75
16.00	1.0052	1.0052	1.0052	1.0051	1.0051	1.0051	1.0051	1.0051	1.0050	1.0050	1.0050	16.00
16.25	1.0049	1.0049	1.0048	1.0048	1.0048	1.0048	1.0048	1.0047	1.0047	1.0047	1.0047	16.25
16.50	1.0046	1.0045	1.0045	1.0045	1.0045	1.0045	1.0044	1.0044	1.0044	1.0044	1.0044	16.50
16.75	1.0042	1.0042	1.0042	1.0042	1.0042	1.0041	1.0041	1.0041	1.0041	1.0041	1.0041	16.75
17.00	1.0039	1.0039	1.0039	1.0039	1.0038	1.0038	1.0038	1.0038	1.0038	1.0038	1.0038	17.00
17.25	1.0036	1.0036	1.0036	1.0035	1.0035	1.0035	1.0035	1.0035	1.0035	1.0035	1.0034	17.25
17.50	1.0033	1.0032	1.0032	1.0032	1.0032	1.0032	1.0032	1.0032	1.0032	1.0031	1.0031	17.50
17.75	1.0029	1.0029	1.0029	1.0029	1.0029	1.0029	1.0029	1.0028	1.0028	1.0028	1.0028	17.75
18.00	1.0026	1.0026	1.0026	1.0026	1.0026	1.0026	1.0025	1.0025	1.0025	1.0025	1.0025	18.00
18.25	1.0023	1.0023	1.0023	1.0023	1.0022	1.0022	1.0022	1.0022	1.0022	1.0022	1.0022	18.25
18.50	1.0020	1.0019	1.0019	1.0019	1.0019	1.0019	1.0019	1.0019	1.0019	1.0019	1.0019	18.50
18.75	1.0016	1.0016	1.0016	1.0016	1.0016	1.0016	1.0016	1.0016	1.0016	1.0016	1.0016	18.75
19.00	1.0013	1.0013	1.0013	1.0013	1.0013	1.0013	1.0013	1.0013	1.0013	1.0013	1.0013	19.00
19.25	1.0010	1.0010	1.0010	1.0010	1.0010	1.0010	1.0010	1.0010	1.0009	1.0009	1.0009	19.25
19.50	1.0007	1.0006	1.0006	1.0006	1.0006	1.0006	1.0006	1.0006	1.0006	1.0006	1.0006	19.50
19.75	1.0003	1.0003	1.0003	1.0003	1.0003	1.0003	1.0003	1.0003	1.0003	1.0003	1.0003	19.75
20.00	1.0000	1.0000	1.0000	1.0000	1.0000	1.0000	1.0000	1.0000	1.0000	1.0000	1.0000	20.00
20.25	0.9997	0.9997	0.9997	0.9997	0.9997	0.9997	0.9997	0.9997	0.9997	0.9997	0.9997	20.25
20.50	0.9993	0.9993	0.9994	0.9994	0.9994	0.9994	0.9994	0.9994	0.9994	0.9994	0.9994	20.50
20.75	0.9990	0.9990	0.9990	0.9990	0.9990	0.9990	0.9990	0.9990	0.9991	0.9991	0.9991	20.75
21.00	0.9987	0.9987	0.9987	0.9987	0.9987	0.9987	0.9987	0.9987	0.9987	0.9987	0.9987	21.00
21.25	0.9984	0.9984	0.9984	0.9984	0.9984	0.9984	0.9984	0.9984	0.9984	0.9984	0.9984	21.25
21.50	0.9980	0.9980	0.9981	0.9981	0.9981	0.9981	0.9981	0.9981	0.9981	0.9981	0.9981	21.50
21.75	0.9977	0.9977	0.9977	0.9977	0.9978	0.9978	0.9978	0.9978	0.9978	0.9978	0.9978	21.75
22.00	0.9974	0.9974	0.9974	0.9974	0.9974	0.9974	0.9975	0.9975	0.9975	0.9975	0.9975	22.00
22.25	0.9971	0.9971	0.9971	0.9971	0.9971	0.9971	0.9971	0.9971	0.9972	0.9972	0.9972	22.25
22.50	0.9967	0.9967	0.9968	0.9968	0.9968	0.9968	0.9968	0.9968	0.9968	0.9969	0.9969	22.50
22.75	0.9964	0.9964	0.9964	0.9965	0.9965	0.9965	0.9965	0.9965	0.9965	0.9965	0.9966	22.75
23.00	0.9961	0.9961	0.9961	0.9961	0.9961	0.9962	0.9962	0.9962	0.9962	0.9962	0.9962	23.00
23.25	0.9958	0.9958	0.9958	0.9958	0.9958	0.9958	0.9959	0.9959	0.9959	0.9959	0.9959	23.25
23.50	0.9954	0.9954	0.9955	0.9955	0.9955	0.9955	0.9955	0.9956	0.9956	0.9956	0.9956	23.50

续表

温度/℃	20℃ 密 度											温度/℃
	710.0	712.0	714.0	716.0	718.0	720.0	722.0	724.0	726.0	728.0	730.0	
	20℃体积修正系数											
23.75	0.9951	0.9951	0.9951	0.9952	0.9952	0.9952	0.9952	0.9952	0.9953	0.9953	0.9953	23.75
24.00	0.9948	0.9948	0.9948	0.9948	0.9949	0.9949	0.9949	0.9949	0.9949	0.9950	0.9950	24.00
24.25	0.9944	0.9945	0.9945	0.9945	0.9945	0.9946	0.9946	0.9946	0.9946	0.9947	0.9947	24.25
24.50	0.9941	0.9941	0.9942	0.9942	0.9942	0.9942	0.9943	0.9943	0.9943	0.9943	0.9944	24.50
24.75	0.9938	0.9938	0.9938	0.9939	0.9939	0.9939	0.9939	0.9940	0.9940	0.9940	0.9940	24.75
25.00	0.9935	0.9935	0.9935	0.9935	0.9936	0.9936	0.9936	0.9937	0.9937	0.9937	0.9937	25.00
25.25	0.9931	0.9932	0.9932	0.9932	0.9932	0.9933	0.9933	0.9933	0.9934	0.9934	0.9934	25.25
25.50	0.9928	0.9928	0.9929	0.9929	0.9929	0.9930	0.9930	0.9930	0.9930	0.9931	0.9931	25.50
25.75	0.9925	0.9925	0.9925	0.9926	0.9926	0.9926	0.9927	0.9927	0.9927	0.9928	0.9928	25.75
26.00	0.9921	0.9922	0.9922	0.9922	0.9923	0.9923	0.9923	0.9924	0.9924	0.9924	0.9925	26.00

温度/℃	20℃ 密 度											温度/℃
	730.0	732.0	734.0	736.0	738.0	740.0	742.0	744.0	746.0	748.0	750.0	
	20℃体积修正系数											
26.25	0.9918	0.9919	0.9919	0.9919	0.9920	0.9920	0.9920	0.9921	0.9921	0.9921	0.9922	26.25
13.75	1.0078	1.0078	1.0077	1.0077	1.0077	1.0076	1.0076	1.0076	1.0076	1.0075	1.0075	13.75
14.00	1.0075	1.0075	1.0074	1.0074	1.0074	1.0073	1.0073	1.0073	1.0073	1.0072	1.0072	14.00
14.25	1.0072	1.0072	1.0071	1.0071	1.0071	1.0070	1.0070	1.0070	1.0070	1.0069	1.0069	14.25
14.50	1.0069	1.0068	1.0068	1.0068	1.0068	1.0067	1.0067	1.0067	1.0066	1.0066	1.0066	14.50
14.75	1.0066	1.0065	1.0065	1.0065	1.0065	1.0064	1.0064	1.0064	1.0063	1.0063	1.0063	14.75
15.00	1.0062	1.0062	1.0062	1.0062	1.0061	1.0061	1.0061	1.0061	1.0060	1.0060	1.0060	15.00
15.25	1.0059	1.0059	1.0059	1.0059	1.0058	1.0058	1.0058	1.0058	1.0057	1.0057	1.0057	15.25
15.50	1.0056	1.0056	1.0056	1.0056	1.0055	1.0055	1.0055	1.0055	1.0054	1.0054	1.0054	15.50
15.75	1.0053	1.0053	1.0053	1.0052	1.0052	1.0052	1.0052	1.0052	1.0051	1.0051	1.0051	15.75
16.00	1.0050	1.0050	1.0050	1.0049	1.0049	1.0049	1.0049	1.0049	1.0048	1.0048	1.0048	16.00
16.25	1.0047	1.0047	1.0046	1.0046	1.0046	1.0046	1.0046	1.0046	1.0045	1.0045	1.0045	16.25
16.50	1.0044	1.0044	1.0043	1.0043	1.0043	1.0043	1.0043	1.0043	1.0042	1.0042	1.0042	16.50
16.75	1.0041	1.0040	1.0040	1.0040	1.0040	1.0040	1.0040	1.0039	1.0039	1.0039	1.0039	16.75
17.00	1.0038	1.0037	1.0037	1.0037	1.0037	1.0037	1.0037	1.0036	1.0036	1.0036	1.0036	17.00
17.25	1.0034	1.0034	1.0034	1.0034	1.0034	1.0034	1.0034	1.0033	1.0033	1.0033	1.0033	17.25
17.50	1.0031	1.0031	1.0031	1.0031	1.0031	1.0031	1.0031	1.0030	1.0030	1.0030	1.0030	17.50
17.75	1.0028	1.0028	1.0028	1.0028	1.0028	1.0028	1.0027	1.0027	1.0027	1.0027	1.0027	17.75
18.00	1.0025	1.0025	1.0025	1.0025	1.0025	1.0025	1.0024	1.0024	1.0024	1.0024	1.0024	18.00
18.25	1.0022	1.0022	1.0022	1.0022	1.0022	1.0021	1.0021	1.0021	1.0021	1.0021	1.0021	18.25
18.50	1.0019	1.0019	1.0019	1.0019	1.0018	1.0018	1.0018	1.0018	1.0018	1.0018	1.0018	18.50
18.75	1.0016	1.0016	1.0016	1.0015	1.0015	1.0015	1.0015	1.0015	1.0015	1.0015	1.0015	18.75
19.00	1.0013	1.0012	1.0012	1.0012	1.0012	1.0012	1.0012	1.0012	1.0012	1.0012	1.0012	19.00
19.25	1.0009	1.0009	1.0009	1.0009	1.0009	1.0009	1.0009	1.0009	1.0009	1.0009	1.0009	19.25
19.50	1.0006	1.0006	1.0006	1.0006	1.0006	1.0006	1.0006	1.0006	1.0006	1.0006	1.0006	19.50
19.75	1.0003	1.0003	1.0003	1.0003	1.0003	1.0003	1.0003	1.0003	1.0003	1.0003	1.0003	19.75

续表

温度/℃	20℃ 密 度											温度/℃
	730.0	732.0	734.0	736.0	738.0	740.0	742.0	744.0	746.0	748.0	750.0	
	20℃体积修正系数											
20.00	1.0000	1.0000	1.0000	1.0000	1.0000	1.0000	1.0000	1.0000	1.0000	1.0000	1.0000	20.00
20.25	0.9997	0.9997	0.9997	0.9997	0.9997	0.9997	0.9997	0.9997	0.9997	0.9997	0.9997	20.25
20.50	0.9994	0.9994	0.9994	0.9994	0.9994	0.9994	0.9994	0.9994	0.9994	0.9994	0.9994	20.50
20.75	0.9991	0.9991	0.9991	0.9991	0.9991	0.9991	0.9991	0.9991	0.9991	0.9991	0.9991	20.75
21.00	0.9987	0.9988	0.9988	0.9988	0.9988	0.9988	0.9988	0.9988	0.9988	0.9988	0.9988	21.00
21.25	0.9984	0.9984	0.9984	0.9985	0.9985	0.9985	0.9985	0.9985	0.9985	0.9985	0.9985	21.25
21.50	0.9981	0.9981	0.9981	0.9981	0.9982	0.9982	0.9982	0.9982	0.9982	0.9982	0.9982	21.50
21.75	0.9978	0.9978	0.9978	0.9978	0.9978	0.9979	0.9979	0.9979	0.9979	0.9979	0.9979	21.75
22.00	0.9975	0.9975	0.9975	0.9975	0.9975	0.9975	0.9976	0.9976	0.9976	0.9976	0.9976	22.00
22.25	0.9972	0.9972	0.9972	0.9972	0.9972	0.9972	0.9973	0.9973	0.9973	0.9973	0.9973	22.25
22.50	0.9969	0.9969	0.9969	0.9969	0.9969	0.9969	0.9969	0.9970	0.9970	0.9970	0.9970	22.50
22.75	0.9966	0.9966	0.9966	0.9966	0.9966	0.9966	0.9966	0.9967	0.9967	0.9967	0.9967	22.75
23.00	0.9962	0.9963	0.9963	0.9963	0.9963	0.9963	0.9963	0.9963	0.9964	0.9964	0.9964	23.00
23.25	0.9959	0.9959	0.9960	0.9960	0.9960	0.9960	0.9960	0.9960	0.9961	0.9961	0.9961	23.25
23.50	0.9956	0.9956	0.9956	0.9957	0.9957	0.9957	0.9957	0.9957	0.9958	0.9958	0.9958	23.50
23.75	0.9953	0.9953	0.9953	0.9954	0.9954	0.9954	0.9954	0.9954	0.9955	0.9955	0.9955	23.75
24.00	0.9950	0.9950	0.9950	0.9950	0.9951	0.9951	0.9951	0.9951	0.9951	0.9952	0.9952	24.00
24.25	0.9947	0.9947	0.9947	0.9947	0.9948	0.9948	0.9948	0.9948	0.9948	0.9949	0.9949	24.25
24.50	0.9944	0.9944	0.9944	0.9944	0.9945	0.9945	0.9945	0.9945	0.9945	0.9946	0.9946	24.50
24.75	0.9940	0.9941	0.9941	0.9941	0.9941	0.9942	0.9942	0.9942	0.9942	0.9942	0.9942	24.75
25.00	0.9937	0.9938	0.9938	0.9938	0.9938	0.9939	0.9939	0.9939	0.9939	0.9940	0.9940	25.00

温度/℃	20℃ 密 度											温度/℃
	810.0	812.0	814.0	816.0	818.0	820.0	822.0	824.0	826.0	828.0	830.0	
	20℃体积修正系数											
2.50	1.0158	1.0157	1.0156	1.0155	1.0154	1.0154	1.0153	1.0152	1.0152	1.0151	1.0150	2.50
2.75	1.0155	1.0155	1.0154	1.0153	1.0152	1.0152	1.0151	1.0150	1.0149	1.0149	1.0148	2.75
3.00	1.0153	1.0152	1.0152	1.0151	1.0150	1.0149	1.0149	1.0148	1.0147	1.0147	1.0146	3.00
3.25	1.0151	1.0150	1.0149	1.0149	1.0148	1.0147	1.0146	1.0146	1.0145	1.0144	1.0144	3.25
3.50	1.0149	1.0148	1.0147	1.0146	1.0146	1.0145	1.0144	1.0144	1.0143	1.0142	1.0142	3.50
3.75	1.0146	1.0146	1.0145	1.0144	1.0144	1.0143	1.0142	1.0141	1.0141	1.0140	1.0139	3.75
4.00	1.0144	1.0143	1.0143	1.0142	1.0141	1.0141	1.0140	1.0139	1.0139	1.0138	1.0137	4.00
4.25	1.0142	1.0141	1.0140	1.0140	1.0139	1.0138	1.0138	1.0137	1.0136	1.0136	1.0135	4.25
4.50	1.0140	1.0139	1.0138	1.0138	1.0137	1.0136	1.0136	1.0135	1.0134	1.0134	1.0133	4.50
4.75	1.0137	1.0137	1.0136	1.0135	1.0135	1.0134	1.0133	1.0133	1.0132	1.0131	1.0131	4.75
5.00	1.0135	1.0134	1.0134	1.0133	1.0133	1.0132	1.0131	1.0131	1.0130	1.0129	1.0129	5.00
5.25	1.0133	1.0132	1.0132	1.0131	1.0130	1.0130	1.0129	1.0128	1.0128	1.0127	1.0127	5.25
5.50	1.0131	1.0130	1.0129	1.0129	1.0128	1.0127	1.0127	1.0126	1.0126	1.0125	1.0124	5.50
5.75	1.0128	1.0128	1.0127	1.0127	1.0126	1.0125	1.0125	1.0124	1.0123	1.0123	1.0122	5.75
6.00	1.0126	1.0126	1.0125	1.0124	1.0124	1.0123	1.0123	1.0122	1.0121	1.0121	1.0120	6.00

温度/℃	810.0	812.0	814.0	816.0	818.0	820.0	822.0	824.0	826.0	828.0	830.0	温度/℃
	20℃ 密 度											
	20℃体积修正系数											
6.25	1.0124	1.0123	1.0123	1.0122	1.0122	1.0121	1.0120	1.0120	1.0119	1.0119	1.0118	6.25
6.50	1.0122	1.0121	1.0120	1.0120	1.0119	1.0119	1.0118	1.0118	1.0117	1.0116	1.0116	6.50
6.75	1.0119	1.0119	1.0118	1.0118	1.0117	1.0117	1.0116	1.0115	1.0115	1.0114	1.0114	6.75
7.00	1.0117	1.0117	1.0116	1.0115	1.0115	1.0114	1.0114	1.0113	1.0113	1.0112	1.0112	7.00
7.25	1.0115	1.0114	1.0114	1.0113	1.0113	1.0112	1.0112	1.0111	1.0111	1.0110	1.0109	7.25
7.50	1.0113	1.0112	1.0112	1.0111	1.0111	1.0110	1.0109	1.0109	1.0108	1.0108	1.0107	7.50
7.75	1.0110	1.0110	1.0109	1.0109	1.0108	1.0108	1.0107	1.0107	1.0106	1.0106	1.0105	7.75
8.00	1.0108	1.0108	1.0107	1.0107	1.0106	1.0106	1.0105	1.0105	1.0104	1.0104	1.0103	8.00
8.25	1.0106	1.0105	1.0105	1.0104	1.0104	1.0103	1.0103	1.0102	1.0102	1.0101	1.0101	8.25
8.50	1.0104	1.0103	1.0103	1.0102	1.0102	1.0101	1.0101	1.0100	1.0100	1.0099	1.0099	8.50
8.75	1.0101	1.0101	1.0100	1.0100	1.0099	1.0099	1.0099	1.0098	1.0098	1.0097	1.0097	8.75
9.00	1.0099	1.0099	1.0098	1.0098	1.0097	1.0097	1.0096	1.0096	1.0095	1.0095	1.0095	9.00
9.25	1.0097	1.0096	1.0096	1.0096	1.0095	1.0095	1.0094	1.0094	1.0093	1.0093	1.0092	9.25
9.50	1.0095	1.0094	1.0094	1.0093	1.0093	1.0092	1.0092	1.0092	1.0091	1.0091	1.0090	9.50
9.75	1.0092	1.0092	1.0092	1.0091	1.0091	1.0090	1.0090	1.0089	1.0089	1.0088	1.0088	9.75
10.00	1.0090	1.0090	1.0089	1.0089	1.0088	1.0088	1.0088	1.0087	1.0087	1.0086	1.0086	10.00
10.25	1.0088	1.0088	1.0087	1.0084	1.0086	1.0086	1.0085	1.0085	1.0085	1.0084	1.0084	10.25
10.50	1.0086	1.0085	1.0085	1.0084	1.0084	1.0084	1.0083	1.0083	1.0082	1.0082	1.0082	10.50
10.75	1.0083	1.0083	1.0083	1.0082	1.0082	1.0081	1.0081	1.0081	1.0080	1.0080	1.0080	10.75
11.00	1.0081	1.0081	1.0080	1.0080	1.0080	1.0079	1.0079	1.0078	1.0078	1.0078	1.0077	11.00
11.25	1.0079	1.0079	1.0078	1.0078	1.0077	1.0077	1.0077	1.0076	1.0076	1.0076	1.0075	11.25
11.50	1.0077	1.0076	1.0076	1.0076	1.0075	1.0075	1.0074	1.0074	1.0074	1.0073	1.0073	11.50
11.75	1.0074	1.0074	1.0074	1.0073	1.0073	1.0073	1.0072	1.0072	1.0072	1.0071	1.0071	11.75
12.00	1.0072	1.0072	1.0072	1.0071	1.0071	1.0070	1.0070	1.0070	1.0069	1.0069	1.0069	12.00
12.25	1.0070	1.0070	1.0069	1.0069	1.0069	1.0068	1.0068	1.0068	1.0067	1.0067	1.0067	12.25
12.50	1.0068	1.0067	1.0067	1.0067	1.0066	1.0066	1.0066	1.0065	1.0065	1.0065	1.0064	12.50
12.75	1.0065	1.0065	1.0065	1.0064	1.0064	1.0064	1.0064	1.0063	1.0063	1.0063	1.0062	12.75
13.00	1.0063	1.0063	1.0063	1.0062	1.0062	1.0062	1.0061	1.0061	1.0061	1.0060	1.0060	13.00
13.25	1.0061	1.0061	1.0060	1.0060	1.0060	1.0059	1.0059	1.0059	1.0059	1.0058	1.0058	13.25
13.50	1.0059	1.0058	1.0058	1.0058	1.0058	1.0057	1.0057	1.0057	1.0056	1.0056	1.0056	13.50
13.75	1.0056	1.0056	1.0056	1.0056	1.0055	1.0055	1.0055	1.0055	1.0054	1.0054	1.0054	13.75

温度/℃	830.0	832.0	834.0	836.0	838.0	840.0	842.0	844.0	846.0	848.0	850.0	温度/℃
	20℃ 密 度											
	20℃体积修正系数											
2.50	1.0150	1.0149	1.0149	1.0148	1.0148	1.0147	1.0147	1.0146	1.0146	1.0145	1.0145	2.50
2.75	1.0148	1.0147	1.0147	1.0146	1.0146	1.0145	1.0145	1.0144	1.0144	1.0143	1.0143	2.75
3.00	1.0146	1.0145	1.0144	1.0144	1.0143	1.0143	1.0143	1.0142	1.0142	1.0141	1.0141	3.00
3.25	1.0144	1.0143	1.0142	1.0142	1.0141	1.0141	1.0140	1.0140	1.0140	1.0139	1.0139	3.25
3.50	1.0142	1.0141	1.0140	1.0140	1.0139	1.0139	1.0138	1.0138	1.0138	1.0137	1.0137	3.50

温度/℃	830.0	832.0	834.0	836.0	838.0	840.0	842.0	844.0	846.0	848.0	850.0	温度/℃
					20℃体积修正系数							
3.75	1.0139	1.0139	1.0138	1.0138	1.0137	1.0137	1.0136	1.0136	1.0135	1.0135	1.0135	3.75
4.00	1.0137	1.0137	1.0136	1.0135	1.0135	1.0135	1.0134	1.0134	1.0133	1.0133	1.0133	4.00
4.25	1.0135	1.0134	1.0134	1.0133	1.0133	1.0133	1.0132	1.0132	1.0131	1.0131	1.0130	4.25
4.50	1.0133	1.0132	1.0132	1.0131	1.0131	1.0130	1.0130	1.0130	1.0129	1.0129	1.0128	4.50
4.75	1.0131	1.0130	1.0130	1.0129	1.0129	1.0128	1.0128	1.0128	1.0127	1.0127	1.0126	4.75
5.00	1.0129	1.0128	1.0128	1.0127	1.0127	1.0126	1.0126	1.0125	1.0125	1.0125	1.0124	5.00
5.25	1.0127	1.0126	1.0125	1.0125	1.0125	1.0124	1.0124	1.0123	1.0123	1.0123	1.0122	5.25
5.50	1.0124	1.0124	1.0123	1.0123	1.0122	1.0122	1.0122	1.0121	1.0121	1.0121	1.0120	5.50
5.75	1.0122	1.0122	1.0121	1.0121	1.0120	1.0120	1.0120	1.0119	1.0119	1.0118	1.0118	5.75
6.00	1.0120	1.0120	1.0119	1.0119	1.0118	1.0118	1.0117	1.0117	1.0117	1.0116	1.0116	6.00
6.25	1.0118	1.0117	1.0117	1.0116	1.0116	1.0116	1.0115	1.0115	1.0115	1.0114	1.0114	6.25
6.50	1.0116	1.0115	1.0115	1.0114	1.0114	1.0114	1.0113	1.0113	1.0113	1.0112	1.0112	6.50
6.75	1.0114	1.0113	1.0113	1.0112	1.0112	1.0112	1.0111	1.0111	1.0111	1.0110	1.0110	6.75
7.00	1.0110	1.0111	1.0111	1.0110	1.0110	1.0109	1.0109	1.0109	1.0108	1.0108	1.0108	7.00
7.25	1.0109	1.0109	1.0108	1.0108	1.0108	1.0107	1.0107	1.0107	1.0106	1.0106	1.0106	7.25
7.50	1.0107	1.0107	1.0106	1.0106	1.0106	1.0105	1.0105	1.0105	1.0104	1.0104	1.0104	7.50
7.75	1.0105	1.0105	1.0104	1.0104	1.0103	1.0103	1.0103	1.0103	1.0102	1.0102	1.0102	7.75
8.00	1.0103	1.0103	1.0102	1.0102	1.0101	1.0101	1.0101	1.0100	1.0100	1.0100	1.0100	8.00
8.25	1.0101	1.0100	1.0100	1.0100	1.0099	1.0099	1.0099	1.0098	1.0098	1.0098	1.0097	8.25
8.50	1.0099	1.0098	1.0098	1.0097	1.0097	1.0097	1.0097	1.0096	1.0096	1.0096	1.0095	8.50
8.75	1.0097	1.0096	1.0096	1.0095	1.0095	1.0095	1.0094	1.0094	1.0094	1.0094	1.0093	8.75
9.00	1.0095	1.0094	1.0094	1.0093	1.0093	1.0093	1.0092	1.0092	1.0092	1.0092	1.0091	9.00
9.25	1.0092	1.0092	1.0091	1.0091	1.0091	1.0091	1.0090	1.0090	1.0090	1.0089	1.0089	9.25
9.50	1.0090	1.0090	1.0089	1.0089	1.0089	1.0088	1.0088	1.0088	1.0088	1.0087	1.0087	9.50
9.75	1.0088	1.0088	1.0087	1.0087	1.0087	1.0086	1.0086	1.0086	1.0086	1.0085	1.0085	9.75
10.00	1.0086	1.0086	1.0085	1.0085	1.0085	1.0084	1.0084	1.0084	1.0083	1.0083	1.0083	10.00
10.25	1.0084	1.0083	1.0083	1.0083	1.0082	1.0082	1.0082	1.0082	1.0081	1.0081	1.0081	10.25
10.50	1.0082	1.0081	1.0081	1.0081	1.0080	1.0080	1.0080	1.0080	1.0079	1.0079	1.0079	10.50
10.75	1.0080	1.0079	1.0079	1.0078	1.0078	1.0078	1.0078	1.0077	1.0077	1.0077	1.0077	10.75
11.00	1.0077	1.0077	1.0077	1.0076	1.0076	1.0076	1.0076	1.0075	1.0075	1.0075	1.0075	11.00
11.25	1.0075	1.0075	1.0074	1.0074	1.0074	1.0074	1.0074	1.0073	1.0073	1.0073	1.0073	11.25
11.50	1.0073	1.0073	1.0072	1.0072	1.0072	1.0072	1.0071	1.0071	1.0071	1.0071	1.0071	11.50
11.75	1.0071	1.0071	1.0070	1.0070	1.0070	1.0070	1.0069	1.0069	1.0069	1.0069	1.0068	11.75
12.00	1.0069	1.0068	1.0068	1.0068	1.0068	1.0067	1.0067	1.0067	1.0067	1.0067	1.0066	12.00
12.25	1.0067	1.0066	1.0066	1.0066	1.0066	1.0065	1.0065	1.0065	1.0065	1.0065	1.0064	12.25
12.50	1.0064	1.0064	1.0064	1.0064	1.0063	1.0063	1.0063	1.0063	1.0063	1.0062	1.0062	12.50
12.75	1.0062	1.0062	1.0062	1.0062	1.0061	1.0061	1.0061	1.0061	1.0061	1.0060	1.0060	12.75
13.00	1.0060	1.0060	1.0060	1.0059	1.0059	1.0059	1.0059	1.0059	1.0058	1.0058	1.0058	13.00
13.25	1.0058	1.0058	1.0057	1.0057	1.0057	1.0057	1.0057	1.0057	1.0056	1.0056	1.0056	13.25
13.50	1.0056	1.0056	1.0055	1.0055	1.0055	1.0055	1.0055	1.0054	1.0054	1.0054	1.0054	13.50
13.75	1.0054	1.0054	1.0053	1.0053	1.0053	1.0053	1.0053	1.0053	1.0052	1.0052	1.0052	13.75

附表 1-17　计量单位换算系数表

长 度	体 积*
1 米 = 1.036 码 　　 = 3.2808 英尺 1 码 = 0.91440 米 1 英尺 = 0.30480 米 1 英寸 = 2.5400 厘米 1 米 = 1000 毫米	1(美)加仑 = 231 立方英寸 　　　　 = 0.133681 立方英尺 　　　　 = 0.83268(英)加仑 　　　　 = 0.0238095(美)桶 　　　　 = 3.78533 升 1(美)桶 = 42(美)加仑 　　　 = 9702 立方英寸 　　　 = 5.6146 立方英尺 　　　 = 34.9726(英)加仑 　　　 = 158.984 升 1(英)加仑 = 277.42 立方英寸 　　　　 = 0.160544 立方英尺 　　　　 = 1.20094(美)加仑 　　　　 = 0.028594(美)桶 　　　　 = 4.54596 升
质 量	
1 长吨 = 2240 磅 　　 = 1.12 短吨 　　 = 1.101605 吨 1 短吨 = 2000 磅 　　 = 0.892857 长吨 　　 = 0.907185 吨 1 吨 = 0.98421 长吨 　 = 1.10231 短吨 1 磅 = 0.453592 千克 1 公斤 = 2.20468 磅 1 吨 = 1000 千克	1 立方英尺 = 6.2288(英)加仑 　　　　 = 7.4805(美)加仑 　　　　 = 0.17811(美)桶 　　　　 = 28.316 升 　　　　 = 0.028317 立方米 1 立方英寸 = 0.00360463(英)加仑 　　　　 = 0.0043290(美)加仑 　　　　 = 0.016387 升 1 升 = 61.026 立方英寸 　 = 0.035316 立方英尺 　 = 0.219975(英)加仑 　 = 0.264178(美)加仑 　 = 0.0062900(美)桶 1 立方米 = 1000(升)dm³ 1 立方米 = 219.97(英)加仑 　　　 = 264.17(美)加仑 　　　 = 6.2898(美)桶 　　　 = 35.315 立方英尺

注：＊指在同温度下的换算。

参 考 文 献

[1] 熊云，苏鹏. 储运油料学. 第 2 版. 北京：中国石化出版社，2022
[2] 曾强鑫. 油品计量基础. 第 2 版. 北京：中国石化出版社，2013
[3] 肖素琴. 油品计量员读本. 第 3 版. 北京：中国石化出版社，2011
[4] 国家质量技术监督局计量司. 通用计量术语及定义解释. 北京：中国计量出版社，2001
[5] 中华人民共和国国家计量技术规范汇编. 术语. 北京：中国计量出版社，2001
[6] 王从岗，张艳梅. 储运油料学. 第 2 版. 青岛：中国石油大学出版社，2006
[7] 李玉星，姚光镇. 输气管道设计与管理. 第 2 版. 青岛：中国石油大学出版社，2009
[8] 李长俊. 天然气管道输送. 第 2 版. 北京：石油工业出版社，2008
[9] 李士伦，等. 天然气工程. 北京：石油工业出版社，2000
[10] 辽宁省质量计量检测研究院. 计量技术基础知识. 北京：中国计量出版社，2001
[11] 李小亭，王树彩，林世增，等. 长度计量. 北京：中国计量出版社，2002
[12] 李吉林，汪开道，张锦霞，等. 温度计量. 北京：中国计量出版社，1999
[13] 李孝武，刘景利，刘焕桥，等. 力学计量. 北京：中国计量出版社，1999
[14] 黄锦材. 质量计量. 北京：中国计量出版社，1990
[15] 潘长满，王舒扬. 油品计量. 北京：化学工业出版社，2012
[16] 汪楠，刘德俊，等. 油库技术与管理. 北京：中国石化出版社，2014
[17] 邓立三. 燃气计量. 郑州：黄河水利出版社，2011
[18] 潘丕武，张明. 天然气计量技术基础. 上册. 北京：石油工业出版社，2013
[19] 潘丕武，张明. 天然气计量技术基础. 下册. 北京：石油工业出版社，2013